机械创新
设计与应用

主 编 ◎ 刘 双
副主编 ◎ 李正峰 胡玉彬 蔡晓娜

内容提要

本书是一本介绍创新设计理论和机械创新方法的教材,系统全面地阐述了机械系统设计的基本概念、相关的科学理论和实用方法。全书分为12章,内容涵盖创新设计理论、机械创新设计方法、典型创新设计技法、创新发明与专利申请、机械创新设计大赛作品等。从选材和内容安排上力图打通机械创新设计从理论到实践的完整价值实现链路,使读者认识其价值性和实用性所在,提高读者参与机械创新设计实践的兴趣和自信心。本书为立体化教材,扫描书中二维码,可获取拓展知识、进行习题测试。

本书既可作为高等学校机械类专业的教学用书,也可作为其他相关专业学生的创新教育教材,同时可作为相关工程技术人员学习参考的资料。

图书在版编目(CIP)数据

机械创新设计与应用/刘双主编. —上海:上海交通大学出版社,2022.5(2023.6重印)

 ISBN 978-7-313-26761-0

Ⅰ.①机... Ⅱ.①刘... Ⅲ.①机械设计—高等学校—教材 Ⅳ.①TH122

中国版本图书馆 CIP 数据核字(2022)第 062244 号

机械创新设计与应用

JIXIE CHUANGXIN SHEJI YU YINGYONG

主　编:	刘　双		
出版发行:	上海交通大学出版社	地　址:	上海市番禺路951号
邮政编码:	200030	电　话:	021-64071208
印　制:	上海万卷印刷股份有限公司	经　销:	全国新华书店
开　本:	787mm×1092mm 1/16	印　张:	16
字　数:	402千字	插　页:	2
版　次:	2022年5月第1版	印　次:	2023年6月第3次印刷
书　号:	ISBN 978-7-313-26761-0		
定　价:	58.00元		

版权所有 侵权必究

告读者:如发现本书有印装质量问题请与印刷厂质量科联系

联系电话:021-56928178

前　言

在创新人才培养成为新时代教育的新趋势、新潮流之际，将创新意识、创新设计思维、机械创新设计的专业知识，各种常用的创新理念与技法融为一体，在创新意识、创新设计思维的引导下，用创新理念与技法去激活专业知识并升华为实际应用，从以人为本的角度出发，使学生有知识、有思想、能创新、敢创新、敢付诸实践并取得成效，既是以学生为中心的教材建设革新的一大重要发展方向，也是本教材编写的主旨要义，更是本教材总体建构与内容择取的原则。

本书从思维意识、专业理论、价值实现等层面出发进行教材编写。既让学生对创新类常规知识有清晰的了解，也让学生对机械创新设计类专业知识有深入的认知。同时更以人人皆可创新的创新应用为根本，以创新设计技法为有力工具，以具体、真实、易于实现的机械创新案例为载体，形成在创新意识驱动下专业知识、创新技法、发明应用从理论到实践的完整价值实现链路。

全书共分3篇12章。第Ⅰ篇：机械创新设计素养，涵盖3章，着重阐述创新、创新设计和机械创新设计的理论知识；第Ⅱ篇：机械创新设计技法，涵盖6章，着重阐述组合创新、联想创新、列举创新、类比创新、仿生创新、TRIZ理论创新的创新技法及其应用；第Ⅲ篇：机械创新设计应用，涵盖3章，着重阐述机械创新设计下的发明发现、专利申请以及介绍机械创新设计大赛获奖作品。

本书第9章、第11章分别由南通理工学院李正峰、胡玉彬编写，第12章由广东科技学院蔡晓娜编写，其余各章主要由南通理工学院刘双负责编写。此外，参与本书编写、校对及资料整理工作的人员有南通理工学院徐媛媛、赵玉凤、王小美、陆晓霞、季海燕等老师，还有南通国盛智能科技集团股份有限公司任东、中航航空高科技股份有限公司沈锋、江苏宏德特种部件股份有限公司马红涛、无锡信捷电气股份有限公司王正堂等来自企业的专业技术人员。在此，一并表示感谢。

全书内容通俗易懂，理论实用易学，案例简单易会。本书作为创新理论、创新技法、设计方法论、专利发明知识与机械创新设计专业知识等相融合的教材，既可以用于应用型人才的通识创新培育，也可以用于机械工程类人才的专业创新能力培养。

本书在编写过程中参阅了有关专家和学者的著作及论文等，汲取了大量的思想、理论及实践精华，在此，向参考文献的作者致以诚挚的谢意。

由于编者水平所限，书中存在的误漏或欠妥之处敬请读者批评指正。

编　者
2022年1月

目　录

第Ⅰ篇　机械创新设计素养

第1章　创新概论 3
1.1　创新基本要义 4
1.2　创新思维方法 10
1.3　创新素养塑造 16
1.4　思维创新案例 23
　　思考与练习 24

第2章　创新设计 26
2.1　创新设计要义 27
2.2　创新设计方法论 34
2.3　创新设计理论与设计方法 44
2.4　创新设计案例 55
　　思考与练习 59

第3章　机械创新设计 61
3.1　机构创新设计 62
3.2　机械结构创新设计 73
3.3　机械系统创新设计 80
3.4　机械创新设计案例 92
　　思考与练习 94

第Ⅱ篇　机械创新设计技法

第4章　组合创新法 99
4.1　组合创新法的特性 100
4.2　组合创新的分类 101
4.3　组合创新的技巧 104
4.4　机械创新设计案例 105
　　思考与练习 107

第5章 联想创新法 ········ 109
- 5.1 联想创新法的特征 ········ 110
- 5.2 联想创新的分类 ········ 111
- 5.3 联想创新的技巧 ········ 114
- 5.4 机械创新设计案例 ········ 116
- 思考与练习 ········ 119

第6章 列举创新法 ········ 121
- 6.1 列举创新法概述 ········ 122
- 6.2 特性列举法 ········ 123
- 6.3 缺点列举法 ········ 127
- 6.4 希望点列举法 ········ 129
- 6.5 机械创新设计案例 ········ 131
- 思考与练习 ········ 136

第7章 类比创新法 ········ 138
- 7.1 类比创新概述 ········ 139
- 7.2 共性类比法 ········ 142
- 7.3 拟人类比法 ········ 144
- 7.4 综摄类比法 ········ 145
- 7.5 机械创新设计案例 ········ 149
- 思考与练习 ········ 151

第8章 仿生创新法 ········ 152
- 8.1 仿生创新法概述 ········ 153
- 8.2 生物性仿生创新 ········ 156
- 8.3 原理性仿生创新 ········ 159
- 8.4 其他类仿生创新 ········ 161
- 8.5 创新发明案例 ········ 163
- 思考与练习 ········ 167

第9章 TRIZ理论创新法 ········ 168
- 9.1 TRIZ理论与创新 ········ 170
- 9.2 TRIZ技术系统进化论及进化法则 ········ 173
- 9.3 TRIZ理论的40个发明原理 ········ 178
- 9.4 TRIZ理论的39个通用工程参数 ········ 182
- 9.5 TRIZ理论的物-场模型及应用 ········ 185
- 9.6 创新发明案例 ········ 189
- 思考与练习 ········ 192

第Ⅲ篇　机械创新设计应用

第 10 章　发明与发明实施 ········· **197**
 10.1　发明与发现 ············ 198
 10.2　发明的评价与保护 ········ 201
 10.3　发明的实施与转让 ········ 203
 10.4　创新发明案例 ··········· 206
 思考与练习 ················ 208

第 11 章　专利与专利申请 ········· **210**
 11.1　专利概述 ············· 211
 11.2　专利说明书的撰写 ········ 213
 11.3　权利要求书的撰写 ········ 219
 11.4　专利申请流程 ··········· 222
 11.5　专利申请案例 ··········· 228
 思考与练习 ················ 233

第 12 章　机械创新设计比赛作品 ···· **235**
 12.1　家用电动锤的创新设计 ····· 236
 12.2　多功能手杖的创新设计 ····· 237
 12.3　踏步滑板车的创新设计 ····· 239
 12.4　多功能平口钳的创新设计 ··· 241
 12.5　牛头刨床的创新设计 ······ 243
 思考与练习 ················ 245

附录　专利申请流程示意图 ········ **246**

参考文献 ······················ **247**

机械创新设计素养

创新即"创造新事物",是指根据一定的目的,针对研究对象,运用全新的知识与方法或引入新事物,产生出某种新颖的、具有社会价值或个人价值成果的活动。这里的成果是指以某种形式存在的创新成果,它既可以是一种新概念、新设想、新理论,也可以是一项新技术、新工艺、新产品,还可以是一个新制度、新市场、新组织。这一定义是根据成果来判别创新性的。判别标准有两个:一是成果是否新颖。新颖主要是指对现有的东西进行变革,使其更新,成为新的东西,即破旧立新,不墨守成规。二是有社会价值或个人价值。有社会价值是指对人类、国家和社会的进步具有重要意义,如重大的知识创新、技术创新和产品创新等;有个人价值则强调了对于个体发展的意义。

在 2014 年夏季达沃斯论坛上,李克强总理指出,要在 960 万平方公里土地上掀起一个"大众创业""草根创业"的新浪潮,形成"万众创新、人人创新"的新势态。

在 2016 年夏季达沃斯开幕式致辞中,李克强总理再次指出以创新引领经济转型升级。深入实施创新驱动发展战略,建设创新型国家,发展新经济,培育新动能,着力推动大众创业、万众创新,推进"互联网+"行动,集众智、汇众力,发展共享经济和众创经济,培育新的经济增长点。

《国务院关于推动创新创业高质量发展打造"双创"升级版的意见》(国发〔2018〕32 号)中指出,创新是引领发展的第一动力,是建设现代化经济体系的战略支撑。近年来,大众创业、万众创新持续向更大范围、更高层次和更深程度推进。

创新是人类特有的活动。创新是在意识支配下进行的创造性活动,创新是创业的源泉,是创业的本质和灵魂。创业因创新而生,创新因创业而实现其价值。创业通过创新拓展商业视野,获取市场机遇,整合独特资源,推进企业成长。没有创新的素养,就不会有敢创新的员工,更不会形成具有创造力的企业,企业的生存空间就会不断缩小,就不可能产生自己的核心竞争力。尤其是在科技突飞猛进的今天,在信息技术日益发达的今天,创新素养的培养显得特别重要。

名 人 名 言

我们不能人云亦云,这不是科学精神,科学精神最重要的就是创新。(钱学森)

一些陈旧的、不结合实际的东西,不管那些东西是洋框框,还是土框框,都要大力地把它们打破,大胆地创造新的方法、新的理论,来解决我们的问题。(李四光)

创新有时需要离开常走的大道,潜入森林,你就肯定会发现前所未见的东西。(贝尔)

如果要成功,应该朝新的道路前进,不要跟随被踩烂了的成功之路。(洛克菲勒)

一个人想做点事业,非得走自己的路。要开创新路子,最关键的是你会不会自己提出问题,能正确地提出问题就是迈开了创新的第一步。(李政道)

同是不满于现状,但打破现状的手段却不同:一是革新,一是复古。(鲁迅)

想出新办法的人在他的办法没有成功以前,人家总说他是异想天开。(马克·吐温)

现在的一切美好事物,无一不是创新的结果。(穆勒)

第1章

创 新 概 论

[知识要点]

本章内容主要涉及创新的基本概念;创新的过程及实现条件,创新意识与创新能力的构成;创新思维特征及分类;良好创新素养的塑造等。

[学习目标]

本章以"杂交水稻之父——袁隆平"为引文,让学生在了解创新、创新思维等概念的基础上,结合典型的创新案例,深化对创新的全面认识,学会创新意识的自我构建和创新能力的自我培养及提升。

创新范例:杂交水稻之父——袁隆平

1953年,毕业于西南农学院的23岁青年袁隆平怀揣"水稻亩产1000公斤"和"禾下乘凉"梦来到了湘西雪峰山麓的安江农校,开启了他一生的逐梦之旅。对于"杂交水稻"的不解之缘,他曾这样回忆:"从1953年到1966年,我在农校一边教课,一边做育种研究,每年都去农田选种。1962年,我在一块田里发现了一株稻穗鹤立鸡群,穗特别大,而且结实饱满、整齐一致,我是有心人,第二年我把它种下去,辛苦培育,满怀希望有好的收获,不料大失所望,长出来的稻子高矮不齐、穗子也大小不一。这时候一般人就放弃了,我坐在田埂边想为什么会失败?想到第一年选出的是天然杂交种,因此第二年遗传性状出现了分离,这时我突发灵感,既然水稻有杂交优势,为什么非要选育纯种呢?从此,我便开始致力于杂交水稻育种的试验。"

水稻杂交是一项世界性大课题,难度非常大。外国许多有过这种设想的研究人员经过努力都放弃或中断了研究。不少西方学者断言:"搞杂交水稻是对遗传学的无知。"1964年,袁隆平提出培育"不育系、保持系、恢复系"三系法来培育杂种水稻的设想,1966年,袁隆平在中国科学院《科学通报》第17卷第4期上发表论文《水稻的雄性不孕性》,奠定了杂交水稻研究的理论基础。国家科委极为重视,致函湖南省科委和安江农校,支持袁隆平的水稻雄性不育研究。

1967年,袁隆平起草"安江农校水稻雄性不孕系选育计划",与李必湖、尹华奇成立水稻雄性不育科研小组。六年多时间,袁隆平带领科研小组跑遍半个中国,最终在海南三亚南江农场一条杂草丛生的水沟里发现了一株雄蕊花粉败育的野生稻。为争取更多的研究时间,他像候鸟一样每年冬天从寒冷的长沙转移到温暖的海南岛,一年中超过1/3的时间都在田间工作,从播种到收获,每天至少下田两次。1974年,经过对雄蕊花粉败育野生稻的上万组合的回交转育,袁隆平育出第一个强优势组合的杂交水稻品种"南优二号"。从1976年起,杂交稻开始在全国大面积种植,单产一般比常规稻增产20%左右,增产效果显著。

1986年,袁隆平提出杂交水稻育种分为"三系法品种间杂种优势利用、两系法亚种间杂种优势利用到一系法远缘杂种优势利用"的战略设想,被同行们誉为"杂交水稻之父"。1995年8月,袁隆平在"863计划"两系法杂交水稻现场会上郑重宣布:两系法杂交水稻研究已取得突破性进展,两系法杂交稻相比同期的三系杂交稻每公顷增产750至1100公斤,而且米质有了较大的提高。1997年,他在"超级稻"概念的基础上,提出"杂交水稻超高产育种"的技术路线,袁隆平观测超级稻实验田亩产近800公斤,而且米质类粳稻,从1975年至1998年的23年间,累计增产粮食3.5亿吨。2000年,袁隆平获国家最高科学技术奖项。

2017年,马达加斯加的农牧渔业部植保司司长探望袁隆平,送给袁隆平一张印有杂交水稻的马达加斯加币作为特殊礼物,感谢袁隆平在杂交水稻全世界推广下帮助马达加斯加人民摆脱饥饿所做出的贡献。2019年,国家授予袁隆平"共和国勋章"。2020年11月,在湖南省衡南杂交水稻基地,早稻"株两优168"平均亩产619.06公斤,晚稻"叁优一号"平均亩产911.7公斤,实现了双季稻亩产1500公斤的纪录。

(资料来源:追忆"杂交水稻之父"袁隆平:农民心中的"当代神农"https://news.sina.com.cn/c/2021-05-22/doc-ikmxzfmm4010965.shtml)

1.1 创新基本要义

作为世界向前发展的不竭动力,创新不仅改变了远古时代的农耕社会,引发了近代社会的工业革命,还将现代社会带到了信息时代,在人类文明进步过程中,创新发挥着极其重要的作用。1912年美籍奥地利经济学家熊彼特在《经济发展理论》一书中将"创新"一词最早作为概念提出,将其系统地定义并加以理论化。作为经济学范畴的概念,熊彼特认为创新是"一种新的生产函数的建立",也就是把一种从来没有过的生产要素和生产条件的"新组合"引入生产体系,具体涵盖5种情况:①引入一种新产品或提供一种产品的新质量;②采用一种新的生产方法;③获得一种原料或半成品的新供给来源;④开辟一个新的市场;⑤实现一种新的企业组织形式。从技术层面而言,把技术上的新发现、新发明、新创造与经济结合起来,才能称之为"创新"。

在创新成为社会共识的情况下,其已被推广到了生产生活的各个领域,"有无良好的实际效果"就成为是否构成"创新"的重要衡量标准。20世纪初,我国著名教育家陶行知先生即大力倡导教育改革,提出"处处是创新之地,天天是创新之时,人人是创新之人"的观点,推行创新教育,我国创新学研究由此而始。

1.1.1 创新的特征与分类

1. 创新的特征

一般来说,创新具有以下特征。

(1)目的性。创新是解决前人所没有解决的问题,不是模仿或再造,而是目的性非常明确的人的活动,任何创新活动都有一定的目的,这个特性贯穿于创新过程的始终。

(2)新颖性。创新作为一种条件复杂的创造性活动过程,其特点是打破常规,敢走新路,掌握规律,勇于探索。求新是创新的灵魂。

（3）风险性。创新的风险性是指创新者由于对客观环境的认识不足或无法适应，或对创新过程难以有效地控制而造成创新活动失败的可能性，这种不确定性即是创新的风险性。创新的风险是客观存在的，特别是高新技术创新和社会制度创新，更具有高风险的特点。

（4）动态性。创新是一个动态的过程，创新效益的实现也就贯穿于整个创新活动之中。在知识经济条件下唯一不变的就是一切都在变，人们过去拥有的一切创新成果无一不在持续创新变化，创新不是一劳永逸的，而是不断创造和革新的过程。

（5）快速性。成功创新的显著特点之一是快速创新。网络技术革命与网络用户的爆炸性增长促进了创新信息与活动的交流与共享，这是一个快速变化的时代，速度已成为至关重要的因素。

（6）高价值性。创新是人类实践活动的社会本性，是人类社会不断向前发展的不竭动力。创新使人类造就出崭新的物质成果和认识成果，人类社会在创新实践中得以传承和发展，推动人类社会由低级向高级不断演进，因而创新具有高价值性。

2. 创新的分类

创新的分类方法较多，总体而言，分为以下几种。

1）发现式创新和发明式创新

发现式创新是指获得对客观事物及其规律的新知识，像自然科学的一般性规律等，即为发现式创新。发明式创新主要是指设计和创造出现实中还不存在的东西，如新产品的设计等。

2）实验性创新和经验性创新

实验性创新是一种高度自觉和理性的设计活动，它有明确的目标、经过周密论证的设计和试验方案，是一种以理性分析为基础的自觉创新。经验性创新是出于某种现实需要或兴趣爱好，凭经验而非刻意实践活动的副产品，如飞机的发明。

3）理论创新、制度创新、科技创新和文化创新

根据创新内容的不同，创新类型可划分为理论创新、制度创新、科技创新和文化创新。

理论创新是对原有理论体系或框架的新突破，对原有理论和方法的新修正、新发展，以及对理论禁区和未知领域的新探索。依据理论创新实现的不同方式又分为原发性理论创新、阐释性理论创新、修正性理论创新、发掘性理论创新和方法性理论创新。

制度创新是指人们在现有的生产和生活环境条件下，通过创设新的、更能有效激励人们行为的制度和规范体系来实现社会的持续发展和变革的创新。制度创新对于企事业单位而言至关重要，如果没有好的体制，就激发不出好的创新。

科技创新是指创造和应用新知识和新技术、新工艺，采用新生产方式和经营管理模式，开发新产品，提高产品质量，提供新服务的过程。具体而言，科技创新又可分为知识创新、技术创新和管理创新。

文化创新一般是指文化内容、形式、体制、机制以及传播手段的创新。文化创新是人类社会发展实践的内在要求，是人类文化发展的实质，也是各类创新的精神动力。

1.1.2 创新的原理与原则

1. 创新的原理

一般而言，创新的原理有3个：需要与可能原理、方法与技巧原理、群体原理。

1）需要与可能原理

创新的动力来源于社会的需要，寻找需要、跟踪需要、满足需要，让需要具体化，让需要服

务于社会,这是创新的宗旨。社会需要是非常广泛的,人们在生产生活中所认识到的需要,如吃穿住行等,即为显性需要;此外,消费者尚未意识到或虽有明确意识的欲望,但由于种种原因还没有明确的显示出来的需求,即为潜在需要。一旦条件成熟,潜在需要就转化为显性需要。需要的可能性包括原理上、实施上和应用上的可能性。在创新过程中一定要遵循自然界和人类社会的规律,否则需要将由可能变为不可能。

2) 方法与技巧原理

黑格尔曾说:"方法是任何事物所不能抗拒的、最高的、无限的力量"。创新是有规律可循的,其方法与技巧原理主要分为模仿—突破原理、分割—组合原理、功能—结构原理和扩散—集中原理。

(1) 模仿—突破原理。模仿是创新的第一步。创新能力的训练首先要从模仿、研究成功创新的案例入手,再进行突破,最后达到独立创新。这是一种行之有效的训练方法。模仿的途径包括原理模仿、形态模仿、形式模仿、结构模仿、功能模仿和方法模仿等。

(2) 分割—组合原理。创新需要不断取舍,取舍就需要分割;创新需要不断调整,调整就需要组合。分割—组合原理就是要取其有用,组合出更好的实用效果。其具体举措在于针对某一具体问题,在已有信息的基础上,用新观点、从新角度打破原来信息间的组合方式,对信息进行重组,产生出一种前所未有的新成果的活动过程。

(3) 功能—结构原理。创新一般以新功能的创成作为目的,而新功能必然以新结构为依托,因此,功能—结构原理是以新的功能或功能系统为目标,寻找、设计出能实现该功能的组织结构形式。

(4) 扩散—集中原理。创新的过程是扩散和集中两种思维意识不断交替综合的过程。扩散是手段,是围绕创新从一到多地向形态、结构、功能、材料、方法、关系因果等方面进行扩展发散的过程,集中是目的,是去粗取精、去伪存真、由表及里,才能产生真正有价值的创造性成果。

3) 群体原理

人类之所以结合成为群体,是因为他们要在群体中从事某种或某些共同活动。群体的共同活动源于群体需要,群体创新,尤其是不同知识和能力结构的人员之间的协作,不仅能提高创新的效率,还能赋予创新的群体价值。现代各种伟大的创新无一不是群体活动的结果。

2. 创新的原则

创新原则是创新活动所依据的法则或标准。创新原则有6条:系统辩证原则、比较优势原则、效益效率原则、不轻易否定原则、简单性原则、构思独特原则。

1) 系统辩证原则

创新是一个系统。对于这个系统我们应当从多角度进行辩证地思考。主要应掌握两方面:一是系统辩证创新法;二是正反面综合分析法。

系统辩证创新法以系统论、信息论和控制论为指导,是从整体、联系、结构、功能、层次、非线性的观点对某一特定系统进行分析归纳、综合以求得新创意的方法。在辩证创新过程中,不仅要从正面、正向和有利的角度去考虑,而且更要从反面、反向甚至不利的角度去考虑。在利弊得失的综合分析权衡后做出决策。

2) 比较优势原则

比较优势原则就是适合原则、适度原则,比较优势原则强调比较优势,而不是绝对优势,其核心在于"两优择其甚、两劣权其轻"。无论是开发新产品、开发市场,还是开发资源、开发技术上,比较优势原则都是普遍适用的原则,所谓绝对优势不仅并不存在,甚至可能是劣势。比较优势原则关键在于发挥其专长的价值性。

3) 效益效率原则

效益效率原则又称为市场评价原则。一般来讲,创新成果都要通过市场进行评价和检验。效益是创新在市场存在的基础,效率是创新在市场存续的关键,市场评价原则的根本在于创新是否拥有核心技术。核心技术就是技术标准与市场标准的总和,是通过创新能力体现出来的。效益效率原则要求我们开发和提升人的创新能力。

4) 不轻易否定原则

不轻易否定原则是指在分析、评判各种创新成果时,应注意避免轻易否定的倾向。现代科学技术的发展使许多不可能的事已成为可能。在创新的过程中应当少用或不用"不"字,即不要轻易否定。一些看似不可能的构思、想法往往能起到"他山之石"的效果。

5) 简单性原则

创新的简单性原则是指对创新事物本质属性的认知策略。对复杂的东西进行剖析,找出事物之间的联系使之变得简单。简单性原则普适于大多数领域,规则和规律越简单,就越能抓住事物的本质和要害,创新就越有成效。

6) 构思独特原则

构思独特原则是指在创新的过程中能思人所未思、行人所未行。不人云亦云,不亦步亦趋,敢于打破桎梏、推陈出新,敢于标新立异且脚踏实地走一条别人未曾走过的新路。

1.1.3 创新的意识与能力

创新意识是人们对创新与创新的价值性、重要性的一种认识水平、认识程度及由此形成的对待创新的态度,并以这种态度来规范和调整自己活动方向的一种稳定的精神态势。创新意识是人类意识活动中的一种积极且富有成效的表现形式,是人们进行创造活动的出发点和内在动力,是创造性思维和创造力的前提。

1. 创新意识的构成与培养

1) 创新意识的构成

创新意识一般由创新动机、创新兴趣、创新情感和创新意志4个方面构成。

创新动机是创新的动力因素,它能推动和激励人们进行创新活动。在创新活动中主要有3个方面的功能:一是意识激活功能,创新动机激发、推动个体产生创新行为;二是指向功能,创新动机总是使创新活动指向一定的目标和对象;三是维持与调节功能,创新动机引发创新实践,而能否坚持或变通,也会受到创新动机的调整和支配。

创新兴趣往往与好奇心、求知欲联系在一起,这是人的天性,作为积极探求新奇事物的一种心理倾向,能促进创新活动持续进行。创新兴趣激发人们积极的情感,增强人们克服困难的勇气,形成良好的创新意志品质。将创新兴趣从"了解的兴趣"上升至"理解的兴趣",培养真正能推动"创新的兴趣",才能真正走上创新之路。

创新情感是引起、推进乃至完成创新的一种心理因素,从创新动机的产生到创新过程的持续,再到创新结果的验证,每一环节都蕴含着创新者的情感因素。创新过程需要以创新情感为动力,如求实精神、坚强的信念及道德感等因素。创新情感还可以为个体提供丰富的创新暗示和创新启迪。因此,创新活动要求创新者拥有丰富、健康的创新情感。

创新意志是在创新过程中克服困难、冲破阻碍的心理因素,创新意志品质包括意志的坚定性、独立性、果断性和自制性,具体体现为形成创新的设想、准确的判断、果断的决策、周密的计划、坚定的行为等。

2)培养意识的培养

创新意识的培养要注重以下几个方面。

(1)培养求知欲。求知欲是人的认知需求,属于人的一种内在的精神需要。当人面临问题或任务时,感到自己缺乏相应的知识时,就产生了扩大、加深已有知识并探究新知识的认识倾向。只有具备勤奋求知精神不断地学习新知识,才能真正做到自主创新。

(2)培养好奇心。好奇心是对某事物全部或部分属性空白时,本能地想添加此事物属性的内在心理。将萌芽时期的好奇心向求知时期的好奇心转化,这是坚持、发展好奇心的重要环节。要对自己接触到的现象保持好奇心,要敢于在新奇的现象面前提出问题。

(3)培养创造欲。不满足于现成的思想、观点、方法及产品现有的质量、功能等,要换个角度看问题,寻找更简捷有效的方法和途径,要在原有基础上发明创新、推陈出新。

(4)培养质疑欲。"学起于思,思源于疑"。有疑问才能促使思考,去探索、去创新。因此,要大胆质疑,提出多种解决问题的方案及方法。提出问题是取得知识的先导,只有提出问题,才能更好、更有针对性地解决问题。

创新意识的培养是一项严密、严格的创造活动,不能把创新意识培养简单化、表象化和庸俗化。在培养创新意识的过程中一定要注意树立科学的创新理念,既要面对现状勇于创新,又要防止把创新当成时髦,当成没有实质性新内涵的新名词。要把创新意识的培养与继承中华民族优秀传统文化紧密结合起来,增强自己培养创新意识的信心、勇气和能力。

2. 创新能力的分类与特征

创新能力是为了达到某一目标,综合运用所掌握的知识,通过分析解决问题,获得新颖性、独创性精神或物质成果的能力。创新能力作为一个系统、综合的概念,通常包括发现问题的能力、独立创新的能力、变通的能力、制订方案和评价的能力等。

1)发现问题的能力

发现问题的能力是指发现那些让人难以察觉的、隐藏在习以为常现象背后的问题的能力。对权威理论、既有学说和传统观念等,不是简单地接受与信奉,而必须持怀疑和批判的态度。主要表现为意识到在周围环境中存在的矛盾、冲突、需求。例如,亚里士多德的"自由落体定理"认为物质下落的速度和它的质量成正比,人们往往不加验证地认为理所当然,而伽利略的比萨斜塔铁球实验证明了铁球和铅弹的下落速度与它们的质量无关,纠正了影响人们两千多年的错误理论。牛顿若不是对习以为常的苹果落地产生质疑,就不可能发现万有引力。

2)独立创新的能力

独立创新的能力是一种寻求不同寻常的思想和新奇、独特的解决问题的能力。独创能力主要体现在打破常规和求新求异的有机结合。打破常规,即思维要具有批判性;求新就是以新的角度看问题,以新的思路、新的方式提出新设想。独创能力是创新能力最本质、最重要的核心能力,它反映了一个人创新能力水平的高低。

3)变通的能力

变通的能力是指能够迅速实现思维及对象等的转移及切换的能力,灵活应变而不局限于条条框框,思想活跃且敢于提出新观点,创新的维度越多、广度越大,其变通性就越高。

4) 制订方案的能力

创新的设想能否实现取决于方案的制订和实施。把一个创新的想法变成一个具体的实施方案,需要一定的方案制订能力。从设想、构思、证明到具体的设计、修改、完善,制订方案需要做大量的创造性工作。解决同一问题可以用多种方法,创新可以拟定多套方案备选。

5) 评价的能力

评价的能力是对方案的优劣进行比较,选出在技术经济上可行、有希望成功方案的能力。对方案准确合理的评价能极大地减少人力、物力和财力不必要的浪费,不合理甚至过于草率的评价往往又极易扼杀创新创意的萌生,因此对方案的评价和筛选应慎之又慎。通过多次多角度、多层面的评价,提高评价的质量,有助于寻找更佳创新方法和指明创新活动的方向,进一步提高创新的价值和水平。

创新能力是由诸多基本能力组成的有机整体。具有创新能力的人,不仅要具备这些能力,还要实现能力的协调一致,并将这些能力达到均衡的运用。

1.1.4 创新与创业的关系

创业是指创业者对自己拥有的资源或通过努力能够拥有的资源进行优化整合,发现和识别商业机会,成立活动组织,通过产品和服务的方式创造经济价值或社会价值的过程。在创业过程中,创业机会、创业团队和创业资源是不可缺少的要素。

1. 创业过程与阶段

创业一般源于一个好的创意,通过创意创造商机,通过商机创办企业获得利润。从产生创业的想法到获取企业回报的整个过程,可大致划分为机会识别、资源整合、创办企业、企业管理4个主要阶段。

1) 机会识别

识别创业机会是对可能成为创业机会的各种事件的分析和对创业预期结果的判断。其核心活动包括勾画创业愿景、市场分析与研究、竞争评估、商业模式开发等。

2) 资源整合

资源是创业的基础性条件,整合资源是创业者开发机会的重要手段。其核心活动包括流程与技术调研、确定价格、市场与营销模式、保障启动资本、管理资金、制订成长期资金计划、投资谈判等。

3) 创办企业

创办企业需要进行大量的准备,其核心活动包括创业计划、创业融资、注册登记等。

4) 企业管理

企业管理是创业的重要环节,确保企业生存及成长是创业必须面对的挑战,核心活动包括制订企业发展的计划、寻找合作联盟、出售或并购、继续管理或退出等。

2. 创新与创业的关系

瑞典管理学家凯伊·米克斯(Kaj Mickos)认为,"创业不是创新,创新也不是创业。创业可能涉及创新,或许也并不涉及;创新可能涉及创业,或许也并不涉及"。现在我国提倡"大众创业、万众创新",那么,来看一看创新与创业之间的联系。

1) 创新是创业的灵魂

创新是创业的源泉,创业因创新而生,创新因创业而实现其价值。创业通过创新拓展商业视野,获取市场机遇,整合独特资源,推进企业成长。没有创新的企业,生存空间就会不断缩小,就不可能产生自己的核心竞争力并产生相应的竞争优势。企业从无到有、由小到大、由弱到强,必须依靠持续不断地创新,推动企业持续快速发展。

2) 创新的价值在于创业

创新的前提是创意,创新的延续是创业。将创意和创新落到实处的根本途径就是创业,创业者通过创业实现创新成果商品化和产业化,将创新价值转化为具体、现实的社会财富。创业者不一定是创新者或发明家,但必须具有能发现潜在商业机会并敢于冒险、勇于开拓的特质;创新者也未必是创业者或企业家,其产生的科技创新成果必须经由创业者推向市场,使其潜在价值市场化,创新成果因此才能转化为现实生产力。

3) 创业的本质在于创新

没有创新的创业活动是不会长久的,创业的过程就是永远不断创新的过程。创新与变革紧密关联。企业要取得持续竞争优势,求得更大的生存发展空间,就必须进行组织战略优化、经营业务拓展更新、生产技术发展革新等来增强自身的竞争力。将新的理念和设想通过新的产品、新的流程、新的市场以及新的服务方式等有效地融入市场,创造新的价值。

4) 创业推动并深化创新

创业可以推动新发明、新产品或新服务的不断涌现,创造出新的市场需求,进一步推动和深化创新,进而提高企业或整个国家的创新能力,推动经济增长。

2006年11月,深圳市大疆创新科技有限公司(以下简称"大疆")创立,从商用自主飞行控制系统的创新开始,逐步涉及支架、螺旋桨、平衡环以及遥控器等无人机的关键要素,2012年,大疆完成一款无人机所需要的所有元素的创新。

2014年大疆创新研发的新产品Inspire 1航拍机亮相深圳,大疆占据全球小型无人机约50%的市场份额。2015年,大疆推出面向入门级飞手的DJI Phantom 3 Standard航拍无人机。截至2016年,大疆在全球已提交专利申请超过1500件,获得专利授权400多件,涉及领域包括无人机各部分结构设计、电路系统、飞行稳定、无线通信及控制系统等。2017年,深圳市大疆创新科技有限公司荣获中国商标创新奖金奖。

图1-1 "大疆"无人机

目前,在全球消费级无人机市场中,大疆的产品占据了七成,其产品如图1-1所示,短短10年时间,大疆已成长为全球领先的无人飞行器控制系统及无人机解决方案的研发和生产商,客户遍布全球100多个国家。无人机的"中国制造"开始在高科技领域崭露头角,凭借着不断的创新在消费级无人机领域充当着世界"领跑者"的角色。

1.2 创新思维方法

思维是人脑经过长期进化而形成的一种特有技能,是人脑对客观事物的本质属性和事物之间内在联系的规律性所做的概括与间接的反应,它分为逻辑思维与非逻辑思维两种。在创新过程中,逻辑思维是非逻辑思维的基础,非逻辑思维是高度成熟的逻辑思维的产物。若没有非逻辑思维做先导,就难以提出新问题、新设想。但在新问题、新设想提出之后,仍需要运用逻辑思维进行推理和论证。

1.2.1 创新思维的特点及过程

一个人的才能除了取决于知识、技能外,往往还有赖于他的创新思维,尤其是非逻辑性创新思维,往往会影响人们对知识的科学加工和创造性运用。苏联科学院的夏尔布里津(Charbrizin)教授在1981年前就通过实验发现了物质在超低温下电阻消失的现象,但由于他在经过一番思考后,将这一现象归因于"物质表面异常",而未加深入研究。5年后,瑞士苏黎世研究所的缪勒(Muller)和柏诺兹(Bednorz)两人却根据与夏尔布里津教授相似的实验现象,经进一步研究,提出了超导理论,并因此荣获了1987年的诺贝尔物理学奖。

1. 创新思维的特点

与常规思维相比,创新思维的最大特点在于它的流畅性、变通性和独创性,而这些特性的产生又与巧妙地发挥了人脑思维的潜能。

1) 流畅性

流畅性又称非单一性,是思维对外界刺激产生相应反应的能力,它是以思维的量来衡量的,要求思维反应畅通无阻、灵敏迅速,能在短时间内表达较多的概念。比如,列举不同类型的水杯,如果能够在短时间内说出许多结构、材料、功能各异的水杯,说明其创新思维意识流畅性好。创新往往是在遇到实际问题时的一种被动需要,而实际问题往往可能是阶段性甚至短时性的,因此,创新需要讲求效率,再好的创新也会因时过境迁而变得毫无价值。因此追求思维的流畅性就显得十分重要。

2) 变通性

思维的变通性又称灵活性,是指思路开阔,善于根据时间、地点、条件等的变化,迅速灵活地从一个思路跳到另一个思路,从一种意境进入到另一种意境,从多角度、多方位探索、解决问题。思维的变通性是以流畅性为前提的,思维不流畅,自然谈不上变通。从创新的角度而言,善于变通是创新的关键。

在1915年美国旧金山举办的首届"巴拿马太平洋万国博览会"上,来自中国贵州、被装在深褐色的酒坛中的古老白酒——茅台,并未引起参观者太多的注意,为了凸显这种白酒,参展者决定将其从农展馆搬至食品馆,却在搬运中不小心将酒坛摔碎,酒香四溢,中国参展监督陈琪等灵机一动,直接敲开酒瓶口并放置酒杯,任参观者随意品尝。参观者纷纷寻酒香而来,争相倒酒品尝并交口称赞,最终在巴拿马万国博览会上获奖,如图1-2所示,贵州茅台"一摔成名",中国酒从此走出国门。

图 1-2 茅台在万国博览会上获奖

3）独特性

思维的独特性又称新颖性，求异性，是指"与别人看到同样的东西却能想出不同的事物"。思维的独特性是以独立思考、大胆怀疑、不盲从、不迷信权威为前提，能超越固定的、习惯的认知方式，以前所未有的新角度、新视点去认识事物，提出不为一般人所有的、超乎寻常的新观念。从古代的司马光砸缸到中国氢弹的于敏构型，无一不是思维的独特性的典范。思维的独特性是流畅性和变通性的归宿，是创新思维的更高层次。

2．创新思维过程

对于创新思维过程的分析，最有影响的是英国心理学家华莱士（G. Wallas）提出的四阶段论。这个理论把创造性思维分为准备阶段、酝酿阶段、明朗阶段和验证阶段。

1）准备阶段

在准备阶段里，创造主体已明确所要解决的问题，然后围绕这个问题收集相关数据资料，并试图使之概括化和系统化，形成主体的认知，洞悉问题的性质，抓住疑难的关键等，同时开始尝试和寻找初步的解决方法，但往往这些方法行不通，问题的解决出现了僵持状态。心理学家在活动划分时，有时将创造主体有关知识的学习、技能的训练等创造之前的必备条件包括在这一阶段内。

2）酝酿阶段

酝酿阶段最大的特点是潜意识的参与。对创造来说，需要解决的问题被搁置起来，主体并没有做什么有意识的工作。由于问题表面是暂时搁置，而实则是继续思考，因而这一阶段也常称为探索解决问题的潜伏期或孕育阶段。

3）明朗阶段

进入明朗阶段，问题的解决一下子变得豁然开朗。创造主体突然间被特定情景下的某一个特定启发唤醒，创造性的新意识猛地发现，以前的困扰顿时一一化解，问题顺利解决。这一阶段伴随着强烈而明显发生变化的情绪，这一情绪变化是在面临解决的一刹那出现的，是突然的、完整的、强烈的，会给创造的主体带来极大的快感。因此，这一阶段又常称为灵感期、顿悟期。

4）验证阶段

验证阶段是个体对整个创造过程进行反思、检验解决方法是否正确的验证期。在这个阶段，需要把抽象的新观念落实在具体操作的层面，提出的解决方法必须详细且具体地叙述出来，并加以运用验证。如果试验及检验达到了创新的设想，创新思维活动就完成了。如果提出的解决方法失败了，则上述过程必须全部或部分重新进行。

1.2.2 有序思维与逆向思维

1．有序思维

人的培养不仅在于掌握知识技能，更在于思维品质和创新理念的养成，让人们学会思考，是创新培养成功与否的关键。有序思维是一种按一定规则和秩序进行的、有目的的思维方式，在学校教育阶段，大多数情形下都是采用有序思维的方式，对学生进行教育教学引导。在用有序思维解决问题的过程中，思维一般是沿着由低到高、由浅入深、由近及远向前推进，直至获得问题的解决，最后完成任务。

有序思维在思维开展的过程中，往往按照一定规则和秩序进行思考，若能做到有条理、不遗漏,不仅符合大多数人的思维认知,往往也会是思维活动的更佳状态和更优过程。它是许多创造方法的基础。如十二变通法、归纳法、逻辑演绎法、信息交合法、物—场分析法等,都是有序思维的产物。如逻辑演绎法"个别—普遍—特殊"的演绎三段式,黑格尔在他的《逻辑学》中指出,一切历史概念的集合,概念的自身运动,都是通过由"个别物"向"普遍物"以及由"普遍物"向"特殊物"的对立运动而实现的。

有序思维经常被运用到常规机械设计过程中。如在齿轮设计过程中,按载荷大小计算齿轮的模数后,再将其标准化,按传动比选择齿数,进行几何尺寸计算、强度校核等过程,都是典型的有序思维过程。

2. 逆向思维

逆向思维是从一种事物想到另一种相反事物,从一种条件想到另一种相反条件,从一种可能想到另一种相反的可能,从原因追溯结果的创新思维能力。在自然界和人类社会中都充满着各种矛盾,从事物的相反方向进行思考,从而促进矛盾对立面之间的相互转化和相互连接。"原型—反向思考—创新设计"是产品创新常用的逆向构思模式。在用逆向构思进行创新活动中,常采用反向探求,顺序和位置颠倒以及巧用缺点等方法。

1) 反向探求

反向探求是指从现有事物的相反方向进行思考,使思维的功能和作用发生转化,激励并启发人们的创造性思维,以达到发明创造的目的。在问题求解的过程中,由于某种原因使人们习惯向某一个方向努力,但实际上问题的解却可能位于相反的方向上,意识到这种可能性,在求解问题时及时变换求解方向,有时可以使很困难的问题得到轻而易举的解决。反向探求可以从功能性反转、结构性反转和因果性反转3个主要途径进行探索。例如,拖拉机是自走式动力机械的创新,其主要用作拖拉货物的工具。但是,后来人们从"拖拉"这个动作的反向动作考虑,做相反功能探索,在拖拉机前面加上一把大铁铲,并配备上机械式或液压式控制系统,从而创新设计出了推土机。

2) 顺序和位置颠倒

人们在长期从事某些活动的过程中,对解决某类问题的过程及过程中各种因素的顺序及事物中各要素之间的相对位置关系形成了固定的认识。将某些已被人们普遍接受的事物顺序或事物中各要素之间的相对位置关系颠倒,有时可以收到意想不到的效果。在适当的条件下,这种新方法可以解决常规方法不能解决的问题。例如,在电动机中有定子和转子,通常将转子安排在中心,定子安排在电动机的外部,便于动力输出和电动机的支承。但是在吊扇的设计中,需要外侧扇叶转动产生风力,因此将其电动机转子安装在电机外部,直接带动扇叶转动,而定子固定于中心,承载吊扇重量。

3) 巧用缺点

人们通常将事物中带来好结果的属性称为优点,而将带来坏结果的属性称为缺点。当事物的应用条件发生变化时,可能我们需要用到的正是事物中被认为是缺点的某些属性。正确地认识事物的属性与应用条件的关系,善于利用通常被认为是缺点的属性,有时可以使我们做出创造性的成果。例如,在制造铜粉的工艺中可以利用铜的氢脆性,将废铜丝和铜屑放在氢气环境中,加热到500~600℃并保温数小时,再放到球磨机中经过一段时间的研磨,就可以制成质量很高的铜粉。

1.2.3 发散思维与收敛思维

1. 发散性创新思维

发散思维又称扩散思维、辐射思维,是一种让思路朝多方向、多数量全面展开的立体性、辐射性的思维方式。发散思维包括联想、想象、侧向思维等非逻辑形式,追求思维的广阔性和大跨度性。发散思维具有发散性、多维性、求异性、想象性和灵活性等特点。因此,发散性创新思维的策略包括自由发挥、追求数量、暂缓评价、持续改进、暂时搁置。

1) 自由发挥

为了使思维有效地扩展,必须鼓励人们在寻找解决问题方法时尽可能地自由发挥想象。自由发挥就是打破传统方法和传统观念的桎梏,在进行思考时,少考虑甚至不要考虑各种干扰因素,不受拘束地进行思维发散和泛在联系。

2) 追求数量

追求数量是一种方法,但更是一种基本的态度,两次诺贝尔奖得主莱纳斯·鲍林(Linus Carl Pauling)曾说:"要产生一个好的设想,最好的办法就是激发大量的设想。"美国著名创意思维大师奥斯本(Osborn)则认为数量孕育着质量。当我们进行思维发散而产生较多方案时,如果每个方案的平均质量没有下降的话,出现好的方案的概率就会增加。在进行发散加工的过程中,追求数量的设想是十分必要的。

3) 暂缓评价

暂缓评价要求进行发散思维的过程和评价的过程在时间上应完全分离。如果在发散思维产生设想、形成观念后,就立即对这些观念、设想进行评价,那么就不能进一步产生更多的发散性方案,也就不会有发散性的成果物化进程。

4) 持续改进

持续改进是发散思维从抽象向具象凝聚的关键过程,是对观念、设想反复修正下创新方案不断完善而具有可操作性的过程。持续改进的关键在于弥合发散的断点,扫清发散的盲区,形成尽可能多层面、多维度的综合性策略。

5) 暂时搁置

在思维发散的过程中,由于对象主体的思维可发散性不足及可联系的事物有限,会出现发散无法接续的情形;在此种情况下,不妨暂时搁置个人思绪,可以从事一些其他工作,或者简单重复性劳动,不仅可以重新整理杂乱的发散思维,还可以衍生新的思维意识,甚至可能有顿悟和灵感的出现。

2. 收敛性创新思维

收敛性创新思维是一种聚焦式搜寻的求同思维,包括分析、综合、归纳、演绎、抽象等逻辑思维和理论思维形式,其在收敛过程中,需要更多的借助智力和逻辑分析,对不合适的解决问题的方案进行筛选,从已知事实中寻求一种正确的结论。为使收敛性创新思维发挥更为合理、高效的作用,就必须遵循以下原则。

1) 思路合理化

在发散思维过程中,强调思维的流畅性和多角度产生以尽可能多的问题解决思路,发散思维的许多环节所产生的思路中很多是较为新奇的;在收敛思维过程中,需要不断披沙拣金、去芜存菁,将看似不合理的思路合理化,将复杂多样的思绪简单化,从而提高创新思维的针对性和目标性。

2) 逻辑合理化

人在进行思考的过程中,往往会产生许多富于幻想性和独创性的思路。解决问题的过程不仅需要随心所欲地扩散想象,更需要严谨可行的方案验证。解决问题的方案是否合理是对方案进行检验的基本标准,使用逻辑清晰的合理化解决方案是解决问题的首选方法。

3) 社会观念合理化

创新思维收敛必须有明确的价值观取向和社会意识认同,相应的创新方案才能更为多数人所认同,创新的成果才更有实际效果。考虑问题解决的方案在执行过程中与社会及社会发展有无矛盾,在社会观念上和消费者有无抵触,是收敛性创新思维要考虑的一大因素。

4) 道德标准合理化

解决问题的心理状态必须与人的日常心理状态密切相连。个人的心智偏好与解决问题的心理状态契合得越紧密,在工作上取得成功的可能性也就越大。不顾及他人利益的问题解决思路,不易被大众所认同和接纳的行事风格,容易在解决问题的同时引发更多的问题。

据史料记载,宋真宗大中祥符八年(公元 1015 年),京城汴梁发生过一场火灾。一夜之间,大火把皇宫化为废墟,灾后,真宗皇帝命令宰相丁渭主持修复皇宫的工程。这个大工程不仅废墟难以清理,而且取土不易,运输也非常困难。

丁渭经过仔细思考后,下令挖皇宫前面的大街取土。大街被挖成了一条大沟。他又下令将汴河的水引入大沟,使这条大沟成为临时的河道,用以解决运输问题。皇宫修复后,再将废墟中的瓦砾填入大沟,重新把大沟填为平地,恢复大街的原貌。这就是"一举而三役济"的"丁渭复梁",不仅"省费以亿万计",而且大大加快了工程的进度。

3. 发散思维与收敛思维的实施条件

1) 考虑时间因素

时间在许多问题中都是不可忽略的一大因素;在解决问题的过程中需要以时间为轴,依其节点考虑不同的任务与实施步骤。许多问题就是因为其时间尺寸小,给人极大的心理压力,导致思考问题不得不聚焦核心目标不断收敛思绪,往往导致最终的解决方案可能不是更为优化的方案,而是更为省时的方案。

2) 考虑经济因素

经济成本是创新和创新思维不可回避的一大因素,单纯从创新层面而言,可以有许多功能更为强大、科技感十足的创新方案,许多技术上可行的方案,就是因为不经济而不得不终止。在日常生产生活面临的问题中,经济因素对选择方案的影响有时会大于其他任何一个因素。总的来说,在我们解决问题的思维过程中,选择方案时,经济因素会在某种程度上作为方案选择的一个重要因素。

3) 考虑技术能力因素

在初始设计阶段,方案设计者们大多从设计本身或者对应标的上来考虑问题,而不是从执行者的角度考虑问题,最终设计的方案在执行时就会遇到各种障碍。因此,在选择解决方案时,必须考虑执行者能力,对于执行者明确且需要短期内解决的问题更是如此。

20 世纪后半叶至 21 世纪初,"电话卡"风靡世界,如图 1-3 所示,其诞生缘于电信公司发现的一个反常现象:人们使用电话的需求量在以 6% 的速度增长,电话费的收入增长却只有 1% 左右,人们的电话需求量与公司的电话费增长量失衡,电话费的收入增长放缓。

图1-3 电信公司IP电话卡的用卡流程

经过调查发现,制约人们打电话的症结竟然是硬币。虽然公用电话亭随处可见,但是人们不会总是随身携带硬币,往往想打电话时又不愿意花时间去换硬币,于是电话费的增长就被抑制了。因此电话卡被开发出来,并迅速在公用电话消费领域得到应用。

1.3 创新素养塑造

创新素养塑造是指培养用新思维、新能力对过去旧事物进行改造升级的能力过程,创新素养是指以创新品质、创新意识、创新思维、创新能力为核心,能够打破常规、突破传统,具有敏锐的洞察力、直觉力、丰富的想象力、预测力和捕捉机会的能力等。

1.3.1 创新基本素养

1. 创新心理品质养成

1)积极的人生态度

积极的人生态度是指使人的心理活动保持一种稳定的心理倾向、基本意图,并维持一定质和量的水平特征。其核心在于健康的人生观和积极的处世态度,对人类文化进步、真理追求有一种坚定信念。积极的人生态度表达了一种认识上的发展观,因而敢于提出不同的观点,尝试新的方法和探索新的道路,具有创新精神。

2)肯定的自我意识

在自我意识的结构中包括认识自己和对待自己两个方面。肯定的自我意识是指对自我的存在及其意义和价值的认识和了解。心理学家认为,富于创新、敢于创新的人,一般都具有坚定的自信,能做到自我承认,能充分地肯定自我潜能的存在,并能最大限度地进行挖掘和利用。在主体有自信地肯定自我有某种能力倾向时,就有可能在该领域比别人做得更好。

3)较高的动机水平

动机是引发并维持人的行动和追求、以达到一定目标的内在原因,也是使人们坚持去做某件事或不做某件事的直接原因。心理学中把动机分为内在动机和外在动机。内在动机包括人们的好奇心、求知欲,对事物本身的兴趣等。外在动机是指由外部刺激引起的创新动机。美国心理学家托兰斯(E. P. Torrance)把好奇心、求知欲、对问题的敏感性等看成是创造的内在动机和进行创造性活动应必备的心理品质。高水平的创新动机,是富有创新性的人其人格结构中的基本特征。

4) 创造性的认知风格

认知是创新思维的前提,没有创造性的认知,不可能进行创新思维活动,美国心理学家阿玛布丽(Amabile)认为,创造性认知风格有以下特征:感知敏锐,能看出别人看不出的东西;能打破感觉定势;认识复杂、思维流畅、灵活;记忆准确、广阔;能迅速将两类相距很远的事物联系在一起;想象力丰富。由于个体个性特征不同,每个人都有自己的认知风格,这是最具差异性的人格特质。可以这样认为,有多少人,就有多少种认知风格,创新思维主体应具备创造性的认知风格。

5) 保持积极的情绪状态

保持快乐、良好的心境,对事物保持高度热情以及适当的情绪激活水平等,都是创新思维主体应有的积极情绪状态。心理学家们研究认为,当人们处在消极情绪、情感状态时,不仅会出现生理上的变化,而且在心理上会出现记忆力、理解力、想象力和自制力的下降,甚至失去理智;然而,过分松弛也难以产生创造性思维,只有当紧张和松弛达到某种平衡,即人的情感既积极活跃而又不过度时,才能产生创造性思维。

总之,创新心理品质是多方面的,但必须要有积极的人生态度,这是从世界观的高度看问题;肯定自我意识,这是创新思维的先决条件;较高的动机水平,这是创新活动的强劲动力;创造性的认知风格,这是赋予创新以人格特质的关键;积极的情绪状态,这是创新所应有的心理环境。

2. 创新直觉的培养

直觉是人的一种快速性潜意识的综合判断行为。由于直觉的判断过程非常迅速,往往导致个人的结果认定没有连贯的推理过程加以佐证,人们常将直觉称之为人的第六感。直觉并非凭空而来、毫无根据的主观臆断,而是建立在丰富的实践经验和厚实的知识积累上的。直觉具有直接性、快速性、跳跃性、或然性等特征。一般而言,直觉的基本内容包括直觉的判别、直觉的想象、直觉的启发三个方面。

1) 直觉的判别

直觉的判别是人脑对客观存在的客体、现象、语言符号及其相互关系的一种迅速的识别、直接的理解和综合的判断。人的这种能力,就是我们通常所说的思维的洞察力。例如,英国生物学家达尔文(Darwin)看到向日葵总是向着太阳的方向,就判断在向日葵的背面有一种害怕阳光的物质存在,尽管当时未能证实这种物质的存在,但几十年后,生长素的发现解释了向日葵向着太阳方向生长的原因。像这些直觉的判别都不是分析性的,不是按部就班地进行逻辑推理得出的,而是对问题所作的一种直接的判断和整体的把握。

2) 直觉的想象

在许多情况下,外界所提供的信息不充分,具有许多空白点,主体不能单凭这些有限的信息作出一种判断,从而需要求助于想象和猜测,以形成一个大致的判断。

直觉的想象是由对实物、符号、情势的知觉来激活大脑表象并进行想象组合的转移。科学家常常需要通过幻想、想象或猜想来填补现实的空白,以建立科学的假说。例如,牛顿发明微积分,得益于他几何与运动的直觉想象;爱因斯坦在创建狭义相对论的过程中想象过人以光速运行,在建立广义相对论时设想过光线穿过升降机发生弯曲等。

3) 直觉的启发

直觉的启发是指从所思考的问题之外的另一信息中受到启发,从而使问题得到了解决。在科学发现和发明中,这种直觉的启发的例子很多。例如,名匠鲁班从割手的茅草得到启发,发明了锯子。

直觉作为人的一种思维能力,要提高其能力,需要足够的知识储备、丰富的实践经验,更需要不断地进行思维意识的强化,形成现象与结论之间的直接性关联,提高思维的快速性和跳跃性,不断培养个人的洞察力,这是直觉产生的关键所在。

3. 创新灵感的捕捉

灵感是一种顿悟型的潜意识活动,一般是指突如其来的对事物规律的认知,或是突然闪现的解决问题的创造性设想。我国科学家钱学森指出:"灵感是有的,但你首先得去追求它,你不去追求它,它绝不会主动找上门来。"灵感是人们长期创造性思维和创造性实践的产物,其心理结构主要由创造性思维、创造性想象和记忆组成,作为人对认识的一种"质"的飞跃,具有突发性、瞬时性、情感性等基本特征。

灵感是创新的火花,为创新者提供了接通思维、突破障碍、建构设想和完善方案的机遇,尽管灵感不能完全按照人的意志出现和控制,但创新者可以创造条件去捕捉它,捕捉灵感的途径一般可以概括为积累、执著、松弛、触发4个阶段。

1) 积累

灵感是与个人长期的知识和经验积累密切相关的,唯有大量地积累各种感性的素材和案例,扩大个人的知识面,形成一种无形的信息场,才有可能在某个时刻出现理性思维的突变。积累是灵感产生的基础,基础越厚实,灵感迸发的价值性就越高。

2) 执著

执著是将个人的兴趣爱好、情感思维甚至行为习惯都向与研究的对象汇聚,产生强烈的动机与欲望,不断进行深入剖析与求索。执著是灵感迸发的动力,与灵感产生速率密切相关。

3) 松弛

松弛不是松懈,是为了让紧张、集中的思绪发散,有利于缓解大脑的疲劳,发挥大脑的潜意识作用,摆脱各种惯性思维和心理定式,有助于自由遐想、随机组合等的进行,甚至可让大脑再度兴奋起来重新思考,达到对灵感欲擒故纵的效果。

4) 触发

在创新的不断酝酿中,对问题的解决有时会进入瓶颈阶段,受制于关键环节而卡壳,各种思绪高度激荡,突然,因为某个偶然的诱因迸发灵感,使各种矛盾和问题全部得到解决。

习惯性思维容易让思想僵化、思路闭塞,因此,摆脱习惯性思维的束缚、淡化已有设想,再重拾研究,也是触发灵感的重要做法。英国发明家查尔斯·巴贝奇(Charles Babbage)在展览会参观一台"加卡提花机"时受到了启发,设计出穿孔卡带自动控制程序计算机;德国化学家凯库勒(Kekule)在火炉边冥想到了"咬住自己尾巴的蛇",提出了苯分子的环形结构。

1.3.2 破除思维定势

所谓思维定势,就是按照积累的思维活动经验和已有的思维规律,在反复运用中所形成定型的思维路线、方式和模式等。思维定势有如下两个特点:一是稳定的形式,具体思维活动具有定型化的程式;二是强大的惯性,思维意识成为不自觉的、类似于本能的反应。思维定势多种多样,虽在常规思维中有着积极的作用,但由于其较为片面,会对创新造成一定阻碍。

1. 破除传统定势

传统定势是以传统观念和传统习惯为基础经过沿袭而形成的,作用的方式往往是不由自主、不知不觉的,属于下意识范畴。其破除的难度大,需要有意识、有计划地长期坚持。因此,传统定势的破除要做好以下几点:

(1) 有意识、自觉地提高对传统定势本质的认识。经常审视各种传统观念、传统习惯是否合理、有益,合理、有益的传统应当继承、发扬,不合理、没有益处的传统应当及时抛弃、清除。提高对传统定势的警惕,减少其发生作用的机会。

(2) 围绕创新对象,分析其相关的传统观念、传统习惯,分析这些传统观念和习惯的科学原理,在创新中加以必要的扬弃。

(3) 提高对传统的认识与警惕,汲取创新中破除传统定势的经验教训。

2. 破除书本定势

书本定势就是唯书本论,认为书本上的一切都是正确的,必须严格按照书本上说的去做,不能有任何怀疑和违反。这是一种把书本知识夸大化、绝对化的片面、有害的观点。书本定势严重地束缚了创新,破除书本定势的做法主要有4点:

(1) 正确认识书本知识中的理论都只是相对真理而不是绝对真理,都只是人类认识发展到一定阶段的产物,都有时代的局限性。对现有的科学技术体系,只有把它摆在人类认识发展的历史长河中,才能对它的性质、地位有比较系统、全面的清醒认识,才能真正理解并警惕它的局限性。

(2) 任何科学定律、定理都是一般原理,都必须与具体实践相结合,针对具体情况和条件加以灵活运用,具体问题具体分析,坚持"实践是检验真理的唯一标准"这个根本原则,在实践中检验它是否正确。书本知识与实践发生矛盾的时候,不要固守书本。

(3) 对于专业知识、技术,既要认真学习、深入理解,掌握其实质、真谛,又要跳出来,从更高的层次看清其在现代科学技术体系中所处的地位与作用,避免片面性。不能从更高的层次上看待专业知识,往往容易将专业知识与方法不同程度地夸大化、绝对化,以为用这些专业知识与方法就可以解决一切问题,这是有害无益的。

(4) 要多读书,并用批判的眼光读书,分清哪些是对的,哪些是错的,接受正确的,抛弃错误的,提高个人的分辨能力。只有分辨能力达到一定程度时,才能真正理解知识的不确定性,才能发现创新的关键问题所在,提高个人创新的认知能力。

3. 破除经验定势

经验定势是理解、处理问题时按照以往的经验去办的思维习惯,实际上是把经验绝对化、夸大化的表现,忽视了经验的相对性与片面性。经验定势在处理常规事务上是有益处的,可以少走弯路,提高处理的速度和效率。但经验定势阻碍创新思路的开阔,限制联想、想象力的发挥,是新思想、新方法、新形象、新技术产生的重要障碍。破除经验定势的基本做法如下:

(1) 要提高对经验定势的认识,把经验与经验定势区分开来。经验是宝贵的,越丰富越好,而经验定势却不一定起好作用,破除经验定势首先要提高对经验定势危害的认识,时刻提醒自己避免陷入经验定势。

(2) 要加强对经验定势本身规律性的认识,从个人的惯常经验行为入手,厘清经验定势常犯、易犯的关键领域和主要环节,设置关键领域和主要环节的重新审视"回头看",强化创新的侧向思维和发散思维。

(3) 要不断积累并深入研究古今中外因为经验定势的禁锢而影响创新思维发展的典型案例,分析经验定势在具体创新中的负面影响及消除办法。

4. 破除权威定势

权威定势是指处理一切问题都以权威作为判定是非的唯一标准,是思维惰性的表现,是对权威的迷信、崇拜与夸大,属于权威的泛化。破除权威定势,应坚持以下几点:

(1) 正确区分权威与权威定势,权威是人类社会不可缺少的,但权威定势却是要不得的;破除权威定势,并不是否定权威。要明确认识,权威定势对科学技术以及其他各个领域的创新有百害而无一利。

(2) 要明确任何权威都只是相对的,都只是在一定领域、一定阶段中的权威,不应该把专家、权威当作无所不能的"圣人",无原则地吹捧、盲目地崇拜、服从。

(3) 权威是自然形成的,不是人为树立的;靠人为树立的权威都不是真正的权威。因此,自己不进行权威泛化,也要反对其他人进行权威泛化。

(4) 认真坚持"实践是检验真理的唯一标准"这条原理,不管是创新的权威定势,还是权威定势的创新,都应经得起实践的检验。

1.3.3 克服从众心理

从众心理是指个体与大众的意见、观念等发生冲突时,由于自己没有信心,或不敢有违众意而采取与大众一致的意见、观念等。现代社会,从众心理已经扩大为盲目地服从权威,顺从众意,人云亦云等盲从行为。个人主观能动意识的从众保守,不仅仅导致质疑能力的下降,创新更是无从而起。

1. 从众心理的成因

从众心理主要由人生长的环境所造成。尽管人在孩童时代有着极强的好奇心和质疑态度,但随着大量信息知识的吸收消化,尤其是出于社会认同的模仿,以及本着趋利避害的安全保守,导致人产生了较强的从众心理。究其原因,主要有以下两个方面:

第一是多数人大都有怠惰情绪。人为了生活而工作,除了对自身所从事的领域有着较好的认知之外,对其他领域的知识了解不多。而工作之余的精力有限,对于一些问题的解决力不从心,也缺乏专业背景,从众的选择是不需要思考的、最为简单直接的做法。

第二是多数人大都有"趋利避害"心理。从众心理是与多数人保持一致,从生物本能而言,这是一种从自身出发,较为安全的选择。从生物生存角度而言,不从众,就意味着特立独行,这是非常危险的。不从众,就要提出质疑,容易招致其他人的不理解,甚至反过来会引发别人对自己知识的质疑,从个人角度而言是得不偿失的。

在社会生产生活中,人们大多认为"不惹事生非"、"不吹毛求疵"的人是好人,"不惹是生非"、"不爱管闲事"的人更受人待见,因此,法不责众、趋利避害的"从众心理"应运而生。久而久之,从众心理就成了人们处事和处世的惯常心理。

2. 从众心理的克服

要进行创新思维,必须破除从众心理,要学习、传播先进思想与技术,也必须破除从众定势。只有敢于不随大流,敢于独立思考、标新立异,才能进行创新。但要破除从众定势并不容

易,主要可从以下几点着手:

(1) 在科学技术问题上,要坚定地确信真理往往掌握在少数人手中。任何科学技术上的新思想、新理论、新技术等,都是个别的科学家、工程技术人员首先提出来的,刚刚开始时往往只有极少数人能够理解、接受。

(2) 强化个人不随大流的心理素质,要有承受讽刺、挖苦甚至打击的心理准备,要敢于坚持真理,同错误进行坚决、持久的斗争。

(3) 敢于接纳不同意见并能发表不同见解,通过讨论、辩论等方式,激发个人独立思考的能力,实现知识互补、开阔思路、激发新的思想火花,只有存在各种流派、不同观点的争论才能避免从众定势,有效激发创新的活力。

(4) 不断扩大个人的认知面,不断深化个人知识的积累。坚持独立思考,练就个人独处的本领,实时对于个人可能存在的从众行为进行审慎的反思。

1.3.4 突破情感障碍

相比其他生物而言,人富有情感,人同此心、心同此理,大多数人对于问题的思考,都是按照常情、常理、常规去想的,其好处在于:一是容易找到切入点,解决问题的效率比较高;二是大家都是这么想的,彼此交流就比较方便。按照常情、常理固然有好处,但是如果我们凡事都按照常情、常理去想就可能会遭遇无法逾越的障碍和困难,也会忽视其他的可能性或正确的结果,也不可能完全揭示事物内部的矛盾去发现客观规律。

1. 突破缺乏挑战精神及消除急躁情绪

1) 缺乏挑战精神与情绪急躁的原因

在情感中,缺乏挑战精神与情绪急躁都不好,尽管这两个方面是相反的。缺乏某种挑战的刺激,积极情绪往往调动不起来,人在解决问题时往往就不会全力以赴。如果做某项职业干得好就可以有稳定的收入和社会保障,若能提前高质量完成任务,还会有额外的物质奖励和精神激励,人或多或少就会受此激励,积极努力工作。

此外,人在受到挑战时往往急于求成,受时间、地域和资源所限,短期可能拿不出较好的成熟方案,由此引发情绪急躁,不肯花时间去思考,按照头脑中的第一个念头行事或者敷衍了事,反而会妨碍创新,最终一事无成。

2) 缺乏挑战精神和情绪急躁的突破方法

(1) 经常参加一些感兴趣且有极强竞争力的活动,提高驾驭情绪的能力。

(2) 经常制定一些需要付出一定的努力才能达到的创新目标,在自己能力范围内,经过一定的探索和身体力行,感受成果的获得感和获得成功者的征服感。

(3) 在进行创新之前,规划一个较为宽松的时间段进行创新思考,不要让自己在创新过程中毫无头绪或者被焦躁的情绪所左右。

2. 突破怕担风险情绪

1) 怕担风险情绪的成因

许多人在创新时,怕犯错误、怕失败或者怕担风险,这是创新最基本、最常见的情感障碍。人们大多是在"正确"受到奖励、"错误"接受惩罚的环境中成长起来的,对自己的创新是如此,对别人的创新亦是如此。当有了创新的想法并计划开展的时候,人们常这样劝诫:"按部就班挺好的,冒险创新的风险担不起。"

新生事物通常会因对既定秩序有潜在威胁而受到抵制,不仅创新者与其他人间容易形成情感上的隔膜,而且创新者也会因不为人们理解接受而被"孤立",与此同时,创新所付出代价的考虑也会给创新者造成巨大的思想压力。即便作为讨论者个人见解的较为"新颖"的想法,尽管不会危及创新者的生活,不会使他遭受物质或者经济的损失,但却会引发个人的畏难情绪和畏惧风险心理。

2) 如何克服怕担风险情绪

(1) 做好面对创新风险的心理准备。要消除"怕担风险"的畏难情绪,首先就要敢于直面风险,人们对于未知事物,往往习惯于夸大其危害,"三人成虎"又加重了风险恐惧,正视风险的所在是克服风险的前提,可以通过列举创新风险的得与失,做好应对创新风险的心理建设,不仅可以在创新风险发生时不致惊慌失措,还可以在风险发生时做好应对准备。

(2) 消除创新风险可能的危害。真正克服"怕担风险"情绪最为有效的措施是消除创新风险可能的危害,让人们在创新过程中无"创新风险"的后顾之忧。对创新风险进行调查与评估,审视创新的价值目标,对一些显性创新风险要在创新中做好把风险"变害为利"的转化;对一些潜在创新风险要控制其触发因素;对于无法处理的风险,通过协商做好风险转移;对于存在的不确定性风险,可以提前做好风险处置的预期建设;对于全新领域的创新可以找专门的风控机构合作,由风控机构进行兜底。

3. 突破容不得"混乱"的情感

1) 容不得"混乱"的情感障碍

多数人或多或少都会有这种感觉,不能忍受不确定的、存在多种可能的状态,过分渴求秩序,容不得"混乱"。人们习惯了井井有条的生活、按部就班的秩序,因此,这一障碍中的成因同样具有合理性,但为实现自己的创新而抛弃一切秩序致使生活毫无章法亦不可取。一个复杂问题的解决是棘手的,碰到一些错误的或不适宜的数据,模棱两可而无从检验的概念、观点、评估等是常见的,解决问题就是把混乱的局面理出头绪来,渴望秩序往往是处理"混乱"的动力,因此要具备一定应付混乱局面的忍耐力。

2) 克服容不得"混乱"的情感

(1) 扩展个人在思维意识上的认知。思维意识较为单一的人,其行为方式也趋于线性,对于思维轨迹跳跃的想法难以接受。而人类社会充斥着各种思想和哲学,许多本身就存在着"矛与盾"的冲突,真正彻悟的人终归是少数,认识到社会的"对立统一",加强对哲学理论的理解,有助于建构"混乱"情感的接纳底线。

(2) 加强对"混乱"存在的容忍。不能容忍"混乱"的存在,创新往往无从谈起,要加强对"混乱"的容忍,最为简单直接的办法是自己也参与"混乱",允许自己有一些"混乱"的想法和行为。一个"循规蹈矩""讲求秩序"人,可以为自己制造点"混乱",从"混乱"中提高自己的忍耐力。

(3) 延缓对"混乱"情形的判断。不要立刻去批评别人"奇怪或者异想天开"的想法,也不要在"混乱"初创阶段急于做出评价。因为创新本身就有一定的颠覆性,所以"混乱"在所难免,"混乱"的"混沌初开",正是创新萌生的关键时期,避免主观情绪对"混乱"的波及,延缓对"混乱"的个人看法的形成时间,往往会使人对创新有一些新的想法。

1.4 思维创新案例

创新案例：六顶思考帽法

六顶思考帽是法国心理学家爱德华·德·博诺(Edward de Bono)博士提出的一种思维方法。通过用蓝色、黄色、绿色、白色、红色、黑色6种不同颜色代表不同的思维方式,引领人们进行不同角度、不同方向的思考。从而有效激发团队中每个人的智慧,经验和知识,确保这些得到最大限度的利用,更好、更容易、更有效地解决一个问题。作为思维工具,六顶思考帽代表的思维方式和角色定位如下:

(1) 白色思考帽代表中性和客观,白色思考帽陈述客观的事实和数据。

(2) 红色思考帽代表情绪、直觉和感情,红色思考帽提供的是感性的看法。

(3) 黑色思考帽代表冷静和严肃,意味着小心和谨慎,指出观点的风险所在。

(4) 黄色思考帽代表阳光和价值,代表着乐观、充满希望的积极思考。

(5) 绿色思考帽用草地的颜色,代表生机,指出创新性和新观点。

(6) 蓝色思考帽用天空的颜色,代表对思维过程的控制与组织。

六顶思考帽已被美、日、英等50多个国家在学校教育领域内设为教学课程。同时也被世界许多著名商业组织作为创造组织合力和创造力的通用工具。这些组织包括微软、西门子、杜邦以及麦当劳等公司。

应用案例：办公室个人计算机(PC机)速度缓慢的解决策略

蓝帽:目前办公用PC机年限长、速度慢,本次会议讨论解决方案,先由白帽介绍情况。

白帽:

(1) 随着软件的增多,占用着的资源逐渐增多,如Mcafee等,部分设备将不能满足(内存要求大于1G),2009年之前办公用PC机的内存都在1G以下。

(2) 设备的更新要大于3年,且实际的情况只能更新1/3。

蓝帽:大家出出主意,怎么办?

绿帽:

(1) 是否可以调整设备折旧的期限;

(2) 是否可以采用笔记本电脑代替PC机;

(3) 采取策略,每半年重装软件;

(4) 加装另一个硬盘,将OS系统装到这个新设备上;

(5) 采用虚拟化的技术;

(6) 对人群进行分类、对发放策略进行调整;

(7) 采用新软件节省内存。

黑帽:现在笔记本电脑更换预算不能达到。

蓝帽:这是目前的现状,请黄帽进行讨论这些方案的可行性。

黄帽:

(1) 已进入新时代,笔记本电脑是应该普及的设备,且更换设备端的配置将很好地满足需求;

(2) 配置升级、保护投资;
(3) 软硬件方面的调整,改善是最常用的方法,已在其他单位应用,效果不错。
蓝帽:现在讨论以上方法的局限性。
黑帽:
(1) 更换设备资金不足、不能满足需求;财务制度变革时间长;
(2) 目前使用统一软件,不是正版,统一采购的,在 PC 机上不能使用;
(3) 软件重装耗费时间太长,人员达到数百。
蓝帽:那么从目前看,解决方案主要集中在配置升级和调整配置策略,大家举手表决一下优先顺序。
红帽:表决顺序如下:
(1) 把少量更新换代机会配给更需要的员工;
(2) 大部员工利用硬件升级(加内存、硬盘),延长计算机的使用寿命,节约成本;
(3) 定期重装 OS 系统和应用软件(如一年左右);
(4) 梯次更新。
蓝帽:本次会议经充分讨论,找出了合理有效、可操作性高的解决方案,会议顺利结束。

思考与练习

1. 简答题
(1) 何谓创新,创新有哪些特征?
(2) 简述创新的基本原理与原则。
(3) 简述创新意识的构成及培养途径。
(4) 创新能力由哪些能力构成?
(5) 简述创新的过程及实现条件。
(6) 请概述创新思维的特征及其形成过程。
(7) 何谓有序思维,何谓逆向思维,两者有何不同?
(8) 何谓发散思维,何谓收敛思维,两者有何不同?
(9) 如何养成良好的创新心理品质?
(10) 何谓直觉,直觉在创新中有什么作用?
(11) 何谓灵感,请简述捕捉灵感的一般途径。
(12) 什么是思维定势,如何破除思维定势?
(13) 什么是从众心理,如何摆脱从众心理?
(14) 简述创新思维需要足够勇气与坚定信心的原因。

2. 分析题
(1) 请结合实际谈一谈对"创新是引领发展的第一动力"的理解。
(2) 请结合案例谈一谈创新、创造、创业三者之间的区别与联系。
(3) 请分析创新意识、创新能力与创新精神三者之间的区别与联系。
(4) 请谈一谈创新原理原则在"六项思考帽法"中的应用。
(5) 请结合下列材料,谈一谈你的看法:

在非洲撒哈拉沙漠中有一个叫比塞尔的村庄,它靠在一块 15 平方公里的绿洲旁,从这里走出沙漠一般需要三昼夜的时间。可是在 20 世纪之前,这儿的人没有一个走出过大沙漠。为什么世世代代的比塞尔人始终走不出那片沙漠?原来比塞尔人一直不认识北斗星,在茫茫大漠中,没有方向的他们只能凭感觉向前走。然而,在一望无际的沙漠中,一个人若是没有固定方向的指引,他会走出许许多多大小不一的圆圈,最终回到他起步的地方。

本章小测验

第 2 章

创 新 设 计

[知识要点]

本章内容主要涉及创新设计的基本概念,创新设计方法论体系结构与内容,创新设计的主要理论和设计方法,在理论和设计方法下创新设计过程等。

[学习目标]

本章以"青蒿素之母——屠呦呦"为引文,使学生在了解国内外创新设计现状及我国创新设计战略的基础上,结合典型的创新设计实例,掌握创新设计、创新设计方法论的基础知识,掌握创新设计理论和设计方法,学会应用创新设计理论和设计方法进行创新设计,具备一定的创新设计能力。

创新范例:青蒿素之母——屠呦呦

疟疾是由疟原虫侵入人体后引发的一种恶性疾病,已经在全球肆虐了几千年。直到19世纪至20世纪,科学家们先后研制出奎宁、氯喹等疟疾治疗药物。随着疟原虫耐药性的提高,20世纪60年代,疟疾再次在东南亚爆发。1969年,39岁的卫生部中医研究院实习研究员屠呦呦接受国家疟疾防治项目"523"的抗疟中草药研究任务,从此与中药抗疟结下了不解之缘。

为研究中药抗疟,屠呦呦带领团队筛选了2000余个中草药方,整理出640种抗疟药方集,以鼠疟原虫为模型检测了200多种中草药方和380多种中草药提取物,其中,能有效抑制寄生虫生长、疗效却不持续的青蒿引起了屠呦呦的注意。屠呦呦一头扎进中医典籍的宝库,在古籍《肘后备急方》中有载:"青蒿一握,以水二升渍,绞取汁,尽服之。"古人这么做,是不是因为加热会破坏青蒿里的有效成分?受之启发,屠呦呦决定用沸点只有34.6℃的乙醚来提取青蒿。1971年10月,在经历了190次失败后,191号青蒿乙醚中性提取物样品抗疟实验的抑制率达到100%。

1972年3月,屠呦呦在南京中医中药专业组会议上,报告了青蒿乙醚中性粗提物的鼠疟、猴疟抑制率达100%的结果,为了与疟原虫夺命的速度赛跑,国家"523"办公室要求抗疟中药尽快进入临床。为了制备大量青蒿乙醚提取物,屠呦呦带领团队用7个大水缸取代实验室常规提取容器,由于没有通风系统和实验防护,整天泡在实验室的屠呦呦得了中毒性肝炎。更让人犯愁的是,在个别动物的病理切片中发现了药物的疑似毒副作用。只有确证安全性后才能用于临床,为此,屠呦呦向领导提交了志愿试药报告,并郑重提出:"我是组长,我有责任第一个试药!"1972年7月,屠呦呦等3名科研人员在医院严密监控下进行了一周的试药观察,未发现该提取物对人体有明显毒副作用。试药通过后,屠呦呦亲自携药,去往海南昌江疟区救人。

1978年,在国家"523"项目的科研成果鉴定会上最终认定青蒿素研制成功,将中药青蒿抗疟成分定名为青蒿素。青蒿素是继乙氨嘧啶、氯喹、伯喹之后最有效的抗疟特效药,其抗疟疾作用机理主要在于在治疗疟疾的过程通过青蒿素活化产生自由基,自由基与疟原蛋白结合,作用于疟原虫的膜系结构,使其泡膜、核膜以及质膜均遭到破坏,线粒体肿胀,内外膜脱落,从而对疟原虫的细胞结构及其功能造成破坏。1992年"双氢青蒿素及其片剂"获首个一类新药证书。2003年,双氢青蒿素栓剂、青蒿素制成口服片剂获得新药证书。

2015年,因在疟疾治疗研究中取得的成就,屠呦呦荣获诺贝尔医学奖。"屠呦呦发现了青蒿素,能极大地降低疟疾患者的死亡率,为人类提供了强有力的新武器,以对抗每年困扰着亿万人的疾病,在提升人类健康和减轻患者痛苦方面的作用是不可估量的。"在诺贝尔颁奖典礼上评委对屠呦呦所做的贡献这样评价。同年12月的世界卫生组织报告显示,全球约有32亿人(占世界总人口数近一半)面临患疟疾的风险,以青蒿素为基础的联合疗法在过去十年间得到广泛使用,对影响最流行、最致命的恶性疟原虫病原体极为有效,青蒿素挽救了全球特别是发展中国家的数亿人的生命。2017年1月,国务院授予屠呦呦国家最高科学技术奖。

2019年6月,屠呦呦研究团队经过多年攻坚,在青蒿素"抗疟机理研究""抗药性成因""调整治疗手段"等方面取得新突破,提出应对"青蒿素抗药性"难题的切实可行治疗方案,并在"青蒿素治疗红斑狼疮等适应症"等方面取得新进展,获得世界卫生组织和国内外权威专家的高度认可。同年9月,国家授予屠呦呦"共和国勋章"。屠呦呦说:"青蒿素是人类征服疟疾进程中的一小步,是中国传统医药献给世界的一份礼物。"

2016年4月,中国报告了最后一例本地原发疟疾病例,2017年后连续4年未发现本地原发病例,2020年11月,中国向世界卫生组织提交了消除疟疾认证申请。2021年6月30日,世界卫生组织宣布中国通过消除疟疾认证,中国结束了疟疾在中国肆虐数千年的历史。

(资料来源:研发数十年、挽救百万人生命,"中国神草"成为全球良药 https://m.thepaper.cn/baijiahao_13293910)

2.1 创新设计要义

设计是人类进行的一种有意识、有计划、有目的的活动。设计普遍存在于人类社会活动的各个领域。人类通过劳动改造世界,设计是造物活动进行的预先计划。这种计划有合理的规划、周密的安排,可以采用的表达方式十分多样多元,人类最初的设计更多的是一种直觉的创造,现代的设计融合了各种高新技术,设计趋于规范化。从一种有目的的创造活动的角度而言,设计的本质是创新。

2.1.1 创新设计的概念与内涵

1. 创新设计的定义

创新设计指的是在创意、创造和创新思想的指导下所进行的设计工作,它是创造性活动的先导和准备,涵盖了科学技术创新、文化艺术创新、管理和体制创新及产业模式创新等各种创新。不同于常规设计,创新设计不仅是一种创造性的活动,还是一个具有经济性、时效性的活动。因此,创新设计的要求要比常规设计的要求提高许多。此外,创新设计还受意识、制度、管理及市场的影响与制约。

做好创新设计的基本条件是在现代哲学的世界观和方法论的指导下,具体地运用创新的思维、创新的原理和创新的方法,采用多个学科的理论和方法并在相互交叉和融合的情况下,才能很好地完成设计任务。因此,创新设计要取得成功,是一项十分复杂的工作,要按照科学方法论的基本思想,除遵循科学方法论的体系和规则外,还要广泛运用现代科学的成果,如逻辑学原理和方法、先进的信息技术、科学实验的方法、各种优化的理论和技术、创新思维和创新原理及预测学的理论等,来指导我们所承担的创新任务。

2. 创新设计的特点

创新设计是现代设计方法中最典型和最有发展前景的一种设计方法,属于现代设计的范畴,一般而言,创新设计有如下特点。

（1）创新设计涉及多种学科,包括设计学、创造学、经济学、社会学、心理学等,是一种复合型工作,其结果的评价也是多指标、多角度的。

（2）创新设计中相当一部分工作是非数据性、非计算性的,要依靠对各学科知识的理解与综合应用,对已有经验的归纳与分析,运用创造性思维方法与创造学基本原理开展工作。

（3）创新设计不只是因为问题而设计,更重要的是提出问题、解决问题。

（4）创新设计是多层次的,不在乎规模的大小,也不在乎理论的深浅,注重的是新颖、独创、及时,甚至超前。

（5）创新设计的最终目的在于应用。

3. 创新设计的目标

创新设计的目标包括总体目标、广义目标和具体技术目标。

1）总体目标

创新设计的总体目标是思想意识层面或者国家社会层面的目标,通过创新设计带动、引领社会发展与进步。我国在创新设计上的总体目标是贯彻国家在人才培养、科技研究、科技与经济发展等方面的创新驱动发展战略,实现中国制造向中国创造、中国产品向中国品牌、中国速度向中国质量的转变。

2）广义目标

创新设计的广义目标包括正确的指导思想 I(idea)、工作的质量 Q(quality)、所付出的代价 C(cost)、所需要的时间 T(time)、对环境的影响 E(environment)和事后的服务 S(service),这 6 个目标是对设计工作质量的综合评价。

IQCTES 6 大目标是许多企业在产品研究、开发和设计过程中所追求的目标,即对所设计的产品的要求是具备正确的指导思想、良好的质量、便宜的价格、较短的生产周期、环境污染达到要求和方便的服务等,这是对产品设计者提出的基本要求。

3）具体技术目标

创新设计的具体技术目标分为功能与性能。功能又分主功能和辅助功能。主功能通常是用来改变物质的状态,具体地说,用来改变被处理物质、物体或物件的几何形态、物理状态、化学组成、生理机能或信息表现形式等各方面的工作。所以,在机械产品制造中会出现物质形态的转变过程,常常呈现物质流的形式,也就是将输入物质的初始形态改变为新的形态。例如,车床的主功能是加工零件,用来改变工件的几何形态,它要将毛坯加工为所要求尺寸精度的零件。辅助功能是为了实现主功能而需要附加的一些辅助工作,包括物质的转移、所需运动形式的转换、所需能量的输入、操纵指令的输入、信息的获取及处理等,与之相应地,常常出现能量流、指令信号流和控制信息流等。

具体技术目标的性能主要包括结构性能、使用性能、制造性能。

机械设备的结构性能涵盖人机安全性、系统可靠性、材质适应性、结构紧凑性、工作耐久性、环境无害性、造型艺术性和设计经济性,机械设备的经济性、安全性和可靠性是在机器的设计、生产和使用过程中必须考虑的问题。

机械设备的使用性能涵盖功能实用性、运行平稳性、指标优越性、设备动力性、状态测控性、操作适宜性、使用经济性和故障可诊断性,是机械设备质量最重要的体现之一。

机械产品的制造性能涵盖结构工艺性、设备规范性、容差合理性、生产周期性、装运可行性、设备维修性、报废回收性和制造经济性,在设计过程中,必须对制造工艺性和零部件的标准化、通用化及系列化等加以考虑。

4. 创新设计的任务

一般而言,创新设计的任务包括产品设计、流程设计、工艺设计、工程设计、服务设计、商业设计等。

产品设计是创新设计最为广泛的一类应用。产品设计的种类繁多,如机械产品,即装备制造业中的产品是较为典型和广泛的,飞机、船舶和车辆等交通工具也属于这一类。

流程设计又称为总体工艺的设计,除了要提出更经济的、有效的生产程序外,还要选定流程中所采用的设备及对这些设备进行具体的操作,使所设计的流程不仅有良好的工艺指标,还要有良好的经济效益和社会效益。如机械工厂中钢铁和有色金属生产流程,化工企业中一些连续作业的流程都需要进行生产流程的设计等。

工艺设计是工艺规程设计和工艺装备设计的总称。作为生产性建设项目设计的核心,工艺设计是由工业生产的特点、生产性质和功能确定的。以工业建设项目的工艺设计而言,其主要包括确定车间的生产纲领、拟定车间的生产工艺过程、计算原材料和半成品的需求量、确定企业生产经营管理体系等。

工程设计通常指工程项目的设计,如机械制造企业厂房的规划及车间布局等,这些工程项目的建设应该采用创新设计的手段和方法,使建设项目达到所要求的质量、较低的成本及较短的工期等,既达到多快好省的要求,还要考虑环保、消防等因素。

服务设计是指有效地计划和组织一项服务中所涉及的人、基础设施、通信交流以及物料等相关因素,从而提高用户体验和服务质量的设计活动。服务设计以为客户设计策划一系列易用、满意、值得信赖和有效的服务为目标广泛地运用于各项服务业。服务设计既可以是有形的,也可以是无形的;所有涉及的人和物都为落实一项成功的服务传递着关键的作用。

商业设计为商品终端消费者服务,在满足人的消费需求的同时,又引导并改变着人的消费行为和商品的销售模式,以及以此为企业、品牌创造商业价值的都可以称为商业设计。在各种常规的商业设计中,既要使商品的购买者了解这些商品的用途和特点,又要吸引广大顾客对这些要出售的商品产生好感,以便在今后销售的过程中产生影响,促进该类商品的销售。

2.1.2 创新设计的发展现状

农耕时代的设计和手工业制造,创造发展了农耕文明;工业时代的设计发明和创造,引发了第一、第二次工业革命,实现了生产力的飞跃,创造了现代工业文明。近年来,随着大量创新设计成果的不断涌现,科学技术得到极大的发展,人们在通信、网络、计算机、电子工程等领域创造出过去不可想象的伟大成果。

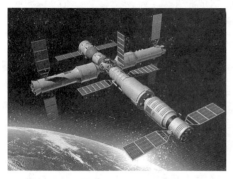

图 2-1 神舟十二号飞船遨游太空

1. 中国国内创新设计发展现状

1) 国内创新设计发展的总体现状

自 1990 年以来,我国的科技创新能力显著提升,在载人航天、载人深潜、北斗导航、航空母舰、超级计算机、高速铁路和超高压输电等方面实现重大突破,如图 2-1 所示,一些领域的设计研发和技术集成能力已跻身世界先进行列。目前,我国的"两化融合"开始由单项应用向综合集成创新、整合创新设计阶段迈进。

我国制造业正从以产品为核心跨越到以消费者为核心,以生产为本转变为以生产+服务为本进行转型,服务化转型态势明显。例如,徐工集团创造了具有"徐工特色"的智能制造和创新设计模式,构建完成了智能化的全球协同研发平台。平台以实现产品设计数字化、产品管理集成化、信息发布网络化、项目管理科学化和协同研发虚拟化为模块载体,基于互联网开展对机械设备的在线、实时、远程和智能服务。宝钢、中石化和中石油等特大型企业正逐步向智能化转型。

在具体创新设计方面,以国产软件的设计能力为例,Deepin、SPGnux、中标麒麟和阿里云等国产操作系统列入国家正版软件采购目录。华为、海思等国产多模 4G 芯片、高端移动 CPU 芯片设计开始成熟商用。以华为 5G 发展为例,从 2013 年发布 5G 白皮书起,华为先后在全球 9 个国家建立了 5G 创新研究中心,部署了最少 60 张 5G 网络,珠峰华为 5G 基站如图 2-2 所示,开启 5G 微波全面商用的新征程,并发布了基于 3GPP 标准的"端到端"系列 5G 产品解决方案。

图 2-2 珠峰华为 5G 基站

2) 国内各地区创新设计发展的现状

北京于 2007 年开始实施设计创新提升计划,已经形成了国家、北京市和区级三级错位互补、多角度鼓励创新创业的政策支持体系。一批国际知名的技术转移、知识产权服务机构加速向中关村核心区聚集,相继涌现出创新工场、车库咖啡等创新型孵化器,形成了以科技企业孵化器、新兴产业孵化器和高端人才创业基地等为载体的创业服务体系。

上海是我国创新设计最为活跃的城市之一,大力推动创新设计是促进上海产业实现"创新驱动、转型发展"的必经之路。2010 年,上海市成功加入全球"创意城市网络",被联合国教科文组织授予"设计之都"的称号。

珠江三角洲是中国著名的制造业基地,制造业的蓬勃发展为设计服务业的发展提供了有利条件。2008 年,受整体国际经济环境影响,珠江三角洲传统制造产业集群开始运用工业设计等手段提升传统创业产品附加值。自 2010 年以来,深圳的华为、中兴等企业开始建立设计研发机构,浪尖、嘉兰图等设计领域代表性企业开始逐步向品牌化、集团化方向发展。至 2017

年,我国已经形成以北京、上海和深圳三大"设计之都"为核心的环渤海、长三角、珠三角三大创新设计区域。

2. 国外创新设计发展的现状

1) 美国创新设计发展的现状

20世纪80年代以来,美国微软(Microsoft)、英特尔(Intel)、国际商业机器公司(IBM)、苹果(Apple)、谷歌(Google)等一批IT互联网企业依靠创新设计,长期占领PC操作系统、CPU、商用计算机与服务器、移动智能终端和搜索引擎等领域的全球市场的主导权,引领了全球相关产业创新发展的潮流。2004年起,美国国家科学研究委员会和美国国家工程院发布了《革新制造:连接设计、材料和生产》和《创造价值:集成创新、设计、制造和服务》等系列报告,强调设计在制造革新和价值创造等领域的突出作用。

2014年,美国拨款10亿美元组建国家创新制造网络,建设多达15个制造创新研究所来形成国家创新生态系统。通过连接产业、学界、政界等各方力量,为企业创新提供基础设施和资源共享平台。创新设计作为先行的整合力量,承接了基础研究的成果输出,在充分关注和理解社会广泛需求的基础上,为技术的转化与应用做好概念准备,并在制造创新过程中提供系统原型和管理创新策略。

2) 德国创新设计发展的现状

德国是全球制造业中最具竞争力的国家之一,在创新制造技术方面的研究、开发和生产管理方面具备高度的专业化。2013年,德国政府在《德国工业4.0战略》中,强调工业4.0实现的关键是开放创新、协同创新和用户创新,注重用户的价值,关注个性化需求产品的设计,推动了工业创新从生产范式到服务范式的转变,使德国取得了新一轮技术与产业革命的话语权。

德国创新设计发展的具体特征:①工业4.0的开放创新不再仅仅局限于工厂的边界内,创新触角延伸到用户端,传统的行业界限将消失,产业链分工将重组,并产生各种新的活动领域和合作形式,工业创造新价值的过程逐步发生改变;②工业4.0的协同创新在虚拟、移动技术支撑下,企业的生产环境和方式发生巨大改变,员工有高度的管理自主权,有利于不同教育背景、社会环境的人参与,有利于工业产业链不同的企业间的无缝合作;③工业4.0的用户创新,联系到所有参与人员、物体和系统,有利于让实际用户参与到产品设计与服务反馈过程中来,有助于实现个性化产品定制,用户可以广泛、实时参与生产和价值创造的全过程。

3) 英国创新设计发展的现状

英国是世界工业设计的发祥地,也是创意产业概念的最先提出者。英国设计委员会的调查显示,英国企业重视设计的比例越来越高,在其设计产业结构中,产业国际化程度非常高,大多数设计组织和企业在两个及以上国家设立分支机构。

目前,英国在设计研究、设计教育国际化方面领先世界:①在高等教育和科研方面拥有世界一流的水平;②创新环境具有很强的国际吸引力;③国家创新排名长期位居世界前列;④各类组织机构协作提升国家设计竞争力。此外,英国政府通过一系列政策和资金扶持以实现重振"高价值制造"战略计划,通过税收优惠政策等努力促进企业加大其在创新设计及创新设计应用方面的投入,以占据全球产业价值链高端。

4) 日本创新设计发展的现状

日本的创新设计经历了从模仿他国设计到自主创新的发展历程,形成了一套适合自身民族特色,以设计标准化和科技投入促进设计发展的道路。日本很早就提出了"科技立国、设计开路"的国策,通产省下设产业设计振兴会,负责鼓励和协调产品创新,设计研发投入资金占GDP的比例达到2.8%。具体推动各项设计振兴政策实施的机构为财团法人日本产业设计振兴会,设置了日本优秀设计奖。

5) 芬兰创新设计发展的现状

芬兰是北欧经济发达的代表性国家之一。从2000年以来,芬兰政府通过了国家设计政策纲要,以"成为设计和创新方面的领先国家"作为发展战略推进实施。2010年12月,芬兰研究和创新理事会对外发布了关于教育、科研和创新政策的报告,即《国家研究与创新政策指南2011—2015》,形成了包括资源整合、知识经济主导、国际合作、企业技术创新和创新风险投资在内的创新体系。

2.1.3 创新设计的未来趋势

1. 创新设计的发展方向和拓展领域

创新设计未来的发展主要体现在绿色低碳、网络智能、共创共享等方面。

人类进入工业化时代以来,生产力快速发展,人口与消费持续增长,化石能源和矿产资源被大规模开发利用,开发、改造、征服自然的发展观念滋长,生态环境与生产制造的矛盾日益激化,传统制造业能源资源的高消耗和环境的高污染,已成为制约其发展的重要因素。1972年,联合国在斯德哥尔摩召开人类环境大会并发布《联合国人类环境会议宣言》,这标志着人类发展观念的转变,推动了设计理念的革新,以实现资源、能源的高效利用和对生态环境破坏的最小化。清洁高效、低碳环保的绿色经济,已成为最具活力和发展前景的经济发展方式,而绿色设计是绿色经济发展的关键环节之一。

随着大数据、云计算、移动互联网和内存数据库技术等为代表的新一代信息技术迅猛发展,与制造、能源和材料等传统领域的创新设计发展相叠加,智能制造与创新设计引领的新一轮产业变革正开启帷幕。未来创新设计技术在产品中嵌入具有感知、处理和通信等功能的微型部件,使越来越多的产品兼具信息的获取、决策操作的执行以及诸多处理和交互功能,使其成为智能化产品及系统。智能化的创新设计将极大地扩展产品差异化的可能性,从大规模制造的理性时代转向个性化生产的感性时代,为用户创造完美舒适且节能环保的个性化、人性化智能工作和生活方式,目前,融合了传感功能的可穿戴设备、智能汽车、智能家电及智能住宅正逐步走向消费者。

21世纪,智能制造和3D打印等技术的发展,推动了个性化与规模化设计制造服务相结合的生产方式的发展;移动技术改变了信息获取、处理和传播的方式,使得以知识为基础的创新设计活动变得无所不在。互联网环境下的创新设计生态使得产品和服务易于规模化传播。可分享的创新设计生态将有助于制造商识别市场需求和激发用户参与,制造企业需要重新将个性化可分享的产品、系统乃至服务需求吸纳到整个新产品、新装备、新服务的设计开发过程中来。个性化可分享设计趋势不仅促进了产品、装备和系统的创新设计,也促进了设计生态的有机融合发展,同时也有利于面向可持续发展环境的创新设计技术手段、商业模式和消费理念的大变革,有利于现代社会物质资源的节约利用,有利于创新设计成果更多、更好、更公平地惠及全世界人民。

2. 我国创新发展的战略和任务

自2013年8月起,中国工程院以"创新设计"为主题先后开展了"创新设计发展战略研究""制造业创新设计发展行动纲要编制研究""实施创新设计十年行动咨询研究"等一系列战略研究和咨询项目。"创新设计"理论思想的提出者路甬祥院士认为:"当前和未来二三十年,是中国制造创新发展、强基提质、增效升级、绿色智能、由大转强的关键时期;突破基础核心技术、提升创新设计能力是实施创新驱动发展战略,加快实现中国创造的关键和重要着力点。"从 2013 年起,历时两年,在其主持的中国工程院批准的"创新设计发展战略研究"项目中正式提出创新设计战略,如表 2-1 所示。

表 2-1 创新设计的战略

序 号	内 容
1	创新设计对于实现"创新驱动发展"及建设创新型国家的重要作用
2	做好创新设计是实现"三大转变"的前提条件
3	将创新设计作为企事业单位转型升级的重要手段之一
4	将创新设计纳入文化创意产业的发展战略之中
5	将创新设计纳入新产业革命挑战之中
6	做好"产学研""媒用金"的有机结合,充分发挥各领域和部门的作用

1) 我国创新设计的总体战略

中国工程院重大咨询项目"创新设计发展战略研究"中提出了以下创新设计的总体战略。

(1) 重点突破。通过创新设计探索绿色低碳、智能高效的新型工业化发展道路,在设计软件等共性关键技术以及重点产业领域实现突破和跨越,提升在产品和系统、工艺装备、经营服务等方面的创新设计能力。

(2) 支撑引领。通过创新设计支撑和引领新产业革命,全面提升自主创新和可持续发展能力,加快我国产业转型升级,满足经济社会发展需要,提高公共安全和国家安全保障能力。

(3) 开放融合。通过汇集全球先进设计理念、技术和人才等资源要素,推动跨地区、跨产业、跨学科的创新设计融合发展,形成面向产业、和谐包容的创新设计服务体系,推动中国设计更好地走向世界。

(4) 以人为本。通过用户需求推动创新设计发展,大力培养创新设计人才,形成大众创业、万众创新的良好环境,化"人口红利"为"创新红利"。通过创新驱动发展战略,实现建设创新型国家的战略目标,实现中国制造向中国创造、中国速度向中国质量、中国产品向中国品牌的三大转变。

2) 我国创新设计的重点任务

我国目前在创新设计上的重点任务在于,通过创新设计提高关键技术创新、系统集成创新和服务模式创新的能力,形成具有自主知识产权的新产品、新材料、新工艺。在传统制造业、战略性新兴产业、现代服务业的重点领域实施创新设计示范工程,培养一批具有创新能力、掌握关键核心技术和拥有自主品牌的世界著名企业。

(1) 利用创新设计改造提升传统产业。通过创新设计提升机械装备、钢铁冶金、家用电器、煤炭电力、道路桥梁和汽车等产业的制造、系统集成和服务水平,实现从产量规模到技术质量领先、从输出产品到输出系统和服务、从物理生产到"互联网+"的转变。

（2）发展战略性新兴产业和现代服务业的创新设计。重点提升"互联网＋"时代的新一代信息技术、高端装备制造、新能源、新材料和节能环保等战略性新兴产业，以及软件、互联网、电子商务和文化创意等现代服务业的创新设计能力，加速形成国际竞争优势，推动服务业创新。

（3）推动公共服务和生态环境领域的创新设计。重点提升公共安全和国家安全、社会管理与服务、生态与环境等领域的创新设计能力。创建信息化、网络化、智能化的技术和装备支撑体系，建立先进设计规范和标准，提高国家安全、社会服务的保障能力以及生态环境效益水平。

2.2 创新设计方法论

随着近代工业和自然科学的兴起及发展，人类产生了探索正确认识自然的科学方法论的迫切需求。世界观主要解决"世界是什么"的问题，方法论主要解决"怎么办"的问题，方法论是指人们认识世界、改造世界的一般方法，是指人们用什么样的方式、方法来观察事物和处理问题。方法论是关于研究方法的理论。

2.2.1 创新设计的资源与理想化

1. 创新设计的资源

对资源的认知是方法论研究的前提。辨析可用系统资源对创新设计起重要的作用，问题的解越接近理想解，系统资源越重要。任何系统只要还没达到理想解，就应该具有系统资源。设计人员对系统资源进行详细分析和深刻理解是十分必要的。系统资源可分为内部资源与外部资源，内部资源是在冲突发生的时间、区域内存在的资源；外部资源是在冲突发生的时间、区域外存在的资源。系统资源根据资源呈现形式的不同，又可分为直接利用资源、导出资源及差动资源3类。

1) 直接利用资源

直接利用资源是指在当前状态下可被应用的资源，如物质、能量信息场空间、时间等都是可直接利用的资源，如表2-2所示。

表2-2 可直接利用资源的种类及举例

资源类型	举例
物质资源	水可用来饮用，盐可用来生产纯碱、烧碱、氯气、盐酸等
能量资源	水力资源在古代可用来舂米，在近现代用来蓄能发电
信息资源	可用来将文字、图像、声音、动画等进行储存的光盘、U盘等
场资源	指南针利用地球的磁场来指示南北方向
空间资源	仓库中的多层货架；计算机硬盘的存储空间
时间资源	完成一个零件的时间成本，包括准备时间、有功作用时间、无功作用时间

2) 导出资源

导出资源是指通过某种变换，使不能利用的资源转变为可利用的资源，如表2-3所示。

原材料、废弃物、空气、水等,经过处理或变换都可在设计的产品中应用而变成有用的资源。在变成有用资源的过程中,需要经过必要的物理状态变化或化学状态变化。

表2-3 导出资源的种类及举例

导出资源类型	举 例
导出物质资源	零件毛坯是通过铸造得到的材料,相对于铸造的原材料就是导出资源
导出能量资源	变压器将高电压变为电子元器件所需要的低电压,供其工作
导出信息资源	地球表面磁场的微小变化可用于发现矿
导出场资源	改变电机线圈的通电工作方式,可以获得不同的转向和转速
导出空间资源	将仓库中的单层货架通过改进设计变为可调节式多层货架
导出时间资源	压缩零件加工的准备时间和无功作用时间,提高加工效率

3) 差动资源

差动资源指在通常情况下当物质与场具有不同的特性时,可形成的某种技术特征的资源。差动资源一般分为差动物质资源和差动场资源。

差动物质资源具有结构各向异性。由于物质在不同方向上的物理性能不同,用于在创新设计中实现某种特殊功能,如表2-4所示。差动场资源则是利用场在系统中的不均匀特性,实现创新设计中的某些新的功能,如表2-5所示。

表2-4 差动物质资源的特性种类及举例

差动物质资源特性	举 例
机械特性	电机动力力矩随阻力矩增大而增大,速度不减小,则机械特性较硬
几何特性	中药产生的丸剂,不符合几何形状要求的会被分拣出来
化学特性	船体外壳的腐蚀一般从有缺陷的部位开始发生
光学特性	钻石采取"瓣面切割",将光凝聚在钻石的顶部,可呈现夺目光彩
声学特性	零件内部不同结构会产生不同的声学特性,借此进行超声波探伤
电特性	压电陶瓷受到微小外力作用时,能将机械能转变为电能
不同材料特性	不同材料特性在创新设计中可用来实现不同的有用功能

表2-5 差动场资源的应用及举例

差动场资源应用	举 例
梯度的利用	烟囱中热气体受大气浮力,在底部形成负压"抽力",形成排烟效应
声场强度不均匀性	为了改善工作环境,工作地点应选在声场强度低的位置
场的值与标准值偏差	患者的脉搏因病灶不同而有异,中医借此把脉诊病

2. 创新设计的理想化

创新设计的理想化是指对客观世界中所存在物质的一种抽象化，这种抽象的客观世界既不存在，也不能通过实验证明，理想化的描述如表 2-6 所示。作为一种最基本的自然科学方法，理想化的物体是真实物体存在的一种极限状态，对于某些研究有很重要的作用。

表 2-6 理想化的描述

理想化的描述	内涵阐述
理想机器	没有体积，没有质量，但能完成工作
理想方法	不消耗时间和能量，通过自身调节，能够获得所需的效应
理想过程	只有过程的结果，但没有过程本身，结果是突然的一种获得
理想物质	功能得以实现的物质基础为零

从功能角度而言，理想化与功能之间的关系为

$$理想化 = (\sum 有用功能)/(\sum 有害功能)$$

若将"$\sum$ 有用功能"归集为效益，"$\sum$ 有害功能"统称为代价，那么理想化则是效益最大化，代价最小化；在效益一定时，将代价趋于零，也能极大实现理想化。从系统角度而言，常见的实现理想化的方法有 8 种，概述如下。

（1）利用资源。直接利用存在于系统或环境中的场、物质、功能属性，对创新设计系统进行改进。

（2）除去双重元件。如果创新设计含有双重元件（或子系统），可以选取较优的综合元件进行取代。

（3）置换简化系统。对于零件、部件或系统，可以考虑用一个模型或复制品进行替换。

（4）合并离散子系统。将相同功能的子系统进行合并，合并中考虑子系统的协调性。

（5）采用更综合的子系统。使用更综合的元件或子系统重新设计或者重建系统，减少元件或系统的制造、维护费用。

（6）改变操作原理。为了简化操作过程或系统设计，可以考虑改变最为基本的操作原理。

（7）去除辅助功能。在不影响主要功能的基础上，可以考虑去除辅助功能，或对其加以简化。如自行车的轻量化设计，为了有效降低自行车的重量，在保证自行车骑行功能的前提下，去除前车篓、后托架。

（8）自服务。自服务即系统的自服务功能，为了达到自服务的效果，可以考虑牺牲部分主要功能，通过系统的辅助功能对自服务功能进行加强或提升。例如，在禽蛋生产基地，为了标识蛋的生产日期，需要逐个戳印，如图 2-3 所示，可以考虑将"简化的戳章"粘在工人手套上，工人在收集或分理禽蛋时，就可以在蛋壳上戳印生产日期。

图 2-3 戳印禽蛋生产日期

2.2.2 创新设计方法论的体系与规则

1. 体系构成

方法论是指导创新设计的一般规律性方法,创新设计应该在科学方法论指导下进行,创新设计的方法论体系如图2-4所示。

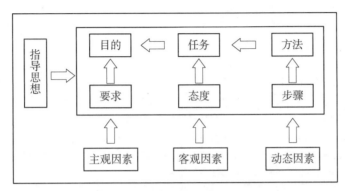

图2-4 创新设计的方法论体系

从创新设计方法论的体系框图来看,先要明确创新设计的3对核心要素:目的和要求、任务和态度、方法和步骤;把3对核心要素与主观因素、客观因素和动态因素相对应,并在指导思想的指导下,进行创新设计(见表2-7)。就创新设计的指导思想而言,要在辩证唯物论和科学发展观思想的指导之下,坚持以人为本,注重创新设计的全面性与系统性、实践性与科学性、继承性与创新性、协调性与稳定性、持续性与长期性。

表2-7 创新设计方法论体系的内容

体系对象	具体内容
目的	提高创新设计和创新的成功概率,同时获取最佳效益
要求	思想正确、质量好、成本低、工期短、环保良好和服务方便周到
任务	按照规定的要求尽可能高效、高质量地完成创新设计的具体目标
态度	勤奋、求实、开拓、创新等
方法	优化的理论和方法、创新的思维及创新的原理和方法、预测学的理论和方法等
步骤	调研、规划、实施、检验等
主观因素	人的思想和品德、知识和能力、健康和生命、毅力和战术
客观因素	客观存在的机遇和挑战、环境和协调、条件和利用
动态因素	在创新设计全过程下的学习和致用、检查总结和提高
指导思想	辩证唯物论和科学发展观

2. 12对规则

创新设计应遵循创新设计方法论的12对规则,包括创新设计方法论的3对核心要素、主观方面的 4 项潜能、客观方面的 3 对影响因素、过程中存在的两对动态因素，其规则内容分别如表 2-8、表 2-9、表 2-10、表 2-11 所示。

表 2-8　创新设计方法论的 3 对核心要素

3 对核心要素	规则内容
目的和要求	要成功且高效地做好创新设计，首先要有明确的目的，要了解创新设计的必要性和重要性。创新设计还要有具体要求，即通常所说的 IQCTES，即正确的思想 I(idea)、良好的质量 Q(quality)、较低的成本 C(cost)、较短的时间 T(time)、良好的环保 E(enviomment)、方便的服务 S(service)等
任务和态度	有了明确的目标，就必须通过切实的任务予以实现，任务是实现目标的基础。选择任务要依据个人的条件和特长，抓住合适的时机；执行任务时，必须要有奋斗的精神和务实的态度，有勇于实践和敢于创新的理念，才能把任务完成好
方法和步骤	科学的方法和合理的步骤可以使所做的事有效地完成，可以很好地实现创新的六项要求，即正确的思想(创新符合广大人民的利益)、良好的质量、较低的成本、较短的时间、良好的环保和后续的服务，进而可获得较高的效益

表 2-9　创新设计主观方面的 4 项潜能

4 项潜能	规则内容
思想和品德	要想把创新设计工作做好，并获取高的效益，必须首先树立正确的指导思想、良好的品德、正确的学风和作风及良好的生活习惯，这是做好创新设计和高效益完成任务的基础
知识和能力	要了解和掌握相关任务的特点及所需的基本知识和技术，了解和掌握事物的内在规律，根据事情的特点采用正确的方法去执行和完成任务；同时，还要具备各方面的能力，才能把创新设计工作做好
健康和生命	要有健康的身体，这是保证完成任务的前提；生命是宝贵的，没有良好的身体条件，就难以胜任工作并取得好的业绩，没有了生命什么事情都无法完成
毅力和战术	创新设计会碰到各种困难和挫折，要有坚韧的毅力，要有百折不挠的奋斗精神还要有灵活机动的战略战术，创新设计外部及内部因素之间的关系往往错综复杂，因此，必须采取最有效的措施和方法去执行任务，才能把事情做得更好

表 2-10　创新设计客观方面的 3 对影响因素

3 对客观因素	规则内容
机遇与挑战	创新设计必须重视机遇，机遇是难能可贵的，没有合适的时机，就很难取得成功。要千方百计地去寻找良好的机遇，有了机遇，就必须抓住机遇，接受机遇的挑战，经过不懈努力才能使创新设计工作取得成功
环境与协调	对各种环境既要加以保护，还要充分地利用；在保护环境的前提下，让环境在创新设计活动中发挥积极的作用，不能对环境造成破坏及产生不良影响
条件与利用	创新设计工作的外部条件十分重要，相关的人、财、物等外部因素在许可情况下，应该最大限度发挥作用，使这些外部因素对创新设计活动产生积极有利的影响

表 2-11 创新设计过程中的两对动态因素

两对动态因素	规则内容
学习与致用	在创新设计活动中要不断学习,学以致用。不断地学习新知识、新技术,并将所学知识和技术应用到创新活动中,并发挥积极作用
检查总结与提高	在创新设计活动中要经常进行检查,要及时发现问题、解决问题,使创新设计工作得以顺利地开展;要定期总结经验和教训,使下一步活动少走弯路

2.2.3 创新设计方法论的专家系统

随着创新设计方法论的应用向智能化方向发展,研究者们期望能将各个领域专家的知识和经验,用一种知识表达模式存入计算机,利用计算机系统对输入的事实进行推理,做出判断和决策,其目标是模拟人类专家的推理思维过程。1968 年,美国人工智能专家费根鲍姆(Feigenbaum)等人研制成功了化学分析专家系统 DENDRAL。专家系统就是一种在特定领域内具有专家解决问题能力的程序系统,作为创新设计方法论的应用向智能化方向发展的具体形式,在工业、农业、商业、金融、科技等领域得到了广泛应用,在设计、规划、诊断、控制、决策和咨询等各种实际工作中取得了显著的经济效益和社会效益。1977 年,中国科学院自动化研究所研制成功了我国第一个"中医肝病诊治专家系统"。20 世纪 80 年代以来,在知识工程的推动下,涌现出不少专家系统开发工具,如 EMYCIN、OKPS 等。

1. 专家系统的基本结构

专家系统的基本结构如图 2-5 所示。专家系统由知识库、数据库、求解器、推理机、知识获取、人机接口组成。其中,箭头方向为信息流动的方向。知识工程师通过人机接口对知识库的知识进行扩充,数据库的数据则在求解器的作用下不断更新,任务依靠推理机利用知识库、数据库的信息,采取一定算法得到相应的解。

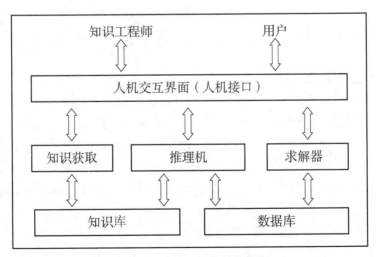

图 2-5 专家系统的基本结构

1) 知识库与数据库

知识库是问题求解所需要的领域知识的集合,包括基本事实、规则和其他有关信息。知识的表示形式可以是多种多样的,包括框架、规则、语义网络等。知识库中的知识源于知识工程师,是决定专家系统能力的关键,即知识库中知识的质量和数量决定着专家系统的质量水平。知识库是专家系统的核心组成部分。一般来说,专家系统中的知识库与专家系统程序是相互独立的,用户可以通过改变、完善知识库中的知识内容来提高专家系统的性能。

数据库是按照数据结构来组织、存储和管理数据的仓库。数据库通过数据的存储及管理,实现数据共享,减少数据冗余,保证数据的独立性、唯一性、安全性。数据库通常分为层次式数据库、网络式数据库和关系式数据库三种,不同的数据库按照不同的数据结构来联系和组织。

2) 推理机与求解器

推理机是实施问题求解的核心执行机构,它实际上是对知识进行解释的程序,根据知识的语义,对按一定策略找到的知识进行解释执行,并把结果记录到动态库的适当空间中。推理机独立于知识库而存在。

求解器用于对求解过程做出说明,并回答用户的提问。它让用户理解程序为什么这样做、做什么、如何去做。向用户提供了关于系统的一个认识窗口。系统通常需要反向跟踪动态库中保存的推理路径,并把它翻译成用户能接受的自然语言表达方式。

3) 人机交互界面

人机交互界面是人与计算机系统之间的通信媒介或手段,是人与计算机之间进行各种符号和动作的双向信息交换的平台。通过该界面,用户输入基本信息、回答系统提出的相关问题;知识工程师对知识进行重构和补充。

20世纪70年代末,人工智能专家开始认识到这样一个事实,即一个程序求解问题的能力,不取决于所应用的形式化体系和推理模式,而取决于它所具有的处理知识的能力。向知识库提供大量有关领域的高质量的专门知识成为构建专家系统的关键。知识一般分为共性知识和专业知识。共性知识可以用于处理一般事物问题的专家系统,如创新设计方法论的知识;专业知识对于专门问题的解决不可或缺,如用于典型机械设备开发的机械设计知识等。

2. 创新设计方法论的简单专家系统

通常而言,专家系统由知识库、数据库和推理机三个最主要的部分组成。在创新设计方面,知识库可以认为是创新设计团队的知识综合,数据库中的数据除了底层基础数据外,大部分由推理机产生。推理机常用的推理有比较推理、演绎推理、归纳推理等,比较推理是最普通、最常用的推理,广泛应用于自然科学研究中,比较推理需有两个可比较对象(其中之一可以为参照物),由两者之间的差异推理得到一定的结论。尤其是在数据信息不完备、缺乏可行性路径的情况下,采用比较推理较为直接有效。

作为创新设计的共性知识,创新设计方法论的12对规则都涵盖多个影响因素,每个影响因素对规则执行成效构成直接影响,综合起来,就构成了最为简单的专家系统。

创新设计方法论的3对核心要素是目的和要求、任务和态度、步骤和方法,每对核心要素包含若干影响因素,如表2-12、表2-13、表2-14所示。

表 2-12 核心要素之一：目的和要求的影响因素

组成	目 的			要 求					
要素名称	调研分析	剖析规划	具体实施	思想要求	质量要求	成本要求	工期要求	环保要求	服务要求
最高分值	10	10	10	10	10	10	10	10	10
实际分值									
制约因素									

表 2-13 核心要素之二：任务和态度的影响因素

组成	任 务				态 度					
要素名称	主观可行	符合客观	目标明确	任务切实	方法可行	结果可期	严谨求实	勤奋刻苦	开拓进取	实践创新
最高分值	10	10	10	10	10	10	10	10	10	10
实际分值										
制约因素										

表 2-14 核心要素之三：步骤和方法的影响因素

组成	步 骤				方 法					
要素名称	调研分析	剖析规划	具体实施	检验评估	科学哲学	逻辑思维	系统工程	技术优化	创新技法	理论预测
最高分值	10	10	10	10	10	10	10	10	10	10
实际分值										
制约因素										

创新设计方法论主观方面的 4 项潜能：思想和品德、健康和生命、知识和能力、毅力和战术，每项潜能包含若干影响因素，如表 2-15、表 2-16、表 2-17、表 2-18 所示。

表 2-15 主观潜能之一：思想和品德的影响因素

组成	思 想			品 德		
要素名称	人生观价值观	集体主义思想	坚持真理	社会公德职业道德	学风和作风	生活习惯
最高分值	10	10	10	10	10	10
实际分值						
制约因素						

表 2-16　主观潜能之二：健康和生命的影响因素

组　成	健　康				生　命	
要素名称	重视身体锻炼	积极预防疾病	重视疾病治疗	良好生活习惯	重视自身安全	关爱他人生命
最高分值	10	10	10	10	10	10
实际分值						
制约因素						

表 2-17　主观潜能之三：知识和能力的影响因素

组　成	知　识				能　力							
要素名称	文化知识	科学知识	技术知识	专业知识	分析能力	实践能力	自学能力	创新能力	组织能力	协作能力	宣传能力	解决问题能力
最高分值	10	10	10	10	10	10	10	10	10	10	10	10
实际分值												
制约因素												

表 2-18　主观潜能之四：毅力和战术的影响因素

组　成	毅　力				战　术	
要素名称	有无克服困难的精神	有无顽强拼搏的斗志	有无将坏事变好事的决心	能否保持好的心态	战术规划的能力	战术执行的能力
最高分值	10	10	10	10	10	10
实际分值						
制约因素						

创新设计方法论客观方面的 3 对影响因素：机遇与挑战、条件与利用、环境与协调，每对影响因素包含若干影响子因素，如表 2-19、表 2-20、表 2-21 所示。

表 2-19　客观影响因素之一：机遇与挑战的影响因素

组　成	机　遇				挑　战	
要素名称	机遇1	机遇2	机遇3	机遇4	挑战1	挑战2
最高分值	10	10	10	10	10	10
实际分值						
制约因素						

表 2-20 客观影响因素之二：条件与利用的影响因素

组成	条件				利用	
要素名称	学习条件	工作条件	研究和试验条件	生活条件	创造条件	利用条件
最高分值	10	10	10	10	10	10
实际分值						
制约因素						

表 2-21 客观影响因素之三：环境与协调的影响因素

组成	环境						协调					
要素名称	自然环境	社会环境	技术环境	市场环境	资金环境	政策环境	资源利用	环境保护	技术协同	政策助力	市场开发	社会影响
最高分值	10	10	10	10	10	10	10	10	10	10	10	10
实际分值												
制约因素												

创新设计方法论客观方面的 2 对动态因素：学习与致用、检查总结与提高，每对动态影响因素包含若干影响子因素，如表 2-22、表 2-23 所示。

表 2-22 动态因素之一：学习与致用的影响因素

组成	学习					致用						
要素名称	新文化	新科技	新思想	新理念	新经验	理想目标	内容态度	步骤方法	思想品德	知识能力	健康生命	毅力战术
最高分值	10	10	10	10	10	10	10	10	10	10	10	10
实际分值												
制约因素												

表 2-23 动态因素之二：检查总结与提高的影响因素

组成	检查总结		提高		
要素名称	检查工作执行情况	总结工作经验教训	知识积累	实践经验	能力素养
最高分值	10	10	10	10	10
实际分值					
制约因素					

在具体实践中，先对创新设计方法论的 12 对规则进行评分，在具体的评分上可以采用优、

良、中、及格的等级评价对应具体分值,也可以采取多人评分取平均值的办法,对其中评分较低的部分进行重点分析,找出影响创新设计的主要因素,分析其对创新设计的影响程度和制约因素。然后围绕影响创新设计的制约因素,对存在的问题进行研究和分析,通过比较推理提出决策,采取有效措施予以解决。

方法论的体系规则可以直接作为专家系统的核心知识来处理创新设计过程中出现的问题,检验创新设计是否达到理想的要求和水平,这就是专家系统所要研究的基本任务,也是最简单、可执行的专家系统。

2.3 创新设计理论与设计方法

设计理论是进行设计活动的重要指导,随着社会的不断进步和人们对产品质量要求的不断提高,近一百多年来,国内研究者们先后提出了数十种设计理论与方法,例如,普适设计理论、公理化设计理论、绿色设计、虚拟设计、数字化设计等,按设计环境、设计目标、设计过程、设计内容、设计方法的不同,具体分类如表 2-24 所示。

表 2-24 现代设计理论与方法的分类及内容

分类方法	内 容
按设计环境分	绿色设计、和谐设计、面向产品设计质量的设计、基于价值工程的设计等
按设计目标分	功能设计、全性能设计、面向产品设计质量的设计、基于价值工程的设计等
按设计过程分	常规设计过程、公理化设计过程、QFD 设计过程、基于系统工程的设计过程等
按设计内容分	造型设计、动力系统设计、容差设计、摩擦学设计、运动学设计、动力学设计、寿命设计、可靠性设计、工艺设计、控制系统设计、诊断系统设计等
按设计方法分	稳健设计、优化设计、智能设计、虚拟设计、可视化设计、网络设计、并行设计、协同设计、数字化设计、反求设计、集成设计、柔性化设计、模块化设计、模糊设计、优势设计、计算机辅助设计等

2.3.1 创新设计主要理论

设计理论中,应用于创新设计方面的较为代表性的理论主要有普适设计理论与方法、公理化设计理论、质量功能展开设计理论(quality function deployment,QFD)、发明问题解决理论[theory of the solution of Inventive problems,TRIZ(拉丁文)]理论、六西格玛设计法等。

1. 普适设计理论与方法

普适设计理论是在无数优秀设计过程中不断积累的经验性总结,理论的典型代表是德国工程设计专家帕尔(Pahl)和拜茨(Beitz)于 20 世纪 70 年代提出的普适设计方法学。该设计方法学给出了设计人员在每一设计阶段的工作步骤和计划,计划包括策略、规则、原理,形成一个完整的设计过程模型。一个特定产品的设计可完全按该过程模型进行,也可选择其中的一部分进行。该过程把传统的产品设计分为明确任务、概念设计、技术设计和设计实施 4 个阶段。

明确任务是分析市场需求,确定新产品的定位;概念设计包括功能、原理、结构、布局和外形 5 个方面,它确定了产品的用户可认知特性,是设计创新的关键阶段,也是可塑性最强的一环,是体现产品设计创新性的关键,尤其是外形设计最能发挥设计者的创造性,其核心是建立待设计产品的功能结构,以物质流、信息流、能量流为输入、输出。将各种功能有机结合形成产品的功能结构;技术设计为概念设计的要求服务,是技术创新的发挥阶段。普适设计理论是一种基于经验的方法,在产品定义、技术设计和详细设计等创新设计方面较为有效。

2. 公理化设计理论

公理化设计(axiomatic design theory,ADT)是美国以 Nam P. Suh 教授为首的设计理论研究小组于 20 世纪 90 年代提出来的一种设计决策方法,鉴于"现行设计技术与实践缺乏创新,缺乏严密的科学理论指导",公理化设计抛弃传统的以经验为主的设计,建立以科学公理、法则为基础的体系,在缺乏知识和信息的情况下采用"公理"作为指导或决策规则,对制造系统复杂行为进行优化。公理化设计的主要概念有域、映射、分解、层次和设计公理。

公理化设计的"问题域"被看作是用户域、功能域、物理域、过程域依次通过映射机制相联系的"问题域"概念模型。早期的设计公理有 7 条,推论 8 条,之后简化为两条基本设计公理:独立公理和信息公理,若转换过程中的功能与设计参数满足独立公理与最小信息公理,则原理解是优化的解。公理化设计理论基本上是一种关于"设计思考"的概念表达,离完善的理论体系和实用尚有较大距离。

3. QFD 设计理论

QFD 设计理论是日本质量管理专家赤尾洋二和水野滋于 20 世纪 60 年代提出的一种"基于需求的质量管理"的设计方法。其重点在于把顾客的需求转化为质量要求(特性或要求),生成产品的设计质量,并系统地展开到装置、零部件及过程(工序)要素,从而确保顾客需求得以落实。传统的 QFD 方法主要是采用结构化方法,各阶段连接比较松散,其应用效果很大程度上依赖于使用者的经验。

经过众多质量专家的改进,20 世纪 90 年代前后,QFD 设计理论逐渐形成了综合 QFD 模式、四阶段模式、GOAL/QPC 矩阵模式。其中,综合 QFD 模式是起源,其余两者由其演变而来。三种模式都采用了直观的矩阵展开框架。为了促进 QFD 设计理论的发展和完善,专家们引入层次分析法、模糊集及优化理论等理论与方法,使其应用的可靠性和度量的客观性有了较大的提升。但 QFD 设计理论仍存在产品开发过程太过复杂、准确的用户基本需求信息获得困难等问题。

4. TRIZ 理论

TRIZ 理论由苏联发明家阿奇舒勒(Altshuller)提出,TRIZ 理论是解决技术难题的原理和知识体系,具备设计冲突理论、标准解、ARIZ 算法等一系列方法和工具。其核心是技术进化原理,按这一原理,技术系统一直处于进化之中,解决冲突是其进化的推动力。进化速度随技术系统一般冲突的解决而降低,使其产生突变的唯一方法是解决阻碍其进化的深层次冲突。利用 TRIZ 理论解决设计问题的关键之处在于,将待设计的产品表达成 TRIZ 问题,利用 TRIZ 的各种工具求出 TRIZ 问题的模拟解。

阿奇舒勒认为,技术系统的进化过程不是随机的,而是有客观规律可循的,这种规律在不同领域反复出现;各种技术难题、冲突和矛盾的不断解决,是推动技术系统进化的动力,用尽量少的资源实现尽量多的功能是技术系统发展的理想状态。创新从最通俗的意义上讲就是创造性地发现问题和创造性地解决问题的过程,TRIZ 理论的强大之处在于为人们创造性地发现问题和解决问题提供了系统的理论和方法工具。该理论主要应用于工程技术领域,在其他领域的应用尚待进一步拓展。

5. 六西格玛设计法

六西格玛设计法(design for six sigma，DFSS)是美国比尔·史密斯(Bill Smith)于20世纪80年代提出的一种信息驱动的产品设计方法。它通常应用于产品的早期开发过程,通过强调缩短设计、研发周期和降低新产品开发成本,实现高效能的产品开发过程,准确地反映客户的要求。可利用完善的统计工具,在产品的早期开发阶段以大量数据证明预测设计的可实现性和优越性。

六西格玛设计法通过基于项目的确认(identify)、设计(design)、优化(optimize)、验证(validate)4个阶段来实施。六西格玛设计的步骤如下。

1) 确立一个有价值的六西格玛设计项目

这一阶段的目标在于为将来的活动提供一个坚定、清晰的方向。

2) 聆听用户的声音

项目确立以后,尽可能全面搜集用户对项目的要求和看法,形成大量的原始基础数据。

3) 开发概念

从既高度创新而又有相当基础的要求出发,建立各式各样的备选方案。

4) 设计最优化

设计最优化是指从前面收集资料过渡到使用已有信息做决定,采取行动推陈出新。

5) 设计最优化验证

六西格玛设计的特点是把质量融入设计,而不是用反复试验的方法不断提取参数优化设计的质量,所以,设计必须在验证前完成,而不是用验证作为修正设计的另一种方法。

6) 记录经验

记录经验是六西格玛设计的最后一步,所做工作就是把六西格玛设计中应用的每个工具和方法、每个函数和规则记录下来。

六西格玛设计法集成了各种最有效的概念开发工具,能预测产品系统、子系统、模块等技术的演变方向,确保产品方向和趋势的正确性;能运用科学的方法准确理解和把握顾客需求,对产品/服务流程进行健壮设计,使产品/服务在低成本下实现六西格玛质量水平。六西格玛设计法是21世纪质量管理、流程优化和产品改进方法的主要发展趋势之一。

2.3.2 绿色创新设计及应用

工业化的发展与成熟在给人们带来种类丰富的产品的同时,也产生了大量的废弃物,这些废弃物不仅占用了大量的土地资源,还污染了空气和水体,致使人类赖以生存的自然环境遭到了严重破坏。随着工业产值的不断增加,生成的产品在品类和数量上也将进一步增加,与之相反的是,人类赖以生存的资源、能源却越来越少。为满足人们对美好生活的不断追求,从只注重产品性能、成本、质量等要求的传统产品开发模式,转变为与环境协调发展的绿色开发模式,逐渐成为创新设计的一种主流设计趋势。

1. 绿色设计与绿色产品

绿色设计(green design)又称生态设计、环境设计等,属于概念设计范畴。绿色设计是一种基于产品整个生命周期,并以产品的环境资源属性为核心的现代设计理念和方法,在设计中,除考虑产品的功能、性能、寿命、成本等技术和经济属性外,还要重点考虑产品在生产、使用、废弃和回收的过程中对环境和资源的影响,以废弃物减量化、产品寿命延长化、产品易于装配和拆卸、节省能源为目的。其基本思想是:在设计阶段就将环境因素和预防污染的措施纳入产品设计之中,将环境性能作为产品的设计目标和出发点,力求使产品对环境的影响最小化。

绿色设计的核心是"3R",即reduce(减少)、reuse(重新利用)、recycle(循环)。"reduce",是指在产品设计中尽量减少体积、重量,简化结构,去掉一切不必要的用材;在制造中减少能源消耗,降低成本;减少产品生产过程中的污染。"reuse",指要实现重新利用,需要在设计中做到产品部件结构的可替换性、产品主体结构的完整性和产品功能的系统性。"recycle",它包含了建立回收运行机制、可回收的结构设计、利用回收资源再设计生产的一整套工程。

绿色设计的基本内涵包括以下几个方面。

(1) 在产品设计的全过程中,产品的基本技术性能属性与环境资源属性、经济属性并重,且环境资源属性优先。

(2) 在设计阶段应充分考虑产品废弃后的可拆卸性和回收利用性。

(3) 强调设计者和生产企业在环境保护、节约资源方面的社会责任。要从改善生态环境、提高生活质量的高度进行设计与生产,还应在可能范围内承担产品回收和再利用的义务。

(4) 绿色设计是对传统设计方法、设计理念的发展和创新,符合绿色概念范畴的设计理论和方法均可纳入绿色设计,以推动绿色设计的持续发展和创新。

绿色设计与传统设计的根本区别在于:绿色设计要考虑产品的整个生命周期,从产品的构思开始,考虑在产品的结构设计、零部件选材、制造、使用、报废和回收利用过程中对环境、资源的影响,希望以最小的代价实现产品"从摇篮到再现"的循环。

绿色设计宗旨在于设计出绿色产品。从本质而言,绿色产品是指在其生命周期全过程中,符合特定的环保要求,对生态环境无害或危害很小,资源利用率很高,能源消耗低的产品。绿色产品概念的提出源于1987年德国实施的一项被称为"蓝天使"的计划,其中,对在生产和使用过程中都符合环保要求,且对生态环境和人体健康无损害的商品定义为"绿色产品",并将被授予绿色标志。此后,绿色标志认证制度开始逐步在国际贸易中推行。

绿色标志(又称环境标志)是由政府部门、公共或民间团体依照一定的环保标准,向申请者颁发并印在产品和包装上的特定标志,用以向消费者证明该产品从研制、开发到生产、运输、销售、使用直到回收利用的整个过程都符合环境保护标准,对生态环境和人类健康均无损害。对企业而言,绿色标志可谓绿色产品的身份证,是企业获得政府支持,获取消费者信任,顺利开展绿色营销的重要保证。1994年5月,中国环境标志产品认证委员会成立,正式开始"绿色标志"认证制度。如图2-6所示,"中国环境标志"由青山、绿水、太阳和10个环组成。中心结构表示人类赖以生存的环境,外围的十个环紧密结合,表示公众参与,其寓意为"全民联合起来,共同保护人类赖以生存的环境"。

图2-6 中国环境标志

2. 设计理论与评价指标

1) 产品生命周期设计理论

产品生命周期是产品的市场寿命,哈佛大学雷蒙德·弗农(Raymond Vernon)教授认为:"产品和人的生命一样,要经历形成导入、成长、成熟、衰退的周期",如图2-7所示。生命周期设计是从产品性能、环境保护、经济可行性的角度考虑产品开发全生命周期。全生命周期包括产品设计,原材料的提取,产品的制造、包装、销售和使用,用后的回收与处置全过程的污染预防要求,多级使用资源与能源,以降低产品生产和消费过程对环境的影响,以确保满足产品的绿色属性要求。

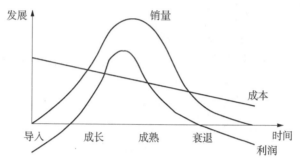

图2-7 产品生命周期曲线

生命周期设计强调在产品概念设计阶段就充分考虑产品全生命周期对环境的影响,即提高能源、资源的利用率,减少不可再生资源的使用,减少在制造过程中废气、废液和废固的产生与排放,提高产品零部件的回收率和再利用率。

进行产品生命周期设计,先分析产品需求,如产品设计范围和目的、产品的环境要求和法规要求等,对于环境需求,一般以最小需求的形式给出,即确立环境需求的极限值不超过某一规定的阈值。确定产品设计要求后,即可对产品的设计、制造工艺、使用及废弃处理等生命周期不同阶段进行整体规划设计,并对各阶段的设计过程和结果进行协调,从而达到优化资源利用,减少甚至消除环境污染的目的。在产品生命周期设计过程中,一般以产品的基本属性、环境属性、劳动保护、资源有效利用、可制造性、企业策略和生命周期成本等为评价函数进行设计方案的多目标优化。

2) 产品并行设计理论

并行设计是在产品开发的设计阶段综合考虑产品生命周期中从工艺规划、制造、装配、检验、销售、使用、维修到产品的报废为止所有环节的影响,采取各环节并行集成,充分利用计算机技术、通信技术和管理技术来辅助产品设计的一种现代产品开发模式。不同于传统的串行设计,并行设计更强调不相邻环节之间的交互和协调。

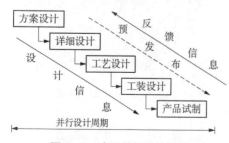

图2-8 产品并行设计过程

并行设计的核心在于产品设计的初始阶段就考虑产品生命周期中的各种因素,包括设计、分析、制造、装配、检验、维护、质量、成本、进度与用户需求等,在并行设计过程中,需要建立产品寿命周期中各个阶段性能的继承和约束的关系及产品各个方面属性间的关系(见图2-8)。强调对产品设计及其相关过程并行地、集成地、一体化地进行设计,使产品开发一次成功,缩短产品开发周期,提高产品质量。

并行设计的关键技术主要包括并行设计过程建模、协同工作、集成化产品模型建构等,其基本方法主要有面向装配设计方法、面向制造的设计方法、集成 CAD/CAM 的并行设计方法等。

3) 模块化设计理论

模块化设计是指在对一定范围内的不同功能或相同功能不同性能、规格的产品进行功能分析的基础上,划分并设计出一系列功能模块,通过模块的选择和组合可以构成不同的产品,以满足市场不同需求的设计方法。

模块化设计中的模块一般是指具有独立功能和结构的要素,是模块化设计和制造的功能单元,模块的划分要满足通用性、互换性、相对独立性。模块化设计一方面要力求以少量的模块组成尽可能多的产品,并在满足要求的基础上使产品精度高、性能稳定、结构简单、成本低廉,模块间的联系尽可能简单;另一方面是模块的系列化,其目的在于用有限的产品品种和规格来最大限度且经济合理地满足用户的要求。

模块化设计不是研究和解决某一个孤立的产品或系统的设计或构成的问题,而是解决某类产品或系统的最佳构成形式问题,其目的就是为了满足人们对多样化的需求和适应激烈的市场竞争,在多品种、小批量的生产方式下,实现最佳的效益和质量。目前,模块化设计已被广泛应用于机床、电子产品、航天、航空等设计领域。

4) 绿色设计的评价指标

绿色设计产品评价标准从产品全生命周期出发,统筹考虑原材料选取、能源消耗、环境影响、产品质量等属性,兼顾环保、节能、节水、循环、低碳、再生等方面,选取对生态环境安全影响大、与产品质量性能密切相关的典型指标,作为评价产品绿色程度的指标。其评价指标主要包括环境指标、资源指标、能源指标、经济性指标等。

环境指标可衡量产品在整个生命周期对环境的影响程度,包括大气污染、水体污染、固体废物污染和噪声污染等。能源指标包括能源使用类型、再生能源使用比例、能源利用率、使用能耗和回收处理能耗等。清洁能源和可再生能源的使用可以提高产品的绿色性能。资源指标指生成产品时所投入的资源,包括材料资源、设备资源、人力资源、信息资源等。材料资源是资源指标中较为重要的部分,材料的绿色特性和有效利用程度对于产品的绿色性能影响重大。设备资源是衡量产品生产组织合理性的指标,包括设备的利用率、设备的资源优化配置等。经济性指标用以评价产品在其生命周期中的成本消耗情况,包括生产成本、使用成本、生命周期末端处理成本、成本收益比率等。

5) 绿色设计的评价方法

绿色设计常用的评价方法包括线性加权法、模糊综合评价法、生命周期评价法等。

线性加权法通过为每个评价指标分配一个权重,将设计方案各项指标的取值进行无量纲化处理以统一量纲,通过极性转换达到极性统一,再将各指标的处理结果与其权重的乘积求和,作为设计方案的定量评价结果。

模糊综合评价法适用于被评价对象的评价等级之间关系模糊的情况,模糊综合评价法利用模糊集理论对某一评价方案各指标的实现程度进行综合;然后根据给定的标准,得出综合性的评价意见。主要步骤包括:确定评价因素集(评价指标体系)和决策评价集(评价等级的模糊尺度集合);不同指标对评价结果的重要程度不同,还需要确定各因素的权重;按评价等级尺度进行单因素评价,这种评价是一种模糊映射(可以根据评价因素和评价等级尺度建立隶属度函数,或者利用专家的经验进行主观评价);计算评价对象的综合评定结果,确定综合评定等级。

生命周期评价法是一种用于评估产品、工艺或活动在其整个生命周期中(从原材料的获取、产品的生产直至产品使用后的处置)对环境的影响的技术和方法。它首先辨识和量化整个生命周期中能量和物质的消耗以及释放,然后评价这些消耗和释放对环境的影响,最后辨识和评价减少这些影响的机会。

生命周期评价的具体方法有 EPS 法、CML 法、EIO-LCA 法等。以 EIO-LCA 法为例,EIO-LCA 法又称生态指数法,是基于环境损害原理对产品生命周期进行环境影响评价的方法。通过确定产品对应的环境影响因子及其权重,建立影响因子和环境影响类别间的定量化模型,以具体的数值表示影响因子在环境影响类别中的重要性。

3. 绿色设计的主要应用

1) 基于低碳的绿色设计及应用

低碳设计的初衷在于减少全球温室气体的排放,提高能源的利用率,其概念最早于 2003 年提出,目前国际尚无统一权威的定义。对于低碳设计,我国机械工程学会定义为"在保证产品应有的功能、质量和寿命等前提下,综合考虑碳排放和高效节能的现代设计方法"。其内涵主要在于:低碳设计不以降低产品功能、质量和寿命为代价,面向产品全生命周期进行设计。现在全球许多国家都开始推行低碳认证,我国于 2010 年 9 月对家用制冷器具、家用电动洗衣机等出具了首批低碳产品认证。

低碳设计是一个涉及多学科、多领域、全生命周期的复杂过程,就产品低碳性能而言,碳足迹是一大重要度量指标。碳足迹是用于描述某个特定活动或实体产生温室气体排放量的术语。常规的产品碳足迹的计算过程如下:

(1) 在准备设计阶段,设定产品的碳足迹计算目标,一般的产品碳足迹计算目标包括指导企业内部评价、低碳认证或对外通报产品的碳足迹等。

(2) 选择产品,制定功能单位。

(3) 列出产品生产所涉及的所有活动,以及相应的材料流、能量流和废弃物流,绘制产品生命周期流程图。

(4) 核查系统边界,指定产品碳足迹计算的范围,确定优先序。

(5) 收集相关数据。收集产品整个生命周期中的活动水平和排放因子数据。为计算精确,一般尽可能使用初级活动水平数据,但在无法获取初级数据时,次级数据也很必要。

(6) 计算碳足迹。某一活动的碳足迹为活动水平数据乘以排放因子,产品的碳足迹即为整个生命周期中所有活动的碳足迹总和。

为了实现产品设计的"低碳",就必须识别产品的碳排放源,其中,基于碳排放流分析的碳足迹直接量化法是较为常用的碳排放源识别方法。如图 2-9 所示,构建产品全生命周期与环境之间的系统碳排放流模型,可以有效识别出产品设计中的碳排放源,对于产品低碳设计,起着至关重要的作用。

2) 基于再制造的绿色设计及应用

再制造设计是根据再制造工程要求,运用科学决策方法,在产品设计阶段考虑产品报废后再制造工艺阶段的各个因素,通过设计优化产品的可再制造性,实现资源回收最大化、污染和

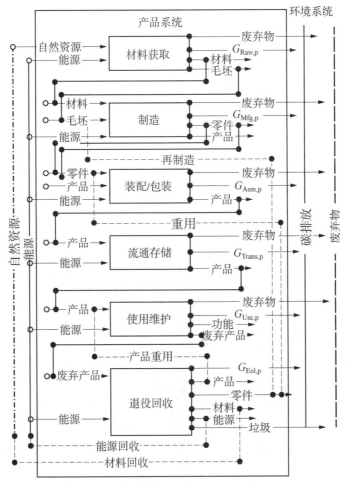

图 2-9 产品系统碳排放流的模型

成本最小化。再制造设计是再制造工程的前提,是再制造工程发展和应用的原动力,在产品设计和再制造工程中具有对象的系统性和可操作性;具有面向资源、环境的再制造工程需求性和产品性能可持续发展的规律性。

再制造设计不仅要考虑新产品设计需要考虑的因素,还要着重考虑产品报废后的易于再制造性能。其中,面向废物回收的设计、面向拆卸的设计、面向检测的设计、面向清洗的设计、面向标准化的设计等都是再制造设计的范畴。其设计步骤具体如下:

(1) 废旧产品或零部件收集到再制造工厂,进行整理分类;

(2) 进行废旧产品或零部件可再制造性评估;

(3) 搜集顾客需求或者直接从顾客需求信息库中进行挖掘,确定产品设计特性、再制造工艺、生产步骤和新的再制造性综合评价标准。

再制造设计是一个多学科、多技术的多层次融合体,具有特殊的约束条件和较大的技术难度,目前最为有效和常用的方法是基于准则的再制造设计,其设计准则具体如下。

(1) 易于废旧产品回收准则。产品再制造的前提是收集退役产品并运输到再制造生产点,退役产品的回收对于再制造效率、成本等具有重要影响。为了便于退役产品回收,产品结构设计时外观几何形状应规则,尽量避免不规则的凸台。为搬运及拆卸方便,产品设计中应留有足够的可操作空间。

(2) 易于拆卸准则。拆卸是再制造的首要步骤,再制造拆卸不同于材料回收拆卸,必须保证拆卸过程中零件损坏尽量少。产品的可拆卸性与产品结构密切相关,为此,产品设计中尽量采用可实现无损拆卸的结构,设计支撑和定位结构,进行模块化和标准化设计,尽量使用标准化的紧固件等可以有效减少拆卸工具的使用,节省拆卸时间和成本,减少拆卸深度,提供清晰的产品拆卸过程指示等。

(3) 易于分类性和可检测性准则。再制造分类和检测主要针对拆卸后的退役产品进行快速检测分类,区分出可直接重用、再制造重用和废弃三大类零件,易于分类性直接影响到再制造产品的质量。产品设计中,具有相同功能的零件应具有相同的特征,设计中尽量采用标准化的零件,减少零件种类;还应对零件结构外形特征等辅以标识标记,如设计永久性标识或条码,实现产品零部件的材料类别、服役时间、规格等信息的全寿命监控,便于对零部件进行快速分类和性能检测。

(4) 易于清洗性。零部件拆卸后要对所有需要进行再加工或再利用的零部件进行清洗,去掉废旧零部件表面的油脂、油漆、锈蚀等,为降低清洗难度、清洗费用,设计产品时应尽量做到表面平整、结构统一,避免采用需要特殊清洗方法的材料等。

(5) 易于再制造加工。退役产品存在各种形式的损伤,其结构损伤能否恢复,决定着产品的再制造率和再制造能力,因此,在产品设计中需要预测其结构损伤失效模式,避免产品零部件的结构性损伤,对于已产生的损伤零件,能够提供便于恢复加工的定位支撑结构,或将易于失效的部分设计为一个可移除或可替代的零件,类似于销、套筒等。

(6) 易于装配性。拆卸与装配相反相成,为了提高再制造性,必须提高产品的可装配性,模块化设计和零部件的标准化设计对产品的可装配性有利,据估计,再制造设计如果拆卸时间减少10%,装配时间可减少5%。

(7) 易于升级性。产品设计中需要预测产品末端时的功能发展,以适应未来的技术升级,即在恢复性能的同时,通过结构改造增加新的功能模块以提升性能。

以手持式军用红外热像仪为例,作为军用的全天候观测装备,其热成像技术含量高、价格昂贵,用再制造准则进行再制造设计。从易于拆卸、分类和清洗准则出发,简化其组件为热像仪壳体、望远镜组件、扫描器组件、电子组件、制冷组件、目镜组件六部分。其热像仪壳体采用碳纤维材料,提高其外壳强度、降低重量。其光学和电子组件采用标准化组件或模块化组件,并预留模块接口,以便在手持式军用红外热像仪故障或损坏时进行组件替换,在技术更新时可及时进行产品升级。

2.3.3 反求创新设计及应用

大多数创新设计通常都是"从无到有"的"正向设计",是一个从"未知"到"已知"的创新意识行为实现的过程。反求设计则不然,从表象而言,是一个"逆向设计",但其不是设计的简单"逆过程",在设计中尽管有"已知"可以依循,但其中又有许多的未知,逆向设计是一个"知其然",求解"其所以然"的过程,但不能"知之为知之",还需要优化其"目标对象"的设计。

1. 反求设计的概念及内涵

反求设计是以先进技术或产品的实物、软件(图纸、程序、技术文件等)、影像(照片、广告等)作为研究对象,应用现代设计理论方法学、生产工程学、材料学等有关专业知识进行系统深入的分析与探索，并掌握其关键技术，进而开发出先进产品。它以社会方法学为指导，以现代设计理论、方法、技术为基础，运用各种专业人员的工程设计经验、知识和创新思维，对已有的产品进行解剖、分析、重构和再创造，在工程设计领域，它具有独特的内涵，可以说它是对设计的设计。运用反求技术，可以缩短新产品开发的时间，提高新产品开发的成功率，是创新设计的一种有效方法。

反求设计需要从已知事物的有关信息（包括硬件、软件、照片等）去寻求这些信息的科学性、技术性、先进性、经济性、合理性和改进的可能性等，其中，创新是反求设计的核心价值体现，缺乏创新的反求设计只能算低层次的仿制，在反求设计中，需要有必要的科技道德约束，遵守专利法、商标法、知识产权法等相关法律法规。

反求设计根据研究对象的不同，一般分为实物反求、软件反求、影像反求三类。就机械本体创新设计而言，属于实物反求的范畴。实物反求是以产品实物为依据，对产品的功能原理、设计参数、材料结构、工艺装配、包装使用等进行分析研究，研制开发出与原型产品相同或相似的新产品。这是一个从认识产品到再现产品或创造性开发产品的过程。实物反求需要全面分析大量同类产品，以便取长补短，进行综合性优化设计。

根据反求对象的不同，实物反求可分为整机反求、部件反求、零件反求三种。整机反求对象是整台机器或设备。如一台发动机、一台机床等。部件反求对象是组成机器的部件，这类部件是由一组协同工作的零件所组成的独立装配的组合体，如机床的主轴箱、刀架等，一般是产品中的重点或关键部件。零件反求的反求对象是组成机器的基本制造单元，如发动机中的曲轴、凸轮轴等零件。反求的零件一般是产品中的关键零件。

通常，实物反求的对象大多是比较先进的设备与产品，包括国外引进的先进设备与产品及国内的先进设备与产品。相对于其他反求设计法，实物反求有以下特点：

(1) 具有直观、形象的实物，有利于形象思维。
(2) 可对产品的功能、性能、材料等直接进行试验及分析，以获得详细的设计参数。
(3) 可对产品的尺寸直接进行测绘，以获得重要的尺寸参数。
(4) 缩短了设计周期，提高了产品的生产起点与速度。
(5) 参考的产品就是新产品检验的最低标准，是新产品开发明确的目标底线。

反求设计在飞机、汽车等开发领域得到了大量的应用。对于经常因为某一零部件的损坏而停止运行的大型设备（航空发动机、汽轮机组），通过反求工程手段可以快速生产这些零部件的替代零件。在一些特殊领域，如医学领域中人体骨骼、关节等的复制、假肢制造，反求设计取得了巨大进展。

2. 反求设计的内容及过程

反求设计的内容包括设计思想、功能原理、结构尺寸、产品材料和关键技术的反求等。

1) 设计思想的反求

反求设计最重要的内容是探求设计者的设计思想，设计思想是产品设计的灵魂，进行设计思想的反求是反求设计最重要的内容。设计思想主要包括产品开发的必要性与适应性、产品结构功能的特殊性等，设计思想的反求贯穿于反求设计的全过程，揣摩清楚设计意图，是反求设计完成产品重复性设计的基础，也是进行创新设计的前提。

2) 功能原理的反求

功能原理的反求是功能原理再实现的过程。在产品已知的情形下，其功能是相对确定的，在功能分析的基础上,深入分析实现这一功能的工作原理,例如是简单的机械效应还是电磁等效应等。依据功能原理,就可以变被动为主动,开发出实现同样功能的不同原理解,也就实现了从反求到创新的过程。如设计一个夹紧装置,若把功能原理限定在纯机械范围内,则可设计为螺旋夹紧、连杆机构夹紧等原理方案;若把范围放大,则可以选定气动、电磁夹紧等原理方案。

3) 结构尺寸的反求

结构形状与尺寸参数的反求包含实物测量、数据处理、误差分析等内容。对于实物反求,可以比较容易地获得产品某部分的实际结构形状,这将有利于反求工作的进行。一般情况,零件形状可以划分为规则的,如平面、圆柱、圆孔、凸台、导轨等;以及不规则形状,如凸轮、叶轮、自由曲面等。根据形状的复杂程度,可以采用不同的测量手段,获取数据的方法,以及误差的分析方法,可以采用坐标测量仪、激光测量仪、工业 CT 等进行测量。

4) 产品材料的反求

材料的反求包括材料成分、组织结构、力学性能以及材料加工工艺等内容。金属材料成分常用的简单反求方法有火花鉴别、音质鉴别等,通过火花形状、声音频率等判断材料的成分。比较准确的材料成分反求方法有原子发射光谱分析法、微探针分析法等,对非金属材料反求采用的红外光谱分析法。材料的组织结构可用显微镜观察,然后通过计算机描述。材料加工工艺包括铸造、锻压、挤压、烧结、各种机加工以及各种处理,需要结合材料成分、力学性能要求、技术和经验进行反求。

5) 关键技术的反求

关键技术是指那些能够实现同类产品难以达到的技术水平,模仿难度较大,具有一定竞争力的技术。由于技术的保密性和价值性,关键技术一直是反求设计的瓶颈所在,包括关键材料、关键原理、关键结构和关键工艺等内容。采用新材料、新工艺、新技术、新设备进行关键技术突破是关键技术反求的关键。

与反求设计的内容相应的实物反求,一般按照产品引进、消化、吸收与创新的思路,以"实物→原理→功能→三维重构→再设计"框架模型为工作过程,如图 2-10 所示,实物反求过程包括反求准备、功能分析、性能分析、创新设计等过程。

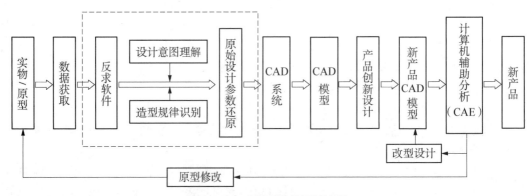

图 2-10 实物反求的设计流程

(1) 反求准备。反求准备包括决策准备、技术准备、思想和组织准备。广泛收集国内外同类产品的设计、使用、试验、研究和生产技术等方面的资料,通过分析比较,了解同类产品及其主要部件的结构、性能参数、技术水平和发展趋势,进行反求设计周密、全面的安排部署。

(2) 功能分析。产品的用途或所具有的特定工作能力称为产品的功能,也可以说功能就是产品所具有的转化能量、物料、信号的特性。实物的功能分析通常是将其总功能分成若干简单的功能元,即将产品所需完成的工艺动作过程进行分解,用若干个执行机构来完成分解所得的执行动作,再进行组合,即可获得产品运动方案的多种解。在实物的功能分析过程中,可明确实物各部分的作用和设计原理,使对原设计有较深入的理解,为实物反求打好坚实基础。

(3) 性能分析。除了对产品的结构性能、力学性能等常规性能进行分析之外,还需要对研究对象进行详细的性能测试,通常有运转性能、整机性能、寿命、可靠性等,测试项目可视具体情况而定。一般来说,在进行性能测试时,最好把实际测试与理论计算结合起来,即除进行实际测试外,对关键零部件从理论上进行分析计算,为自行设计积累资料。

(4) 创新设计。在反求已知产品的基础上进行设计的形式主要有三种:模仿设计、改进设计、创新设计。模仿设计是最为基础的设计;改进设计是在分析原有产品的基础上对原产品的某些结构、参数、材料等进行部分的改进型设计;创新设计就是在分析原产品的基础上,抓住功能的本质,从原理方案开始进行创新设计。在进行改进与创新时必须注意新产品与原产品的功能与成本的关系比较,应该使新产品相对于原产品保持:功能不变,降低成本;增加功能,降低成本或增加功能,成本不变。

2.4 创新设计案例

创新案例1:环保可充电电池的创新设计

电池作为提供直流电的能源载体,已广泛用于科学实验和日常生活中。由于废弃电池里含有大量汞、镉、锰等重金属,在其面皮层锈蚀后,其中的重金属成份就会渗透到土壤和地下水中,人们一旦食用受污染的土地生产的农作物或是喝了受污染的水,这些有毒的重金属就会进入人的体内,慢慢地沉积下来,对人类健康造成极大的威胁。因此,设计一款环保可充电电池是一件非常有价值和意义的事情。

从环保角度而言,环保可充电电池设计涉及电池本体的环保性、电池的安全防护性和电池能源的绿色性以及废弃电池回收服务等方面。

从电池本体环保性而言,电池的种类从最早的原电池发展到铅酸电池、镉镍电池、氢镍电池、锂电池。其中,锂电池比能量高,有宽广的温度使用范围,放电电压平坦,体积小,无电解液渗漏,并且电压随放电时间缓慢下降,性能较为优异,选为环保电池较好。

从电池安全防护性而言,设计相应的壳体存放电池,虽可对电池起到一定的保护作用,但需从散热性、轻量化等方面出发,进行合理的选材、构型和加工;需要从电池的使用出发,将标准化、通用化融入整体的结构方案设计中。

从电池能源的绿色性而言,常规电池充电需要消耗电能,在此可以采用太阳能、机械能通过能量转换进行充电。比较而言,太阳能板进行充电能源消耗更小,但充电需要一定的辅助设施,且充电实效受场地、环境、天气等影响较大,机械能充电要消耗机械能,机械能可由水力、风力等产生,也可由人力、畜力等产生。其中,水力、风力的配套成本大,产生的电能价值大;人力、畜力产生的电能有限,但其所受限制较小,实现形式较为灵活。

按照环保可充电电池设计相关要求,设计了一款环保可充电电池,其外观如图2-11所示,参考常规 5 号电池的外型进行设计,便于直接安装在电气设备中使用。其具体组成如图 2-12 所示,内置充电电池、微型发电机等,外壳由保护罩、折叠装置等组成。

环保可充电电池的充电过程如图 2-13 所示,采用手摇方式充电,将机械能通过发电机

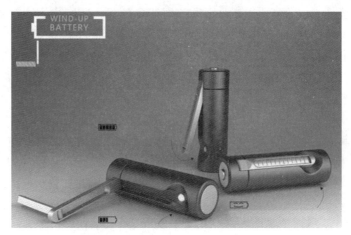

图 2-11 环保可充电电池的外观

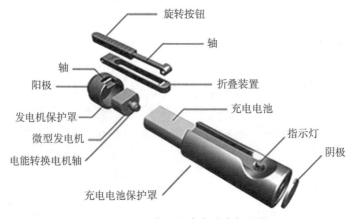

图 2-12 环保可充电电池内部结构

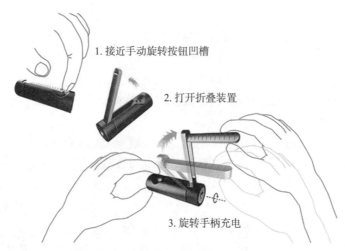

图 2-13 环保可充电电池的充电过程

转换为电能储存在充电电池内。当电池没电的时候,只需打开把手,将其顺时针转动即可给电池充电,只需正常持续地转动20分钟就能让耗尽电量的电池恢复饱满电力。而电池把手下方有小灯提示,如果小灯显示黄色则表示电池电量不足,需要充电。

创新案例2: 倒车灯开关的创新设计

倒车灯开关装在汽车变速箱上,当挂入倒车挡时,开关闭合,接通电路,点亮倒车灯。国内某厂根据产品配套要求,从国外引进实物,进行倒车灯开关反求设计。其步骤如下:

1. 原产品分析

原产品的结构如图2-14所示,其工作原理:当把变速杆拨到倒挡位置时,倒车灯开关中的顶杆1被压下,力经4、3、6、7、10传到回位弹簧11,当顶杆1的行程在1mm以内时,铜顶柱3推动小弹簧6产生变形,弹簧的力经顶圈7作用在接触片10上,由于回位弹簧11因预加载荷作用,其弹簧力大于小弹簧6的弹簧力,故触点9保持闭合;当顶杆1继续受压,其行程大于1mm后,小弹簧6产生的弹簧力大于回位弹簧11的预紧弹簧力,接触片10被推开,触点9分开。压力释放后,弹簧11回位,顶杆1复位,触点9闭合。

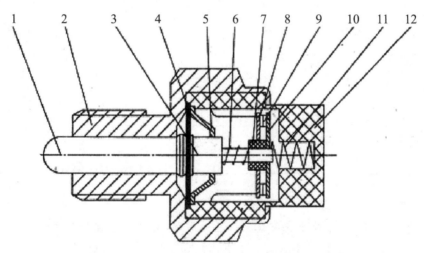

1—顶杆;2—外壳;3—铜顶柱;4—密封圈;5—钢碗;6—小弹簧;
7—顶圈;8—导电片;9—触点;10—接触片;11—回位弹簧;12—底座。
图2-14 倒车灯开关原产品结构

从工作原理得知,实现倒车灯开关功能的关键零件是两个弹簧,设计中弹簧的变形和力学参数难以保证,而弹簧预紧力的大小由顶圈7的厚薄来控制,容易造成质量不稳定,装配工艺性差,倒车灯开关性能很难控制。为此,在反求设计时需改进开关结构。

2. 反求设计

1) 设计目标

不改变产品外形尺寸和安装尺寸,保证配套产品的要求;保证产品的开关功能,提高可靠性;装配后无需调整即能满足产品技术要求;开闭动作的寿命大于10^4次,且顶杆仍能自动复位而无轴向窜动;降低成本,提高经济效益。

2) 功能分析

采用功能分析方法分解出各个功能零部件,根据产品技术要求或有关资料,分析产品的性能、结构、功能、特性等,掌握设计中需解决的关键问题。如表 2-25 所示,从零件的功能分析可知,通断电路是其基本功能,保证复位和密封防油是实现其基本功能所必不可少的辅助功能。在进行反求设计时,必须保证这些功能的实现。其中,回位弹簧和小弹簧是实现通断电路和保证复位功能的关键零件。

表 2-25 倒车灯开关零件功能分析表

零件名称	产品功能								
	通断电路			保证复位			密封防油		
	关键件	执行件	辅助件	关键件	执行件	辅助件	关键件	执行件	辅助件
顶杆		√							
外壳		√			√			√	
铜顶柱			√		√				
密封圈			√				√		
钢碗			√						
小弹簧	√			√					
顶圈		√			√				
导电片		√							
触点		√							
接触片		√							
回位弹簧	√			√					
底座		√			√			√	

3) 方案设计

为解决原产品质量不稳定和装配工艺性差的问题,对结构方案加以改进。改进后的倒车灯开关结构如图 2-15 所示,其特点是:当顶杆 1 不受力或受力较小、行程小于 1mm 时,接触片 9 在回位弹簧 10 的作用下,触点 8 保持闭合;当顶杆 1 受力压后行程大于 1mm 时,利用顶柱 3 的台肩面推开接触片 9,触点 8 分开。这种结构通过零件装配尺寸链,实现按行程要求完成电路通断的基本功能。相比于依靠弹簧的变形量及变形量之和需满足顶杆行程要求的设计而言,本方案在质量可靠性和装配工艺性方面要比原产品好。

3. 技术经济评价

设计完成后,应对改进后产品的实用性、经济性、可生产性等进行评价,对其结构和零件加工也要进行经济分析。

原产品与改进后产品的技术经济评价如表 2-26 所示。由表可知,改进后零件的数量减少、整体加工成本降低、装配工效提高,尽管个别零件的成本略有增加,但产品的可靠性和使用寿命均有较大提升,由此可见,改进后产品的经济性要优于原产品。

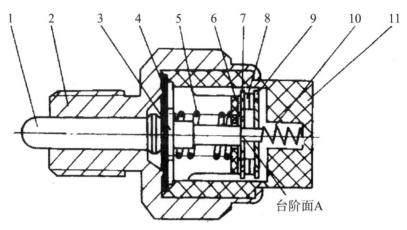

1—顶杆；2—外壳；3—顶柱；4—密封圈；5—弹簧；6—垫片
7—导电片；8—触点；9—接触片；10—回位弹簧；11—底座。

图 2-15　改进后倒车灯开关结构

表 2-26　技术经济评价

名　称	原产品	改进后的产品	备　注
产品零件数	12	11	取消钢碗，大弹簧同时起支承作用
顶柱材料	铜	Q235 钢	节省铜材，材料及加工费降低
弹簧	小弹簧	大弹簧	成本略增，可靠性、寿命均提高
不同零件	顶圈（尼龙注塑）	垫片（冲压件）	加工成本降低
装配工艺性	差	好	提高装配工效 2 倍

思考与练习

1. 简答题

（1）何谓创新设计，创新设计的特点有哪些？
（2）什么是 IQCTES，其对产品设计提出的基本要求是什么？
（3）创新设计一般包含哪些方面，各有何特点？
（4）请简述我国创新设计发展的总体战略和重要任务。
（5）按照呈现形式的不同，创新设计的资源分哪些类型，各有何特点？请举例说明。
（6）请简述创新设计方法论体系的对象和内容。
（7）请简述创新设计方法论的 12 对规则及相应的规则内容。
（8）请简述创新设计方法论专家系统的基本结构及工作过程。
（9）创新设计的主要理论有哪些？请进行简要概述。
（10）何谓绿色设计？请简述绿色设计的基本内涵。
（11）请简述绿色设计的理论与主要评价指标。

(12) 何谓反求设计，反求设计分为哪些类别，各类别有何特点？

(13) 反求设计的内容有哪些？请简述反求设计的设计过程。

2. 分析题

(1) 请结合国内外创新设计现状，谈一谈个人的看法。

(2) 请从创新设计理想化方法的角度出发，拟定"戳印禽蛋生产日期"的三种以上的创新设计方案，并进行方案的比较优化。

(3) 在绿色环保的理念下，汽车从燃油汽车正逐渐朝向新能源汽车发展迈进，请就混合动力汽车、纯电动汽车、氢能源汽车三者未来的创新设计发展优劣，进行创新设计方法论的简单专家系统比较论证。

(4) 请结合下列材料，谈一谈你对创新设计的看法：

1901年，伦敦举行了一次"除尘器"表演，在当时除尘器表演是很吸引人的，可是那次表演实际上只是用风把灰尘吹走，而且观众被吹得满头满身灰尘。人们乘兴而来，败兴而归。有个叫布斯的人想："吹尘"看来行不通，能不能转个向，把"吹尘"改为"吸尘"呢？回到家里，他用手帕蒙住自己的嘴和鼻子，趴在地下用嘴猛力吸气，果然灰尘不再到处飞扬，而被吸附在手帕上，后来他根据这个设想发明了吸尘器。

本章小测验

第 3 章

机械创新设计

[知识要点]

本章内容主要涉及：机构组合、机构变异、机构再生等机构创新；结构元素、结构组合、结构逻辑的机械结构创新；机械系统工作机理、运动循环图及系统创新等。

[学习目标]

本章以"当代'毕昇'——王选"为引，使学生在了解机构创新、机械结构创新、机械系统创新基本方法的基础上，结合典型机械创新设计案例，深化机械创新设计认识，具备应用机构创新、机械结构创新、机械系统创新方法进行简单机械创新设计的能力。

创新范例：当代"毕昇"——王选

在 19 世纪 70 年代前的百余年间，铅字印刷占据着我国印刷行业的主导地位。其中，铅字排版一般分为 3 个工序。第一个工序是铸字，即把铅锭化成铅水，用铅水铸成各种字体、字号的铅字，然后一排排码齐；第二个工序是捡字，捡字工根据排版任务，左手托一个固定尺寸的木板，右手捡出对应的字并依序码放在木板里；第三个工序是拼版，工人将排好版的铅字码放在规定尺寸的木板盒里，在行字之间压上铅条，拼版后还要拓页、校样及修版。铅字印刷不仅人力、物力及能源耗费巨大，而且效率低下、污染严重。

在 20 世纪中叶的西方国家，借助计算机技术和光学技术，已经研发并开始大范围地采用更为高效便捷的电子照排技术。1974 年 8 月，在周恩来总理的亲自关怀下，国家计委批准设立了国家重点科技攻关项目"汉字信息处理系统工程"，简称"748 工程"。王选率领团队进行该工程中的关键技术部分——汉字高倍率字形信息压缩和还原算法以及照排输出控制系统的研究工作。在调研了国际上相关技术的发展方向后，王选做出决策：跨过日本流行的第二代光学机械式照排系统、欧美流行的第三代阴极射线管式照排系统，直接研制国外尚无相关产品的第四代激光照排系统，采取了跨越式发展的技术路线。

激光照排是将数字化的字模用激光照排机输出在胶片上，然后制版印刷。其过程是先用电脑录入文字，用一定格式进行排版，用打印机打印，就能使文字内容出现在纸上；如果用激光照排机发排输出，再经过冲洗，就能得到用于印刷的软片。

激光照排技术的一大技术难题是汉字的数字化信息处理。为此，王选教授发明了"用轮廓加参数描述汉字字形的信息压缩技术"，实现了失真程度最小的字形变倍和变形，解决了汉字信息在计算机中的存储问题。又通过一系列技术发明,使压缩后的汉字信息能够快速并且毫不失真地还原,巧妙地解决了汉字的计算机存储和输出等世界难题。另一大技术难题是激光照排机的输出速度,王选教授提出了将激光照排机原有的一路光变为四路光在滚筒上平行扫描的设想,并由此设计出栅格图像处理器这一汉字激光照排系统的核心。

1979 年 7 月 27 日,在北大汉字信息处理技术研究室的计算机房里,王选和科研人员用自己研制的激光照排系统,在短短几分钟内,一次整版地输出了一张由各种大小字体组成、版面布局复杂的八开报纸样张,报头是"汉字信息处理"六个大字。这是我国首次用国产激光照排系统输出的中文报纸版面。

1981 年 7 月,我国第一台计算机激光汉字照排系统原理性样机"华光 I 型"通过国家计算机工业总局和教育部联合举行的部级鉴定,鉴定结论是"与国外照排机相比,在汉字信息压缩技术方面领先,激光输出精度和软件的某些功能达到国际先进水平"。

1985 年,"华光 II 型系统"通过国家鉴定,在新华社投入运行,成为我国第一个实用排版系统。1989 年"华光 IV 型系统"通过部级鉴定,该系统以微机为主机,采用专用超大规模集成芯片,使系统的功能、速度和稳定性大大提高,迅速在全国推广应用。

1991 至 1993 年,王选又率团队先后设计出"TC91""TC93"等第五、六代照排控制器,研发了"北大方正电子出版系统",迅速产业化并被市场广泛接受。

至 1993 年,国产照排系统迅速占领了国内报业 99% 和书刊出版业 90% 的市场,以及 80% 的海外华文报业市场,并打入日本和欧美国家。

王选教授带领科研团队历经十几年成功设计和研发的汉字激光照排系统,使延续上百年的中国传统出版印刷行业得到彻底改造,成为我国高新技术改造传统行业的典范,被公认为毕昇发明活字印刷术后中国印刷技术的第二次革命,为中国以及世界华文出版印刷行业做出了不可磨灭的贡献。2001 年王选教授获得国家最高科学技术奖。

(资料来源:王选:告别铅与火跨入光与电 http://qclz.youth.cn/sycs/tslz/201205/t20120525_2195634.htm)

3.1 机构创新设计

实现产品工作原理方案的关键在于机构。机构是指由两个或两个以上构件通过活动联接形成的构件系统,具有确定的相对运动,用来传递运动形式和力。运动是机构最为本质的体现,其运动可以循环往复。传统意义上的机构是刚性构件形成的以力传递为主的可动构件联接,如四杆机构、凸轮机构、齿轮机构等。广义而言,可以将构件柔性化、将联接形式多元化,利用一些新的工作介质,形成机、电、气、液、磁等工作原理的多领域融合的机构系统。本节只阐述传统机构的创新设计。

3.1.1 机构的组合与创新

机构组合是指将几个基本机构按照一定的原则或规律组合成一个复杂的机构,以机构选型确定的机构方案为基础进行,一般分为串联式组合、并联式组合、其他方式组合等。单一的基本机构具有一定的局限性,在某些性能上并不能满足要求。例如,凸轮机构虽然可以实现任意的运动规律要求,但行程小且行程不可调;齿轮机构虽然有良好的运动与动力特性,但运动形式简单,并且不适合远距离传动。而机构组合可以发挥基本机构的优势,获得更好的运动效果,实现相应的工作要求。

1. 串联式组合

串联式组合可以是两个基本机构的串联组合,也可以为多级串联组合,即 3 个或 3 个以上基本机构的串联。串联式组合可以改善机构的运动与动力特性,如实现增力、增程等功能,也可以满足工作要求的一些特殊运动规律。

飞机上使用的高度表,其内部机构如图 3-1 所示,大气压力随飞机高度不同而变化,将使膜盒 1 与连杆 2 的铰接点 C 左右移动,通过连杆 2 使摆杆 3 绕轴心 A 转动,与摆杆 3 相固连的不完全齿轮 4 带动齿轮放大装置 5、6,指针 6 在刻度盘 7 上指示相应的飞机高度。

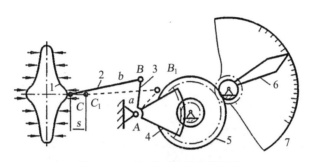

图 3-1 飞机高度表的机构组成

2. 并联式组合

机构的并联式组合是指两个或多个基本机构并列布置,可用于机构的平衡、运动的并行传递,改善机构的动力特性,还可以实现需要互相配合的复杂动作与运动形式。如图 3-2 所示,机构并联分为并列式并联、合成式并联、时序式并联。

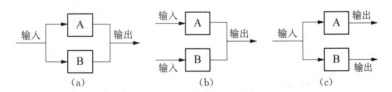

图 3-2 机构的并联组合方式
(a)并列式并联;(b)合成式并联;(c)时序式并联

并列式并联组合又称 I 型并联组合,要求并联的两个基本机构的类型、形状和尺寸相同,且对称布置,它主要用于改善机构的受力状态、动力特性、自身的动平衡,解决机构运动中的止点问题及输出运动的可靠性等问题。合成式并联组合又称 II 型并联组合,一般是两个并联子机构,具有各自的输入运动,最终将运动合成,在共同的输出机构上实现输出,完成较复杂的运动规律或轨迹要求。时序式并联组合又称 III 型并联组合,一般是同一个输入构件通过两个基本机构的并联分解成两个不同的输出,并且这两个输出运动具有一定的运动或动作协调要求,可以实现输出运动或动作的严格时序要求。

压力机的螺旋杠杆机构如图 3-3 所示,其中两个尺寸相同的双滑块机构 ABP 和 CBP 并联组合,并且两个滑块同时与输入构件 1 组成导程相同、旋向相反的螺旋副。在机构工作时,构件 1 输入转动，滑块 A 和 C 同时向内或向外移动，从而使并联组合滑块 2 上下移动，进行加压或返回。并联组合滑块沿着导路移动时，滑块与导路之间几乎没有摩擦阻力。

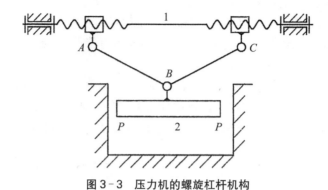

图 3-3　压力机的螺旋杠杆机构

3. 其他方式组合

除了常规的串联、并联方式之外，还有复合式、叠加式等多种方式。

复合式机构，一般是将两个机构以一定方式相连接，组成一个单自由度的组合机构。如图 3-4 所示，连杆凸轮机构为实现直线位移增程，以双自由度的差动连杆机构 1-2-3-4-5 为基础，以固定凸轮机构 1-2-6 为附加机构。连架杆 1 和连杆 2 是两机构的共同构件，其中连杆 2 为浮动杆。连架杆 1 为机构的主动构件，可以作整周回转，输出构件是滑块 5。该机构的特点是，输出构件滑块 5 的行程比简单凸轮机构推杆的行程大几倍，而凸轮机构的压力角仍可控制在许用值范围内。

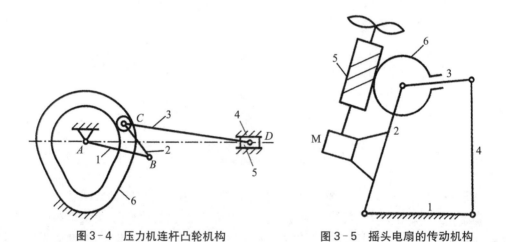

图 3-4　压力机连杆凸轮机构　　　　图 3-5　摇头电扇的传动机构

叠加式机构，一般是将一个机构安装在另一个机构的某个运动构件之上所形成的组合机构。如图 3-5 所示，摇头电扇的传动机构由蜗杆机构与双摇杆机构叠加而成。电动机 M 安装在双摇杆机构 1-2-3-4 的摇杆 2 上，蜗轮 6 固装在连杆 3 上，故两个机构的运动互相影响。电动机 M 向蜗杆 5 输入转动，蜗杆 5 在快速转动的同时，带动蜗轮 6 慢速回转，从而使双摇杆机构摆动，以实现电扇的摇头功能。在这个机构的叠加组合中，除了构件 2 是两个基本机构的共用构件外,连杆 3 与蜗轮 6 固联,整个机构只有 4 个活动构件,自由度为 1,输入构件为 1 的情形下,机构具有确定运动。

3.1.2 机构的变异与创新

机构的变异是指以某一已知机构为基础,通过对组成机构的结构元素进行改变或变换,演化出性能改进或功能不同的新机构。已知机构的变异,包括机构构件、运动副以及工作原理等的变异。

1. 构件的变异与创新

构件的变异是机构变异最为常见的方式,具体实现形式有机架的变换、构件形状的变化、构件的合并与拆分等。如图 3-6 所示曲柄滑块机构中,将平直的导路设计成圆弧曲线状,可得到曲柄曲线滑块机构,该机构可用于圆弧门窗的启闭装置。

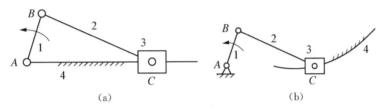

图 3-6 曲柄滑块机构的构件形状变异

如图 3-7 所示,在双转块机构的基础上,通过构件的变异与演化得到十字滑块联轴器。在图 3-7(a)中,构件 4 为机架,A、B 处为两个固定转动副。当转块 1 为主动件时,可以通过连杆 2 将转动传递给转块 3。但按该图所示的构件结构,两个转块是无法实现整周回转的。若分别将 1、2、3 构件的形状改变成含有滑槽和凸榫的圆盘形状,如图 3-7(b)所示,则可以实现构件 1 和 3 的整周转动。其中连杆 2 变成了图 3-7(c)所示的两面各有矩形条状凸榫的圆盘,且两凸榫的中心线互相垂直,并通过圆盘中心。转盘 1、3 上各开一个凹槽,圆盘 2 的凸榫分别嵌入转盘 1 和转盘 3 相应的凹槽内。机架支承两固定转轴,当转盘 1 转动时,转盘 3 以同样的速度转动。

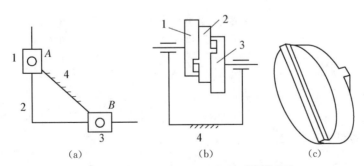

图 3-7 从双转块机构到十字滑块联轴器的变异

2. 运动副的变异与创新

运动副是机构运动传递的关键,运动副的变异不仅可以改变机构的运行形式,也可实现运动性能的改进。常见的运动副变异有运动副尺寸、运动副类型的变化,以及运动副中机架位置的变更等。如图3-8所示,在曲柄滑块机构的基础上,变换机架,分别得到转动导杆机构、摇块机构、移动导杆机构。

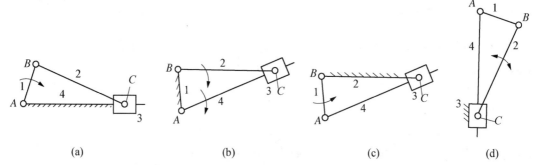

图3-8 曲柄滑块机构及变换机架的三种机构形式
(a)曲柄滑块机构;(b)转动导杆机构;(c)摇块机构;(d)移动导杆机构

如图3-9所示,在曲柄滑块机构基础上,扩大转动副B可得到偏心圆盘曲柄滑块机构;在C处扩大移动副的尺寸,将滑块尺寸增大并包含曲柄AB、连杆BC在内,可得到大滑块曲柄滑块机构。

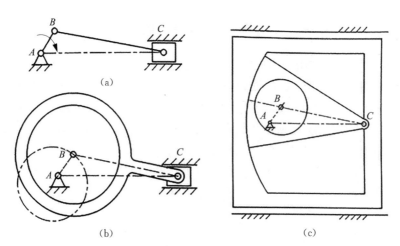

图3-9 曲柄滑块机构及运动副尺寸扩大后的机构
(a)曲柄滑块机构;(b)偏圆心盘曲柄滑块机构;(c)大滑块曲柄滑块机构

如图3-10(a)所示,将螺母和机架融合为一个构件,可以实现螺杆转动和移动;如图3-10(b)所示,限制螺杆轴向窜动和螺母转动,可以实现螺母移动;如图3-10(c)所示,将螺杆和机架固连在一起,可以实现螺母转动和移动;如图3-10(d)所示,限制螺母移动,可以实现螺母转动和螺杆螺旋移动。

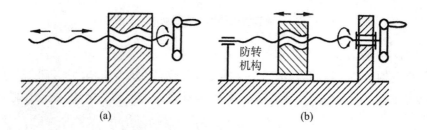

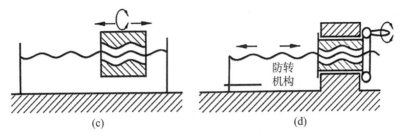

图3-10 螺旋传动机架变异

3. 机构的等效代换与原理移植

机构的等效代换又称机构的同性异形变换,通常指输入运动相同时,其输出运动也完全相同,即输入、输出特性等效,但结构不同的一组机构之间相互代换,以实现不同的工作要求。尖底推杆偏心盘形凸轮机构如图3-11(a)所示,组成平面高副的两个元素,一个是圆心为A、半径为AC的圆,另一个是点C(即平面高副的接触点)。机构运转时,A、C两点之间的距离始终不变,因此,可以用长为OA的杆和长为AC的附加杆等效代换偏心盘,构建出一个与偏心盘形凸轮机构运动特性相同的曲柄推杆机构1-3-2。

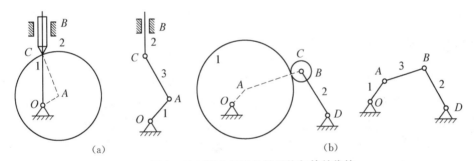

图3-11 偏心盘形凸轮机构与等效代换
(a)尖底推杆偏心盘形凸轮机构;(b)滚子摆杆偏心盘形凸轮机构

滚子摆杆偏心形凸轮机构如图3-11(b)所示,组成平面高副的两个元素均为圆,高副的接触点为两圆的切点C,圆心分别为A、B,半径分别为AC、CB,机构运动时,A、B两点之间的距离始终不变,即为两圆半径之和,因此可以用一个长度与之相等的附加杆3连接A、B两点,并分别与构件1和构件2组成转动副,这样组成一个曲柄摇杆机构1-3-2,则该机构与原凸轮机构构成一组同性异形机构,可以实现等效代换。

机构移植是将一机构中的某种结构、工作原理等应用于另一种机构的设计。要有效地利用移植和模仿设计新机构,必须依托机构间实质上的共同点,以便在不同条件下灵活运用。

汽车差速器机构如图3-12所示,汽车后轴做成左右两根,并使之分别与左右两车轮固连,而在两轴之间安装上一个差动装置。发动机将动力经传动轴和齿轮5传到活套在后轴上的齿轮4。对于底盘来说,齿轮4与齿轮5的几何轴线都是固定不动的,所以它们是定轴轮系。中间齿轮2活套在齿轮4侧面突出部分的小轴上,它同时与左、右两轴的齿轮1和3啮合。当齿轮1和齿轮3之间有相对运动时,齿轮2除随齿轮4转动外,又绕自己的轴线转动,所以齿轮2是行星轮,齿轮4是行星架,齿轮1和齿轮3都是中心轮,齿轮1-3-2-4组成一个差动轮系。该减速装置是由一个定轴轮系和一个差动轮系串联而成的组合轮系,实现了汽

车以 P 点为转动中心的左转弯情况下后轴右车轮(齿轮 3)比左车轮(齿轮 1)转弯半径大、走过弧长长的传动机构设计。

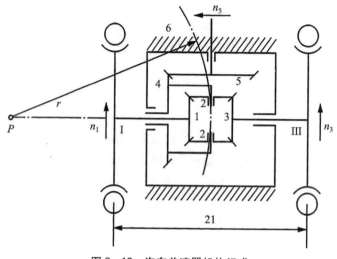

图 3-12　汽车差速器机构组成

3.1.3　机构的再生与创新

机构的再生设计是以现有机构为基础进行的创新性设计,其目的是开发出更为符合性能要求的机构。机构的再生设计也称运动链再生设计,其基本设计思路是:从原始机构出发,在构件、构件约束、机构运动等分析基础上,进行原始机构的一般化处理,还原到基本运动链的形式,再将运动链进行结构系列化,最后通过对系列化运动链进行有目标的选择和功能约束,生成再生的新机构。从本质而言,机构的再生设计是从特殊到一般,再从一般到特殊的过程。最初的原始机构为特定的研究对象,要从特定对象中进行运功机构的一般性抽取,把握最为本质的机构属性,再从一般属性出发,通过结构化和功能化,形成最后的结果,在具体的应用上,可以通过再生的新机构间的比较,进行优选。

1. 一般化运动链

运动链是指两个或两个以上的构件通过运动副的联接而构成的相对可动的系统。一般化运动链是采用等效原则,将运动链中的运动副转化为转动副以及将各种构件转化为一般杆的过程。运动链的一般化原则如下。

(1) 将"非刚性"构件转化为"刚性"构件。
(2) 将"非杆形"构件转化为"一般化"杆件。
(3) 将非转动副转化为转动副。
(4) 将复合铰链转化为简单铰链。
(5) 解除固定约束,机构转化为运动链。
(6) 在转化过程中,运动链的自由度保持不变。

常见的机构和构件的运动链一般转化如表 3-1 所示,平面高副采用高副低代的办法进行处理;复合铰链处理,视铰链复合处的杆件数,将其中一个杆件变为二副杆甚至多副杆。

表 3-1 运动链的一般化图例

名称	原始形式	一般化处理	说 明
弹簧			构件之间的弹簧联接,可以用Ⅱ级杆组代替
滚动副			构件之间的纯滚动接触可以用转动副代替
移动副			构件之间的移动副可以用转动副代替
平面副			构件之间的平面高副可以用一杆加两转动副代替
复合铰			复合铰链转化为简单铰,可以有多种情形

以飞机起落架为例,飞机起落架的机构组成如图 3-13(a)所示,飞机轮子安装在连杆 1 上,实线表示的是飞机轮子放下,虚线表示的是飞机轮子收起。具体过程是,构件 2 绕飞机机架上的固定轴 A 转动,带有轮子 a 的构件 1 与构件 2 和 3 分别组成转动副 B 和 C;构件 3 绕飞机机架上的固定轴 D 转动,当活塞杆 5 在提升缸 4 中运动时,构件 1、2 和 3 如图示弧线方向转动,使机构处于虚线位置,以保证将飞机起落架收起。飞机起落架的机构简图如图 3-13(b)所示。

按照一般化原则,将飞机起落架机构抽象为一般化运动链。首先将活塞杆 5 与提升缸 4 均以杆状构件代替,并将它们之间的移动副转化为转动副;设机架为杆 6,并释放该固定杆;去掉轮 a。由此可得,飞机起落架机构一般化运动链是六杆七副运动链,如图 3-13(c)所示。

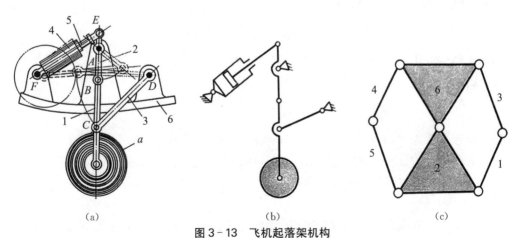

图 3-13 飞机起落架机构
(a)飞机起落架机构示意图;(b)飞机起落架机构简图;(c)一般化运动链

2. 杆型类配

杆型是根据运动链中的各个杆所具有的运动副数目而定义的。具有两个运动副的杆称为二副杆,具有 3 个运动副的杆称为三副杆,依此类推,具有 n 个运动副的杆称为 n 副杆。它们一般的表示方法如图 3-14 所示。

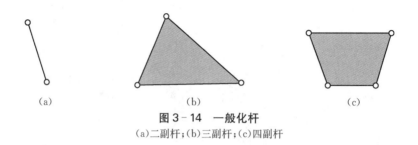

图 3-14 一般化杆
(a)二副杆;(b)三副杆;(c)四副杆

在运动链中,各种杆型的数目和运动副数目(以下简称副数)应满足:

$$n_2 + n_3 + \cdots + n_n = N \tag{3-1}$$

$$2n_2 + 3n_3 + \cdots + n \times n_n = 2P \tag{3-2}$$

式中,n_2、n_3、$\cdots$、n_n 分别表示二杆副、三杆副、$\cdots$、n 杆副的数目;N 表示运动链中杆的总数目;P 表示运动链中副的总数目。

由式(3-1)、式(3-2)可得

$$n_3 + 2n_4 + \cdots + (n-2) \times n_n = 2(P-N) \tag{3-3}$$

在已知运动链中杆数和副数的情况下,由此就可判断出多副杆的数目及其组合关系。

在杆型类配时,还要注意避免机构结构退化的问题,即六杆机构退化为四杆机构或五杆机构等。因此,在杆型类配以及运动链组合时,就需要考虑运动链的内环路的结构组成问题。

所谓环路就是指由杆与副所包围的环状线路,环路数用 L 表示。

在运动链中,内环路的数目为

$$L = P - N + 1 \tag{3-4}$$

为避免结构退化,运动链中的每个内环路至少包含 4 个运动副。这样就约束了运动链中不同杆型的组合方式,也限制了运动链中含副数最多的杆型。则有

$$n_{\max} = n_{L+1} \tag{3-5}$$

以飞机起落架为例,$L = 7-6+1 = 2$;$n_{\max} = n_3$;飞机起落架含副数最多的为三副杆。以此为基础,按式(3-3)进行计算,可得 $n_3 = 2$,飞机起落架三副杆的数目为 2;$n_2 = 4$。由此可知,飞机起落架二副杆、三副杆的数目是确定的。

3. 运动链组合

确定杆型类配方案之后,需要把各种杆型连接起来,组合成各种结构类型的运动链,也就是运动链的组合。运动链的组合需要利用拓扑图的概念。

1)图的概念

表示运动链的图应与运动链具有一一对应的关系,其关系是:图中的点表示运动链中的杆,图中的线表示运动链中的副。

若点与两条线关联,则为二度点,二度点就是运动链中的二副杆;若点与三条线关联,则为三度点,也就是运动链中的三副杆。以此类推。如图3-13(c)所示的六杆七副运动链若用图来表示,就是图3-15所示的六杆七副图。

2)图的组合

当已知图中点的类型及数目对图进行组合时,应首先构造缩图。缩图是指只含有多度点的图,因点的数目较少,构造过程较为简单。在缩图的基础上再构造全图。飞机起落架的杆型类配,只有一种方案,其缩图如图3-16(a)所示。在缩图的基础上再构造全图,需要注意的是,每个内环路要确保至少有4个点。对于六杆七副运动链只有两种结构,分别如图3-16(b)、图3-16(c)所示。

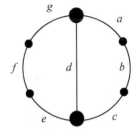

图3-15 六杆七副图

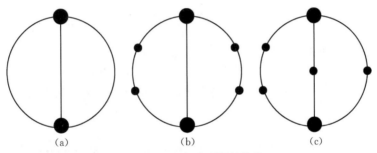

图3-16 六杆七副图的构造

3)运动链的组合

以图的组合为基础,按照图与运动链的对应关系,可以将构造图转换为相应的运动链结构简图。飞机起落架的六杆七副运动链有两种,分别是瓦特型运动链和斯蒂芬森型运动链(见图3-17)。

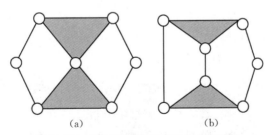

图3-17 飞机起落架机构的组合运动链
(a)瓦特型运动链;(b)斯蒂芬森型运动链

4. 确定设计约束

再生运动链首先要确定设计约束。

按照飞机起落架的功能要求,可以确定出下列5条设计约束,作为再生机构的依据:

一是杆的总数目与运动副的总数目保持不变;二是必须有一个固定杆作为机架,用 Gr 表示;三是必须有一个提升缸,用 g 表示,为二副杆;四是必须有一个活塞杆,用 s 表示,为二副杆,同时还应为浮动杆,并且与 g 组成移动副;五是必须有一个带有轮 a 的构件,该构件用符号 a 表示,不能与 g 构件直接成副。

5. 再生运动链

飞机起落架再生运动链的步骤如下。

1) 确定机架

瓦特型运动链有两种结构形式[见图 3-18(a)、3-18(b)];斯蒂芬森型运动链有三种结构形式[见图 3-18(c)~3-18(e)]。

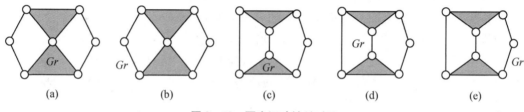

图 3-18 再生运动链(机架)

2) 确定提升缸 g 与活塞杆 s

瓦特型运动链有三种结构形式[见图 3-19(a)~3-19(c)]。斯蒂芬森型运动链中的图 3-18(e)因不能满足 s-g 杆的要求而被淘汰,最终运动链有两种结构形式,如图 3-19(d)、3-19(e)所示。

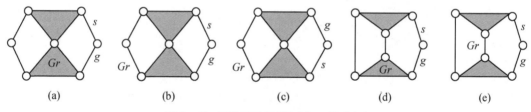

图 3-19 再生运动链(提升缸—活塞杆)

3) 确定起落架轮子所在杆 a

瓦特型运动链有七种结构形式[见图 3-20(a)~3-20(g)];斯蒂芬森型运动链有五种结构形式[见图 3-20(h)~3-20(l)]。

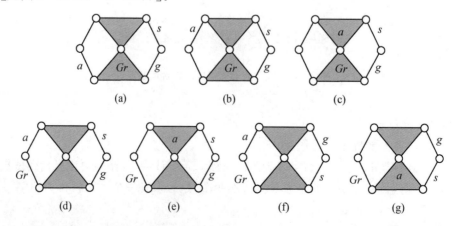

图 3-20 再生运动链(轮子所在杆)

6. 再生机构

再生运动链图 3-20(l)因不满足杆 a-g 直接成副的要求而被淘汰。对应再生运动链的图 3-20 相应编号,再生的飞机起落架简图如图 3-21 所示。

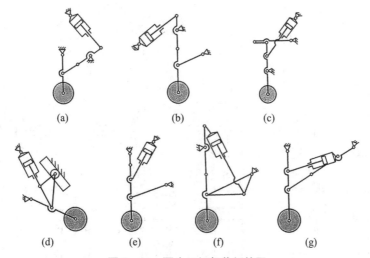

图 3-21 再生飞机起落架简图

(a)对应图 3-20(a);(b)对应图 3-20(b);(c)对应图 3-20(c);(d)对应图 3-20(h);(e)对应图 3-20(i);(f)对应图 3-20(j);(g)对应图 3-20(k)

3.2 机械结构创新设计

机械结构是机械功能的载体,是机械实现其功能的物质基础,结构设计是将机构和构件具体化为某个零件或某个部件的形状、尺寸、连接方式、顺序、数量等具体结构方案的过程,将原理方案设计具体化,以满足产品的功能要求。结构设计具有多解性特征,满足某一设计要求的机械结构不是唯一的,关键是要在众多的可行解中找到较好的解。

3.2.1 结构元素的创新设计

结构元素创新设计主要是对结构的材料、形状、数量、位置、连接方式等要素进行创新,使其适应不同的工作要求,或比原有结构具有更良好而完善的功能。

1. 结构形状的创新设计

在结构形状的创新设计中,最为常见的是结构工作表面的演化和变异,改变工作表面的形状、尺寸、位置等要素,满足相应的结构特性需求。

如图3-22所示,对螺栓和螺钉头部形状变异可得到多种设计方案。图3-22(a)～3-22(c)的头部形状使用常规扳手拧紧,可获得较大的拧紧力矩,但不同的头部形状所需的最小工作空间(扳手空间)不同;图3-22(d)、3-22(e)分别是滚花型、元宝型,该头部形状适合手工拧紧,不需专门工具,使用较为方便;图3-22(f)～3-22(h)的螺纹连接结构表面整齐美观,扳手需作用于头部形状的内表面;图3-22(i)、3-22(j)的头部形状拧紧采用十字型螺丝刀,图3-22(k)、3-22(l)头部形状拧紧采用一字型螺丝刀,拧紧过程需要的操作空间较小,所需力矩也较小。螺栓和螺钉头部形状的创新设计方案可以有很多种,但不同的方案需要用不同的拧紧工具,因此在设计新的螺栓和螺钉头部形状的同时,需要考虑拧紧工具的形状、操作方法和工作空间等。

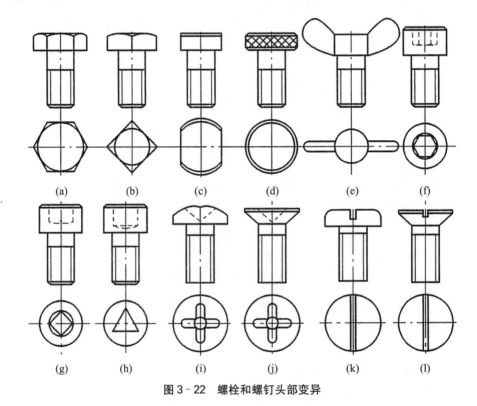

图3-22 螺栓和螺钉头部变异

2. 结构材料的创新设计

结构设计中可以选择的材料众多,不同的材料具有不同的性质和功用。选用不同的材料,往往同时伴随着零部件结构形状的变异。如图3-23(a)～3-23(c)所示,分别采用木材、金属、塑料,与之相应地,三种夹子的结构形状发生了变化。

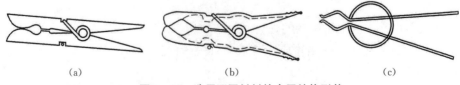

图3-23 选用不同材料的夹子结构形状
(a)木材夹子;(b)金属夹子;(c)塑料夹子

3. 结构连接的创新设计

键连接是轴毂连接的主要结构形式。按照键的结构形状的不同,分为平键、半圆键等,如图 3-24(a)、3-24(b)所示,键主要靠其侧面工作,当传递的扭矩不能满足载荷要求时,就需要增加键的数量,由单键变为双键,甚至多键。通过增加键的数量提高整体的承载能力,方便轮毂在轴向上的滑移,创新设计出图 3-24(d)所示的滚珠花键。

键的数量增加会加大装配的复杂程度,为提高载荷承载力,降低装配难度,轴毂连接的键与轴合为一体,变异出花键,如图 3-24(c)所示,花键的形状有矩形、三角形和渐开线形等,再由明显的凹凸形状变换为不明显的成型轴连接,如图 3-24(e)所示。

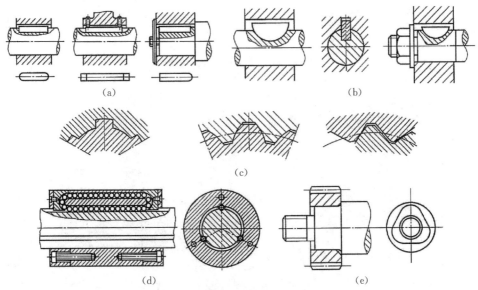

图 3-24 轴毂连接的结构元素变异
(a)平键;(b)半圆键;(c)花键;(d)滚珠花键;(e)成形轴

3.2.2 结构组合的创新设计

结构组合是机械结构创新设计中较为简单和常见的方法。尽管机械结构是已有的,但通过组合所实现的功能是新颖的。根据组合对象的差异,组合分为同类组合和异类组合;根据组合的目的性不同,组合又出现了结构简化组合、便于拆装的组合等多种类型。

1. 结构简化的创新设计

为了防止螺纹连接的松脱,通常需要采取必要的防松措施。弹簧垫圈是一种被广泛应用的螺纹连接防松零件,它要求在安装螺栓或螺母的同时安装弹簧垫圈,如图 3-25(a)所示。为了便于装配,可以将螺栓和弹簧垫圈的功能集成在一个组合零件上,采用螺栓-垫圈组合结构,如图 3-25(b)所示,减少了零件数量,简化了整体结构。

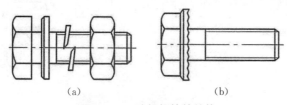

图 3-25 防松螺栓的结构

在指甲刀的初始结构设计中,为了满足修剪指甲的需要,分别设计了剪切、复位、按压等多个动作构件,如图3-26(a)所示,但是其结构过于复杂。对此,将多个构件进行组合,最终简化为结构简单的构件,如图3-26(b)所示,通过集中构件的组合设计方法,实现了指甲刀的轻量化。

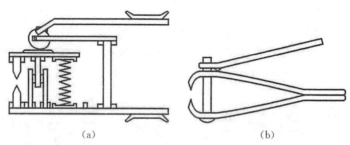

图3-26 指甲刀的结构简化

在机械常用的支架上,一般采用多个构件装配的形式。如图3-27所示,通过将多个构件组合成一个整体构件的方式,采用铸造加工一次成形,不仅能极大地节省加工工时,还能有效地降低产品生产的成本。

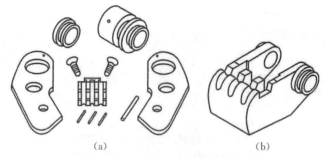

图3-27 机械支架的结构组合

2. 便于拆装的创新设计

采用一般的螺纹连接时,需要不断地旋拧螺母,直到螺栓端面与构件贴合,才能完成螺栓装配。对此,可以通过结构的改进与组合,达到快速装配的目的。

如图3-28(a)所示,将螺栓两侧面切成平面,成为不完全螺纹,在螺母内表面中相对的两侧加工出槽形,安装时可将螺栓直接插入螺母中,只需要相对旋转较小的角度即可将螺栓拧紧,拆卸时也只需旋转约1/4圈,即可将螺栓从螺母中拧出。

如图3-28(b)所示,将螺母做成剖分结构,安装时将两个半螺母在安装位置附近拼合,再

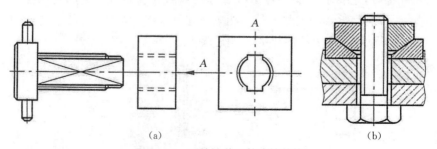

图3-28 可快速装配的连接结构

旋转较少圈数即可将其拧紧。为防止剖分的螺母在预紧力的作用下分离,在被连接件表面加工有定位槽。

与常规螺纹连接结构不同的是,若采用弹性元件,可提高连接快速性,如图 3-29 所示。将配合用螺纹连接件组合为单一弹性连接件,通过使零件发生弹性变形的方法实现连接的装配与拆卸,操作简单且迅速,对被连接构件无损害。快速连接结构要求构件具有较好的弹性,通常采用塑料或薄金属板材料。此外,还可以通过增大变形零件长度的方法改善零件的弹性,满足快速连接的要求。如图 3-30 所示,一组容易装配与拆卸的吊钩结构,将构件"挂"与"钩"的功能结构组合在一个构件上,由于吊钩零件参与变形的材料长度较大,不仅可以简化结构,而且可使结构具有较好的弹性,装配和拆卸都很方便。

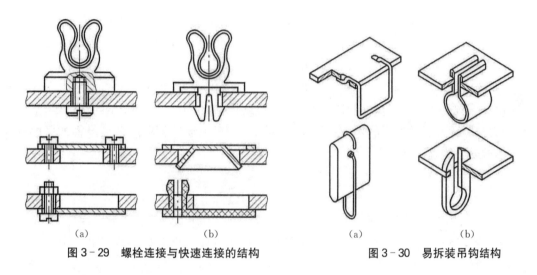

图 3-29 螺栓连接与快速连接的结构　　图 3-30 易拆装吊钩结构

3.2.3 结构逻辑的创新设计

在结构设计中经常会遇到技术冲突,可以合理地采用一些逻辑方法,巧妙地解决技术上的难题,常用的逻辑方法有自加强、自补偿、自平衡等。

1. 自加强

结构自加强是指通过合理的结构设计,使结构所受到的工作载荷对某些功能的实现起到强化的作用。油封结构如图 3-31 所示,当油封右侧为相对高压区域,则油封在压差作用下的变形有利于加强密封效果。

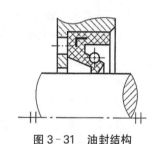

装配式锥齿轮结构如图 3-32 所示,锥齿轮轮缘与轮毂的结合方式使得齿轮啮合处的轴向力有助于增强轮缘与轮毂之间传递转矩的能力。

图 3-31 油封结构

高压容器密封若采用罐盖从外侧封盖,如图 3-33(a)所示,由于罐内气体的工作压力,需要较大的外力;若采用罐盖从内侧封盖,如图 3-33(b)所示,在罐内气体的工作压力作用下,若采用同样的外力封盖,罐盖的密封效果更好。

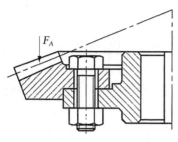

图3-32 装配式锥齿轮结构

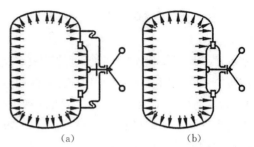

图3-33 高压容器罐口密封结构
(a)外侧封盖；(b)内侧封盖

2. 自补偿

机械结构不仅在制造、装配等生产过程中存在一定误差，在工作使用过程中，也会发生变形、磨损等。针对生产使用中产生的工作误差，采取与之方向相反的结构设计策略来补偿或抵消这些误差，使总误差较小，这种设计方法称为自补偿。

凸轮顶杆机构如图3-34所示。顶杆的运动由凸轮机构控制，凸轮和顶杆在工作中均不可避免地会发生磨损，对顶杆的运动有一定的影响。在图3-34(a)所示的结构中，凸轮和顶杆的磨损对顶杆运动的影响互相叠加；而在图3-34(b)所示结构中，两处磨损的影响互相抵消，使磨损后的总误差较小。

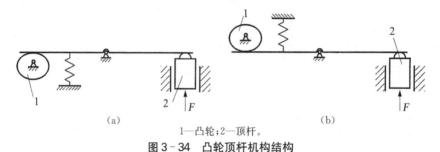

1—凸轮；2—顶杆。

图3-34 凸轮顶杆机构结构

为了提高机构的运动精度，可以从主传动机构的运动过程中提取有用信息，实时反馈到主传动机构的运动中，对运动误差进行一定的补偿。车床精度反馈机构，如图3-35所示，电动机经传动装置带动主轴及安装在其上的工件转动；与此同时，主轴通过变换齿轮，带动丝杠传动，使刀具可以按导程要求切出相应的螺纹。为了提高螺旋传动的精度，在车床床身上安装了校正板，通过顶杆、杠杆齿轮使螺母产生附加转动。如果事先测定螺旋传动的误差，按反馈校正的要求制作校正板的曲线，则可以减小加工螺纹的螺距误差。

3. 自平衡

机械在实现有用功转换和传递的过程中，会产生一些额外因素，对其结构产生有害影响。通过合理的机械结构设计，以防额外因素的产生，或者使产生的有害因素互相抵消，避免机械结构在力和力矩作用下的失衡，有利于提高结构承载能力。

不同结构状态下叶片泵叶片受力情况如图3-36所示。在图3-36(a)所示结构中，介质的作用力会使叶片根部产生较大的弯曲应力；在图3-36(b)所示结构中，叶片向一侧倾斜，使得叶片在高速旋转中产生的离心力对叶片根部产生弯矩，与介质的作用力产生的弯矩方向相反，二者可以部分地相互抵消，提高了结构的承载能力。

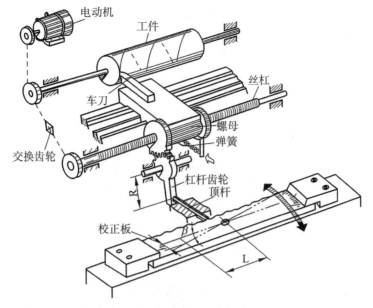

图 3-35 车床精度的反馈机构简图

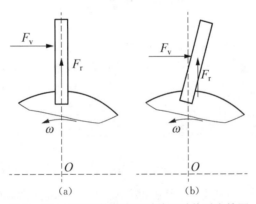

图 3-36 不同结构状态下叶片泵叶片受力简图

行星齿轮结构如图 3-37(a)所示,在齿轮啮合传动的过程中,齿轮及齿轮转轴等受单向力作用;在图 3-37(b)所示结构中,周围均匀分布 3 个行星轮,使行星轮产生的作用力在中心轮和系杆上合成为力偶,减小了有害力作用范围,有利于提高相关结构的承载能力。

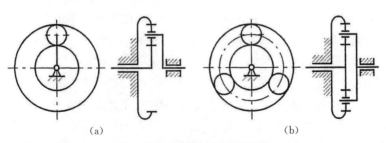

图 3-37 行星轮系的机械结构

在机械结构的创新设计中,还可以采取自稳定、自适应、误差均化、零件分割等逻辑方法,解决结构设计中存在的技术冲突。

3.3 机械系统创新设计

系统是具有特定功能的、相互间具有有机联系的要素所构成的一个整体。机械是机构和机器的总称,在实际生产中,还有采用多种机器组合完成比较复杂工作过程的机器系统,这种机器系统称为生产线。从系统概念层面而言,机构、机器和机器系统可统称为机器;从系统设计层面而言,将机械系统界定为机器是比较合理的,有利于开展机器的创新设计;从机械系统角度而言,机器的传动—执行机构系统是其创新设计的重点所在。

3.3.1 机械系统的基本特征

1. 整体性

机械系统作为系统存在的一大基本特征是其整体性。由两个或两个以上可以相互区分的要素构成的统一体,通过结合后相互间的协调和适应,实现整体功能的要求。一个系统的好坏必须从整体效能的优劣来判断;确定各要素的性能和彼此间的联系时,必须从整体着眼,从全局出发。在机械系统的设计上,并不要求所有要素都具有完美的性能,而是以整体性,也就是统一性和协调性为目标。

各要素的随意组合不能称为系统。因此,系统的整体性还反映在组合成系统的各要素之间的有机联系上。系统中各要素之间是存在一定联系的,不存在与其他要素不发生联系的独立要素。由于实际的系统往往很复杂的,为了创新设计方便,可按功能分解原理把一个系统分解成若干个子系统。系统的"分解"不是进行毫无道理的"分割",在分解系统时,始终保留代表子系统之间有机联系的某一子功能,可以用相应的子系统的输入与输出表示。

2. 相关性

组成整体系统的要素之间是相互联系、相互作用的,这就是系统的相关性。整体性只是从域的维度对机械系统进行了内外划分,其内部要素间的具体联系和作用,需要通过相关性加以实现。相关性是指系统各要素之间的特定关系,包括系统的输入与输出的关系、各要素的性能与系统整体之间的特定关系等。系统的相关性还体现在某一要素的改变,通过相关性的传导,影响与其相关要素的作用,进而对整个系统产生影响。

系统的相关性的实现方式是多元多样的,可以是时间空间的相互联系,也可以是在电场、磁场下的彼此影响。广义地讲,要素之间一切联系方式的总和称作系统的结构。不同的联系方式对系统的相关性有不同的影响和作用。结构不能离开要素而单独存在,只有通过要素间相互作用才能体现其客观存在性。要素和结构是构成系统的缺一不可的两个方面,系统是要素与结构的统一。

3. 层次性

系统是作为多个要素构成的一定层次结构相互作用的整体,在分解为一系列的子系统过程中,需要按照某一特定的层次结构,这是系统空间结构的特定形式。系统层次结构中表述了不同层次子系统之间的从属关系或相互作用关系。在不同的层次结构中存在着动态的信息流、物质流或者能量流,它们构成了系统"动"的特性。这一"动"的特性是系统作为独立于之外系统而存在的重要表征。

从一般机械系统的构成来看,从基本要素到系统整体是有层次性的。每个层次反映了系统某种功能的实现方式。在进行机械系统创新设计时,不仅要考虑结构的层次性,还要考虑层次间可能存在的功能等基本特征,这些基本特征是与系统"动"的特性有着密不可分的联系的,机械的层次性在具体设计上,是机械系统从"输入"到"输出"的体现,需要结合具体的机械系统来加以考虑。

4. 目的性

系统的价值体现在功能的实现上,完成特定的功能是系统存在的目的。目的性是特定系统区别于其他系统的标志。系统的目的一般用更具体的目标来体现,一般来说,比较复杂的系统都具有不止一个的目标,因此往往需要一个指标体系来描述系统。在指标体系中,各个指标之间往往存在矛盾性。为此,要从整体性出发,在矛盾的目标之间做好协调工作,寻求平衡点,寻求综合最优的方案,取得系统综合最优的效果。

系统的功能是系统最为直接的目的性,主要取决于要素、结构和环境。要素必须具备必要的性能,否则难以达到预期的目的。要素间的联系方式取决于系统的结构,选择更佳的结构框架,有利于实现更优的系统目的。要选择或创造适当的环境条件,使环境条件有利于系统功能的实现。在要素和环境条件确定的情况下,系统的结构对其功能才是起决定性影响的。为了实现系统的目的,系统必须具有控制、调节等功能,这些功能使系统进入与它的目的相适应的状态,实现要求的功能并能排除或减少内外界的干扰。

5. 环境适应性

任何一个系统都存在于一定的物质环境中。因此,它必然也要与外界环境产生物质、能量和信息的交换,外界环境的变化必然会引起系统内部各要素之间输出、输入的变化,从而对系统产生干扰,引起系统功能变化。机械系统的设计不仅要能适应外部环境变化,还应在适应过程中,处于更优的适应状态。由于外部环境总在不断变化,系统稳态过程是相对的、暂时的,为了使系统运行状态良好,必须使其具有良好的动态适应性。

为了更好地设计机械系统,必须了解机械系统所处的环境,分析环境对系统的影响,以便系统能适应这种影响。系统与环境的相互作用、相互联系是通过交换物质、能量、信息来实现的,因此,研究物质、能量、信息交换的规律和特性是解决系统环境适应性的关键。

3.3.2 机械系统工作机理创新设计

作为机械系统的固有特性,机械系统的工作机理是对机械产品功能原理的描述,是机械系统创新设计的依据和出发点。

1. 机械系统工作机理的构成要素

机械系统的工作机理一般由4个要素构成,即采用的科学技术原理、机器工作对象的性质、工作的技术经济性能要求以及机器工作的外在环境条件。

采用的科学技术原理(简称工作原理)是构成工作机理十分重要的要素。不同的工作原理会产生不同的工作机理,例如,金属成型中的冲压原理和切削原理是完全不同的,因此也就形成了锻床、铣床两种不同类别的机器;机械式手表是采用摆轮计时原理,主要由一系列齿轮构成;电子式手表是采用石英晶体定时振荡原理,使传动系统大大简化。

从机械系统的工作原理来看,较为常规的主要是一些物理的作用原理,具体如下:

转变——复原：例如，热能转变为机械能的能量形式，电信号转换为机械信号，以及物料特性（如物态的转变、形状的变化等）的转变。

混合——分离：例如，水与能量混合为具有压力的水，用于各种液体增压装置（如水泵）；洗衣过程的水与衣物的分离，用于洗衣机的甩干，等等，如表3-2所示。

表3-2 物料混合—分离功能建立的工作原理解

功能	工作原理	原理图示	原理说明	应用案例
混合	吸附	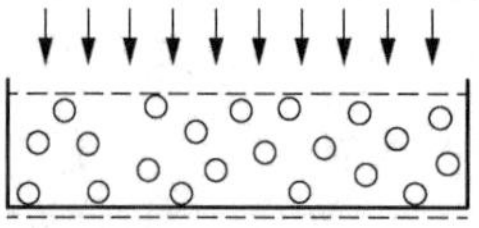	气体与固体混合	活性炭过滤器
	内聚力—重力	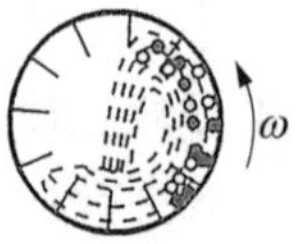	同种物质吸附力与各种物质所受重力同时作用	自由落物混合机
	摩擦力—重力	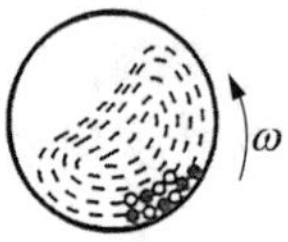	摩擦力和重力同时作用	搅拌机
	库仑—重力	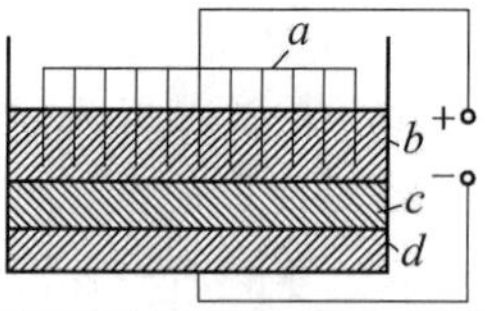	电荷作用力和重力同时作用	电搅拌机
分离	重力	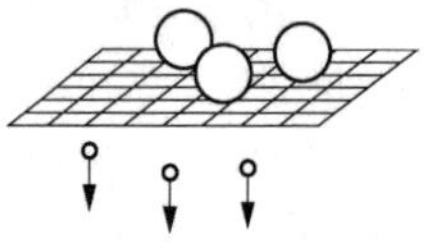	不同孔径下，物体在重力下穿孔而过	振动筛
	浮力	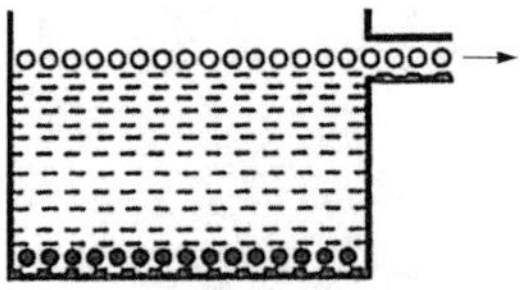	密度大的沉降，密度小的悬浮	沉降分离
	离心力	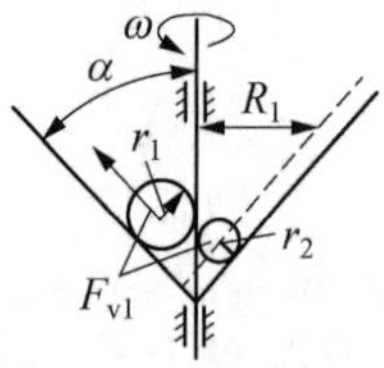	质量不同物体，圆周运动离心力不同	离心机
	摩擦力	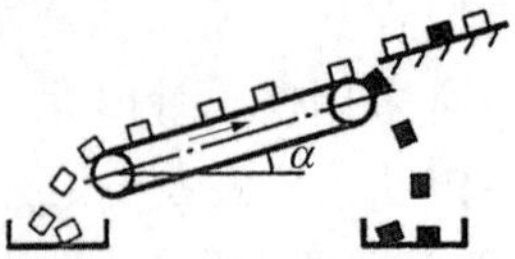	磁性物料吸附，其他物料滑落	磁性分选机

(续表)

功能	工作原理	原理图示	原理说明	应用案例
	电磁力	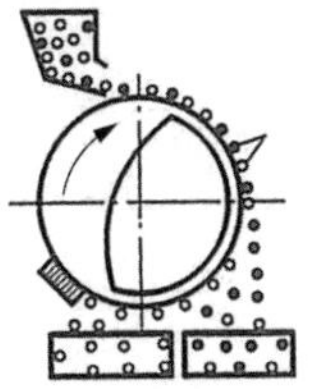	磁性物料吸附，其他物料滑落	磁性分选机
	流体阻力	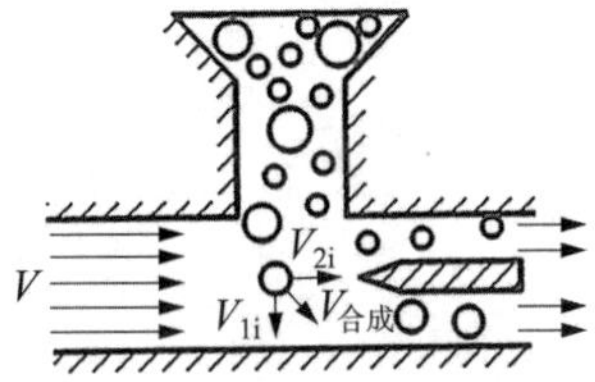	质量相同而体积不同物体在流体中所受阻力不同	分选机

放大—缩小：例如，传动机构的转速和转矩的增减，等等，如表3-3所示。

表3-3 物理量放大—缩小功能建立的工作原理解

工作原理	原理图示	应用	备注
楔原理	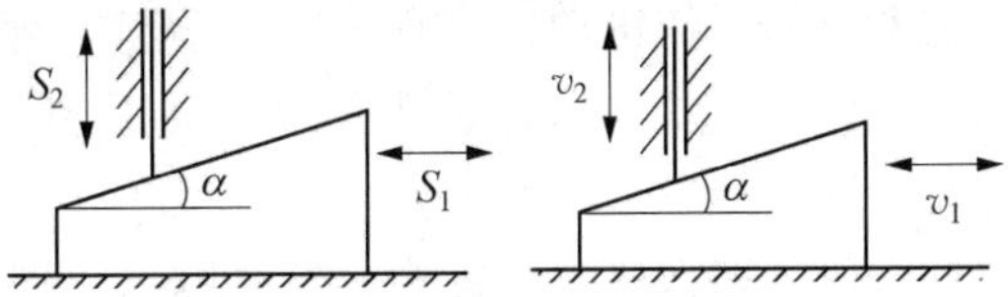	凸轮机构、螺旋机构	位移缩放 速度缩放
摩擦原理	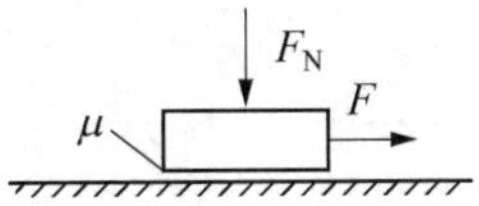	带传动、制动器	力缩放
流体原理	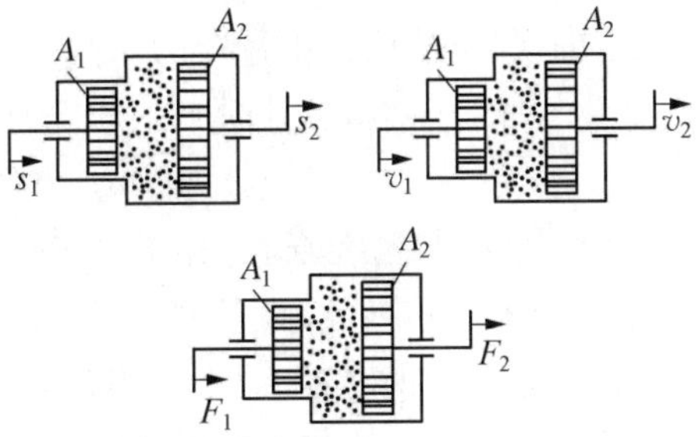	锻压机、液压系统	位移缩放 速度缩放 力缩放
杠杆原理	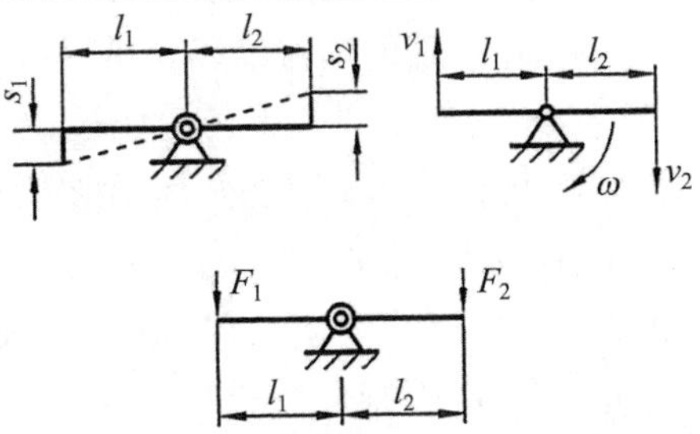	连杆机构、齿轮机构	位移缩放 速度缩放 力缩放

(续表)

工作原理	原理图示	应用	备注
电磁原理	U_1 N_1 N_2 U_2	变压器	电压缩放 电流缩放
	电子管 晶体管	电子管、晶体管	振动筛

传导—中断：例如，离合器、电器开关和阀等用来实现工作过程的控制的操作。

接合—分离：例如，制动器、切削机床等用来实现工作过程的控制的操作。

存储—取出：例如，飞轮、弹簧等用来实现能量、物料和信号的存取过程的操作。

工作对象的性质和特征，对于机械系统的工作机理也具有较大的影响。例如，冲裁机械的工作对象若是金属，多采用冲压方式；若是纸板，多采用裁切方式；而压缩机械工作对象为气体或液体时，它们的工作机理将出现较大区别。

机器的技术经济性能要求不同，对工作机理也会产生影响。例如，对计时精度的要求很高时，普通的机械式计时器就无能为力，需要借助石英晶体定时振荡式电子计时器；在缝制厚薄差别很大的布料时，缝纫设备的刺针力大小、机针行程、送料力大小均有较大变化。

工作的外在环境条件对机器的工作机理也会产生影响。例如，轮转式印刷机的输纸机构因环境温度不同，印刷时纸张的张力有一定的变化，从而使工作中的一些参数发生变化。

以上4个要素均会影响工作机理的变化规律，在创新设计时必须加以充分考虑。

2. 机械系统工作机理的行为表达

在明确机械系统的工作原理之后，机器创新设计还需进行工作机理的动作描述、工作机理的分解及行为表述等。工作机理取决于能量产生和转换原理、信息产生和转换原理以及运动传递和变换原理。从功能角度看，分为核心功能和辅助功能。核心功能取决于工作原理的实现步骤，辅助功能取决于物质流的流程特征。工作原理的实现过程如图3-38所示。

工作原理最终要依靠机械动作来实现。工作机理的动作描述就是将机器的工作原理实施过程和相应的辅助行动过程有机地结合起来，编制出机器的工艺动作过程。工艺动作过程应包括：机器的具体工作过程；工艺动作的顺序；物料的加工状态及运动形式等。

在工作机理深化和构思工艺动作过程的基础上，需要对其进行细化分解。工艺动作过程分解准则：①动作最简化原则，采用简单动作组成工艺动作过程，易于选用简单的执行机构；②动作可实现性原则，动作尽可能由常用机构实现，否则会使执行机构趋于复杂化；③动作数目最小原则，动作数目减少，可简化机械运动系统的方案。

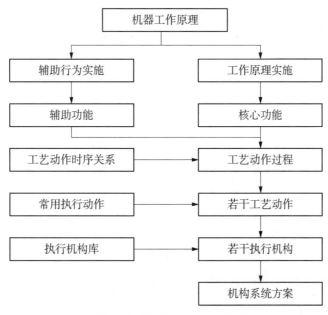

图 3-38 工作原理的实现过程

在工艺动作过程全部细化分解之后,可以采用机械运动循环图,来表征各动作间的运动配合关系。运动循环图是机器设计、安装及调试等的依据。常见的机械运动循环图表示方式有 3 种:直线式、圆周式、直角坐标式。

直线式运动循环图是将一个运动循环中各构件运动区段的起止时间(或转角)和先后顺序按比例绘制在直线坐标上。与直线式运动循环图不同的是,圆周式运动循环图是按比例绘制在圆形坐标上的;直角坐标式运动循环图则采用横、纵坐标来表示,横坐标表示各构件运动区段的起止时间(或转角)和先后顺序,纵坐标表示各构件相应的角位移或线位移,各区段之间用直线连接。

以干粉压片机的机械设计为例,其功能要求是将干的粉末压制成圆形的药片,工作原理是一个体积压缩的物理过程。若采用与药片形状一致的缸筒,则干粉压制过程可简化为筛粉、压片、出片 3 个步骤。设置上、下冲头,下冲头在竖直缸筒内做上下移动,振动筛筛粉,上冲头压片,下冲头上顶出片。其直线式运功循环如图 3-39 所示。

振动筛	靠近	筛粉	远离	静止		
上冲头	静止(上)		下降(压片)	静止(下)	上升	静止(上)
下冲头	下降	静止(下)		静止(加压)	静止(下)	上升(出片)

图 3-39 干粉压片机直线式运功循环图

干粉压片机的直线式运功循环图表示了振动筛、上冲头、下冲头三者在共同完成干粉压片工作中各运动区段的相互顺序和时间的关系。

干粉压片机圆周式运功循环图、直角坐标式运功循环图,分别如图 3-40、图 3-41 所示。不同于圆周式运功循环图的循环往复,直角坐标式运功循环图表示了运动的位移线图。

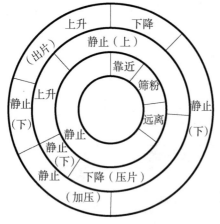

图 3-40　干粉压片机圆周式运功循环图

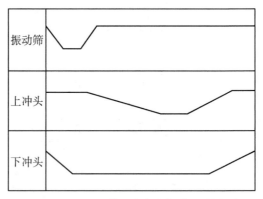

图 3-41　干粉压片机直角坐标式运功循环图

从案例图可以看出,直线式运功循环图绘制简单;圆周式运功循环图直观;直角坐标式运动循环图不仅能表示出这些执行机构中构件动作的先后顺序,而且还能描述它们的运动规律及运动上的配合关系,比其他两种运动循环图更能反映执行机构的运动特征,在设计机器时,通常优先采用直角坐标式运动循环图。

3.3.3　机械系统运动机构创新设计

在机械系统工作原理的基础上,设计实现工作原理,尤其是与工艺动作相应的运动机构,是机械系统实现功能的具体化。

1. 运动机构的选型与构型

不同的工艺动作实现不同的运动形式变换,同一运动形式变换可采用不同的运动机构,通过合理的选型和构型,实现相应的工艺动作。由于基本机构的运动特征是实现各种运动形式的变换,因此,常按机构运动变换的形式来构建基本机构解法目录,如表 3-4 所示。

表 3-4　实现输入—输出运动形式变换的基本机构

输入/输出运动形式变换	基本机构		应用案例
等速转动—等速转动	齿轮机构	圆柱齿轮	变速器
		圆锥齿轮	
		蜗轮蜗杆	
	摩擦轮机构		无级变速器
	连杆机构	平行四边形机构	联轴器
		双转块机构	

（续表）

输入/输出运动形式变换	基本机构		应用案例
	挠性机构	带传动	起重机
		链传动	
	行星轮机构	渐开线齿轮机构	减速器
		摆线针轮机构	
		谐波齿轮机构	
等速转动—变速转动	连杆机构	双曲柄机构	振动筛
		转动导杆机构	刨床
	非圆齿轮机构		压力机
等速转动—往复摆动	连杆机构	曲柄摇杆机构	颚式破碎机
		曲柄摇块机构	自卸车
		摆动导杆机构	牛头刨床
	凸轮机构	盘状凸轮机构	各种执行机构
		圆柱凸轮机构	
等速转动-单向移动	螺旋机构		千斤顶
	带传动机构		运输机
	链传动机构		
	齿轮齿条机构		分拣机构
等速转动-往复移动	连杆机构	曲柄滑块机构	冲床
		移动导杆机构	缝纫机机头
	移动从动件凸轮机构		内燃机配气机构
	不完全齿轮齿条机构		分拣机构
等速转动-间歇转动	棘轮机构		单向离合器
	槽轮机构		放映机
	气动机构		定位机构
	液动机构		
	凸轮机构		转位工作台
	蜗轮蜗杆机构		
	不完全齿轮机构		
等速转动-预定轨迹	凸轮机构		实现特殊轨迹
	滑轮机构		导引装置
	行星齿轮机构		行星轮轨迹
	连杆机构(连杆曲线)		鹤式起重机

(续表)

输入/输出运动形式变换	基本机构	应用案例
实现增压、锁紧等特殊要求	肘杆机构	压力机
	棘轮机构	超越离合器
	螺旋机构（自锁）	千斤顶
	连杆机构（利用死点）	飞机起落架
	气动机构	气动系统
	液动机构	液动系统
	凸轮机构	自动夹紧机构
	楔形机构	
实现运动的合成与分解	差动螺旋机构	夹紧装置
	差动连杆机构	数学计算
	差动齿轮机构	差速器
	差动棘轮机构	数学运算

在拟定机械系统运动方案过程中，不仅要通过基本机构的选型和组合，满足运动形式的输入/输出需求，还需要考虑机械系统的运动学、动力学特征。因此，对常用基本机构的运动和动力特性、控制方式、制造特性及制造成本等进行了归纳，如表3-5、表3-6所示。

表3-5 基本机构的运动和动力特性

机构类型	运动和制造特性				动力特性				
	运动规律	外廓尺寸	成本	结构	平稳性	承载	速度	寿命	效率
连杆机构	任意	大	低	简单	较平稳	大	较低	长	较高
凸轮机构	任意	小	高	复杂	较平稳	小	任意	较长	较高
齿轮机构	受限	小	高	复杂	平稳	大	任意	长	高
带传动	受限	大	低	简单	平稳	中	受限	短	较高
链传动	受限	大	低	简单	较平稳	中	低	较长	较高
蜗杆机构	受限	小	高	复杂	平稳	大	任意	较长	低
螺旋机构	受限	小	低	简单	平稳	大	低	长	低
摩擦轮机构	受限	大	低	简单	平稳	小	较低	短	低
间歇机构	受限	较小	高	复杂	平稳	小	低	较长	较低
电磁机构	任意	小	较低	简单	平稳	小	低	短	较高
气动机构	受限	较大	高	复杂	平稳	较大	快	长	较高
液动机构	受限	较大	高	复杂	平稳	大	块	较长	较高

表3-6 基本机构的控制方式和成本价格

机构类型	控制方式			成本价格
	开关控制	速度控制	力的控制	
机械类机构	离合器	传动比或杠杆比	传动比或杠杆比	低
液压类机构	换向阀	流量阀	溢流阀、减压阀等	高
气压类机构	换向阀	可控性一般	溢流阀、减压阀等	低
电磁类机构	开关、继电器	变压器、变阻器	变压器、变阻器	高

在运动机构选型和构型时应注意的事项如下。

1) 以功能或工作原理为依据,择优选取

从上述基本机构解法目录可知,满足相同功能或工作原理要求的机构众多,应结合实际工作要求从中选择较理想的几个机构,然后再比较评价,最终确定最理想的机构。

2) 力求运动链短,结构简单

由于运动链短、构件和运动副数目少,所以运动累积误差就小,结构布局紧凑。因此机械系统运动方案应优先选择运动链短的方案。

3) 合理布局,确保良好的运动和动力性能

通过机械结构进行合理布局,降低机械系统的转动惯量,尽量做到机械结构间力达到均衡、动平衡和良好的动力性能等。

4) 尽量选用运动精度高、制造成本低的机构

一般而言,转动副比移动副精度高,低副机构比高副机构容易制造。因此,优先选用转动副多的低副机构。

5) 尽量选用节能、高效的机构

机构或机械运动的过程也是能量流传递的过程,为了提高能量的利用率,应优先选用传动效率高的机构,避免在机构运动中死点的存在,或者采用必要的构型以跨越死点。

2. 机械系统运动方案的评估

机械系统运动方案设计过程可以获得众多满足功能要求的方案。从中选取最佳方案,必须根据机械系统的特点和要求,建立相应的评价指标体系,按一定的评价准则和方法完成机械系统运动方案的评价。

1) 机械系统运动方案评价的原则

为了从整体上对方案进行综合评价,必须遵循如下原则:

(1) 建立适合的评价指标体系,确保评价的客观公正。评价过程必须保证评价的客观性、合理性和有效性,实现这一目标的依据就是建立适合的评价指标体系,保证评价指标的选择和量化的权威性和客观性。

(2) 确保方案的可比性。应在保证实现基本功能的前提下,使各系统具有一定可比性,避免片面性和主观臆断。

(3) 确保评价模型的合理性。评价模型必须能对定量目标和定性要求进行统一处理,保证评价结果真实有效。

2) 评价指标和指标量化

机械系统运动方案是由若干执行机构组成的，为客观、合理、有效地评价运动方案，从机构和机构系统的要求出发，机构的评价指标可从表3-7中选取。

表3-7 机构及机构系统的评价指标

指标类别	机构功能 (1)	机构工作特性 (2)	机构动力性能 (3)	经济性 (4)	结构特性 (5)
具体项目	(1) 运动规律 (2) 规律实现性	(1) 传动精度 (2) 速度高低 (3) 承载能力 (4) 适用范围	(1) 冲击性能 (2) 噪声 (3) 可靠性 (4) 耐磨性 (5) 效率	(1) 制造成本 (2) 能耗 (3) 维护成本 (4) 制造误差敏感程度	(1) 尺寸大小 (2) 质量大小 (3) 结构繁简

机械系统运动方案评价指标的量化，通常分为"很好""好""较好""一般""不太好"5个档次，对应分值为1、0.8、0.6、0.4、0.2（也可以用5、4、3、2、1）。这种评价过程中参考专家的知识和经验，在一定程度上可避免评价的主观性和片面性。

3) 评价模型的计算——总评价值排序法

在对每一机械系统运动方案评价指标（表3-7中的18项评价指标）量化的基础上，通过一定的准则计算获得机械系统运动方案的总评价值E，E值最大的方案即为最优方案，此法称为总评价值排序法。其计算准则为

$$E_i = \prod_{j=1}^{5} \text{type}_j \sum_{k=1}^{18} \text{index}_k$$

式中，E_i表示第i个机械系统运动方案；$\sum$表示各值相加；$\prod$表示各值相乘；type_j表示第i项类别指标；index_k表示第k个评价指标的量化值。总评价值排序可为设计者选择机械系统运动方案提供可靠的依据，通常将该方法中总评价值最大的方案作为机械系统的整体最佳方案。此外，总评价值法较为常用的还有均值法、分值相加法、加权计分法等。

例题：某纺织厂为实现提花织物纹板轧制系统自动化，要求设计一种从库中自动取纹板（规格为长×宽×高=300 mm×70 mm×1 mm的纸板）的装置，要求取板速度均匀、可靠，不能卡板或取空，结构简单，便于设计和加工。

解：1) 运动形式分析

经分析，确定该取纹板装置的输入/输出运动形式采用：连续转动→往复移动。

2) 设计方案

由于行程较长，需在基本机构上叠加放大机构，经分析初步确定三种方案，方案1为摆动从动件凸轮机构＋曲柄滑块机构，如图3-42(a)所示；方案2为摆动导杆机构＋曲柄滑块机构，如图3-42(b)所示；方案3为曲柄摇杆机构＋曲柄滑块机构，如图3-42(c)所示。

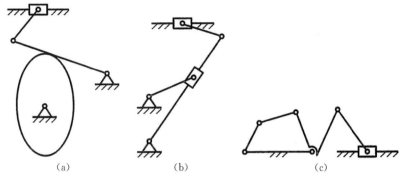

图 3-42 自动取纹板装置的三种机械设计方案

3）评价优选

根据取纹板装置的工作要求、性能特点和应用场合,结合表 3-7 的评价指标体系,在对评价指标体系中的具体指标给定量化值的基础上,采用总评价值排序法的计算准则,对取纹板装置的三种机械设计方案分别求取其总评价值,如表 3-8 所示。可知,方案 a 最好,方案 b 次之,方案 c 最差。推荐选择方案 a,即摆动从动件凸轮机构+曲柄滑块机构。

表 3-8 机构及机构系统的评价指标

评价指标体系		方案 a	方案 b	方案 c
指标类别 T	具体指标 I			
机构功能 T1	I1	1	0.8	0.8
	I2	1	0.8	0.8
机构工作特性 T2	I3	0.8	0.8	0.8
	I4	0.8	0.8	0.8
	I5	0.8	0.8	0.8
	I6	0.8	0.8	0.8
机构动力性能 T3	I7	0.6	0.6	0.6
	I8	0.6	0.8	0.8
	I9	0.6	0.8	0.8
	I10	0.8	1	1
	I11	0.6	0.6	0.6
经济性 T4	I12	0.6	0.8	0.6
	I13	0.6	0.8	0.8
	I14	0.8	0.8	0.8
	I15	0.8	0.8	0.8

(续表)

评价指标体系		方案 a	方案 b	方案 c
指标类别 T	具体指标 I			
结构特性 T5	I16	0.8	0.6	0.8
	I17	0.8	0.8	0.8
	I18	0.8	0.8	0.6
总评价值 E		137.63	136.97	116.74

3.4 机械创新设计案例

创新案例：提花织物纹版冲孔机创新设计

1. 项目背景与问题描述

提花织物织出的花型具有立体感，比普通的印花织物更受人们欢迎。提花织物是在专门的提花织机上进行的，提花织物经线提升与否，需用冲孔纹版产生的信号来控制。冲孔纹版一般采用手工制造，其冲孔效率及准确度均不够理想。因此，需要设计出一款与纹版冲孔工艺相符的提花织物纹版冲孔机。

提花织物纹版冲孔工艺流程为绘制小样图→按小样图绘制意匠图→按意匠图确定是否需要冲孔。小样图就是花型的美工图，意匠图是将小样上图案分割成经线在纬线之上的离散图。利用纹版上的孔来控制提花机织出意匠图上的离散方案，再利用织出的离散经线合成相应的花型。提花机上的纹版是 420×160 像素、厚 $1\,mm$ 的硬纸版。要在 $160\,mm$ 长度方向冲出 16 排孔，而且要使前后两张纹版冲孔间有 5 排孔的间隙。因此，冲一张纹版的周期是冲 21 排孔所需的时间，21 排孔中有 16 排是正式冲孔，5 排是间隔时间。因此，冲孔机冲孔的周期是冲 21 排孔所需的时间，而每一排孔所需时间就是冲孔机周期的 1/21。这就是纹版冲孔机的工作循环的基本原理。

2. 工艺动作过程构思与分解

按照提花织物纹版冲孔机的工作原理来构思其工艺动作过程，表述如下：

将纹版输送到位→前 3 排空冲，中间实冲 16 排孔，后 2 排空冲→梳子板复位动作和榔头复位动作→在一排孔充好后，将纹版用步进滚轮送到下一排→用集纸机构将 16 排孔充好的纹版堆放好。

根据上述对提花织物纹版冲孔机工艺动作过程的分析，其工艺动作可划分为：①纹版输送动作；②冲孔动作；③梳子板复位动作；④榔头复位动作；⑤电磁铁驱动梳子板动作；⑥步进送进纹版动作；⑦集纸动作。

3. 机器运动方案设计

根据上述 7 个执行动作，可用形态学矩阵求出可能存在的运动方案，如表 3-9 所示。

表3-9 提花织物纹版冲孔机运动方案形态学矩阵

运动过程		执行动作						
		动作1	动作2	动作3	动作4	动作5	动作6	动作7
		输送纹版	纹版冲孔	梳子板复位	榔头复位	驱动梳子板	步进送进纹版	集纸
可选执行机构	1	凸轮—滑块输送纹版机构	曲柄摇杆机构	曲柄摇杆机构	凸轮—连杆机构	电磁铁驱动的曲柄滑块机构	圆柱分度凸轮机构	曲柄摇杆机构
	2	吸头—移动从动件盘形凸轮机构	曲柄滑块机构	凸轮—连杆机构	不完全齿轮齿条机构	气压驱动的曲柄滑块机构	槽轮机构+步进滚轮机构	摆动从动件盘形凸轮机构
	3		平面六杆机构		移动从动件凸轮机构			

按表3-9的形态学矩阵,通过组合方程计算,可得机构运动方案数

$$N = 2 \times 3 \times 2 \times 3 \times 2 \times 2 \times 2 = 288$$

综合考虑各种因素,最终选择如表3-10所示的提花织物纹版冲孔机的机械运动方案,用这一方案制成的提花织物纹版冲孔机已在企业中实现应用。

表3-10 提花织物纹版冲孔机选用的机械运动方案

运动过程	执行动作						
	动作1	动作2	动作3	动作4	动作5	动作6	动作7
	输送纹版	纹版冲孔	梳子板复位	榔头复位	驱动梳子板	步进送进纹版	集纸
执行机构	凸轮-滑块输送纹版机构	曲柄摇杆机构	凸轮-连杆机构	凸轮-连杆机构	电磁铁驱动的曲柄滑块机构	槽轮机构+步进滚轮机构	曲柄摇杆机构

提花织物纹版冲孔机的机构系统由7个执行机构组成,如图3-43所示,具体如下:

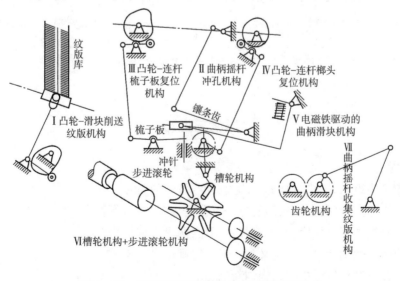

图3-43 提花织物纹版冲孔机的机构系统组成

①凸轮-滑块输送纹版机构,保证主轴21转输出一排纹版;②曲柄摇杆冲孔机构,可保证一排纹版上冲出16排孔;③凸轮-连杆梳子板复位机构,可保证冲孔后冲针复位;④凸轮-连杆榔头复位机构,可保证冲孔后榔头复位;⑤电磁铁驱动的曲柄滑块机构,可根据是否需要在一排孔的某一孔的位置进行冲孔,而控制电磁铁以驱动冲针;⑥槽轮机构+步进滚轮机构,实现纹版步进输送,即主轴转21转输送纹版一张;⑦曲柄摇杆收集纹版机构,冲完一张纹版后收集一次,即转轴21转后进行一次。

为了更清楚地了解提花织物纹版冲孔机的组成和工作过程,实现过程动作的顺序连接和精准控制,设计其工作循环图,如图3-44所示。

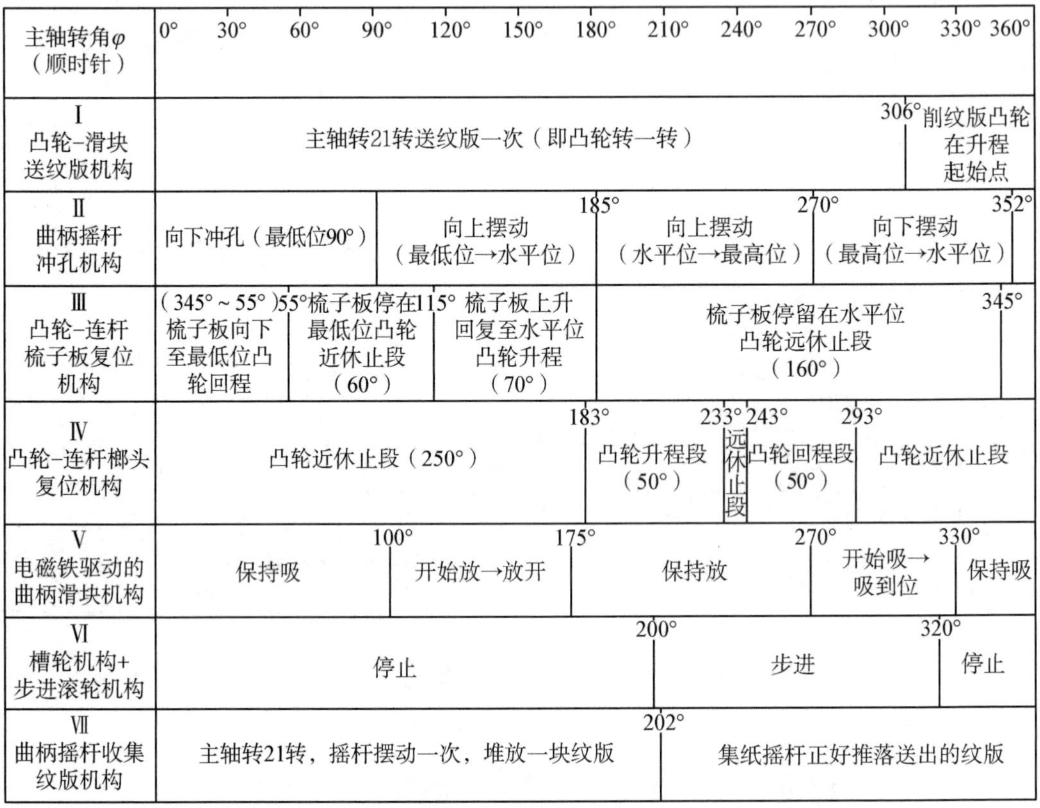

主轴转角φ（顺时针）	0° 30° 60° 90° 120° 150° 180° 210° 240° 270° 300° 330° 360°
Ⅰ 凸轮-滑块送纹版机构	主轴转21转送纹版一次（即凸轮转一转） ／ 306°削纹版凸轮在升程起始点
Ⅱ 曲柄摇杆冲孔机构	向下冲孔（最低位90°） ／ 185° 向上摆动（最低位→水平位） ／ 270° 向上摆动（水平位→最高位） ／ 352° 向下摆动（最高位→水平位）
Ⅲ 凸轮-连杆梳子板复位机构	(345°~55°)梳子板向下至最低位凸轮回程 ／ 55°最低位凸轮近休止段（60°） ／ 115°梳子板上升回复至水平位凸轮升程（70°） ／ 梳子板停留在水平位凸轮远休止段（160°） ／ 345°
Ⅳ 凸轮-连杆榔头复位机构	凸轮近休止段（250°） ／ 183°凸轮升程段（50°） ／ 233°远休止段 ／ 243°凸轮回程段（50°） ／ 293°凸轮近休止段
Ⅴ 电磁铁驱动的曲柄滑块机构	保持吸 ／ 100°开始放→放开 ／ 175°保持放 ／ 270°开始吸→吸到位 ／ 330°保持吸
Ⅵ 槽轮机构+步进滚轮机构	停止 ／ 200°步进 ／ 320°停止
Ⅶ 曲柄摇杆收集纹版机构	主轴转21转,摇杆摆动一次,堆放一块纹版 ／ 202°集纸摇杆正好推落送出的纹版

图3-44 提花织物纹版冲孔机的工作循环图

思考与练习

1. 简答题

(1) 何谓机构组合,机构组合分为哪些类型,各有何特点?

(2) 何谓机构变异,已知机构的变异分为哪些类型,各有何特点?

(3) 什么是机构等效代换,与机构移植相比,两者有何区别?

(4) 请简述一般化运动链的定义和一般化原则。

(5) 请简述机械材料对机械结构创新的影响。

(6) 请简述机械结构设计中自加强、自补偿、自平衡的逻辑方法。
(7) 请简述创新设计方法论专家系统的基本结构及工作过程。
(8) 机械系统的基本特征有哪些,掌握其基本特征对机械系统创新设计有何意义?
(9) 机械系统的工作机理的构成要素有哪些,对工作机理有何影响?
(10) 请简述机械运动循环图的概念及其作用。
(11) 机械运动循环图分为哪些类型?请简述其各自的特点。
(12) 请简述在机械系统运动机构选型和构型中需要注意的事项。
(13) 请简述机械系统运动方案的评价原则和主要评价指标。

2. 分析题

(1) 请从凸轮机构凸轮的变异入手,绘制至少三种凸轮机构变异的形式。
(2) 请比较机械创新、机械结构创新、机械系统创新三者的区别与联系,请结合案例加以具体说明。
(3) 请以常用颚式破碎机的工作机构为对象,进行机构的变异设计。
(4) 请结合牛头刨床的执行机构,进行机构的再生设计。
(5) 请以凸轮机构(盘形凸轮或尖顶凸轮)为对象,绘制相应的运动机构简图。
(6) 请结合以下材料,设计相应的机械运动方案,并进行机械运动方案评价。

在我们日常生活场所的家装布置中,常常需要用冲击钻进行墙体钻孔。在钻孔作业中,不仅噪声大,影响了楼宇其他住户的正常作息,而且还会产生一些建筑垃圾以及大量的作业粉尘,对环境造成不利影响的同时,对工作者的身体健康也带来一定危害。请从墙体钻孔作业减尘降噪的现实需求出发,进行冲击钻的创新设计。

本章小测验

机械创新设计技法

　　从古至今社会是不断创新、不断进步的,我们现今所拥有的、数不清的东西都是通过创新得来的。无论是吃穿住行,还是休闲娱乐,创新不仅丰富了我们的生活,更为我们创造了并创造着一个愈加美妙的世界。

　　如果你认为创新设计遥不可及,你不妨听一听朋友赠给你的音乐贺卡,一个把音乐播放与纸质贺卡结合在一起的东西,曾经是你无比美好的记忆,组合创新法就是这么简单,能够让你想起许多美好,也能让你开启自己的创新之门。

　　如果你认为创新设计遥不可及,你不妨看一看路边一辆辆疾驰而过的汽车,空气中的汽车尾气或许让你想着,汽车是否能用压缩空气作为动力源,联想创新法就是这么简单,能够让你更加舒适地生活,也能让你开启想象的奇幻之门。

　　如果你认为创新设计遥不可及,你不妨读一读那些大发明家的传记,把他们发明某个产品的过程重复一遍,类比创新法就是这么简单,一个小小的改变,就能够让你有意想不到的惊喜,也能让你开启创新的体验之门。

　　如果你认为创新设计遥不可及,你不妨举一举书桌上的笔所存在的诸多不足,要是它能发光照明、放大物体、永远丢不了该多好。列举创新法就是这么简单,能够让你发现自己也有着改造生活的本领,也能让你开启创新的创意之门。

　　如果你认为创新设计遥不可及,你不妨闻一闻公园里绽放的蔷薇花的香,从粉色的带刺蔷薇花到隔离防护用的带刺铁丝网,仿生发明法就是这么简单,能够让你从身边的事物中获得灵感,也能让你开启创新的仿生之门。

　　如果你认为创新设计遥不可及,你不妨喝一喝桌上放置的保温杯里的水,从单层的玻璃杯到透明的抽真空的双层玻璃杯,TRIZ理论发明法就是这么简单,能够让你体验到创新的至简至极,也能让你开启发明的实证之门。

　　你不妨伸手去触摸,去触摸你认为的遥不可及,你所触摸到的一切,可能都源自于创新设计,而你,无意间可能正在打开一扇发明之门。

名 人 名 言

在劳力上劳心,是一切发明之母。事事在劳力上劳心,便可得事物之真理。(陶行知)

看别的书也一样,仍要自己思索,自己观察。倘只看书,便变成书橱,即使自己觉得有趣,而那趣味其实是已在逐渐硬化,逐渐死去了。(鲁迅)

生活不是静止,而是同静止作斗争,是创作,是创造,是对"永恒旧事物"的吸引力的永恒反抗。(罗曼·罗兰)

有人发现了,有人却发现不了。困难的是第一个想到这点。(哥伦布)

我们从别人的发明中享受了很大的利益,我们也应该乐于有机会以我们任何的一种发明为别人服务;而这种事情我们应该自愿和慷慨地去做。(富兰克林)

"创造"包括万物的萌芽,经培育了生命和思想,正如树木的开花结果。(莫泊桑)

一切发明创造都是经过许多失败的经历而后成功的。(华罗庚)

没有大胆的猜测就作不出伟大的发现(牛顿)

灵感——这是一个不喜欢采访懒汉的客人(车尔尼雪夫斯基)

具有丰富知识和经验的人,比只有一种知识和经验的人更容易产生新的联想和独到的见解(泰勒)

好动与不满足是进步的第一必需品(爱迪生)

第 4 章

组合创新法

[知识要点]

　　本章内容主要涉及：组合创新的概念、特性及分类；不同组合创新方法的特征、组合规则、创新途径；组合创新的常用技巧等。

[学习目标]

　　本章以"机床的创新设计"为引，让学生在掌握组合创新技法的基本知识的基础上，结合组合创新的典型案例，掌握组合创新的要领，学会组合创新的实践应用。

创新范例：机床的创新设计

　　对于机床的设计与使用，早在中国明朝年间的《天工开物》一书中，就记载了人力驱动简易磨床来琢玉的过程，如图 4-1 所示。

图 4-1　《天工开物》中的琢玉图

除采用人力之外,世界早期的简易机床一般使用水利等自然力来驱动。至18世纪后期,英国发明家威尔金森(Wilkinson)用一台水力驱动的镗床加工出满足瓦特蒸汽机要求的汽缸,蒸汽机也开始作为动力源,应用于机床设计上,反过来促进了机床技术的发展。至十九世纪初,车床、铣床、钻床、磨床等单一加工类机床相继被研制出来,随后人们很快有了将各种不同的机床组合在一起,设计多功能复合机床的设想,相应地,研制出了车/铣机床、镗/铣机床等品类繁多的复合机床。到19世纪后期,电动机发明出来,取代蒸汽机成为机床的动力源,机床电控时代就此开启。

人类一直有着研制自动加工机床的梦想,直至1952年,美国麻省理工学院研制出第一台电子管数控机床,这是世界首台数控机床,标志着机床数控化时代的开启。1958年,北京第一机床厂与清华大学合作,试制出中国第一台数控机床,这台型号为X53K1的数控机床是亚洲第一台数控设备。到20世纪后期,计算机数控取代电子管、继电器控制,成为数控机床的控制核心,数控机床自动化程度得到极大提升,如图4-2所示,沈阳机床厂生产的数控机床i5。现在的数控机床,已经融合了越来越多的高新技术,朝着网络化、智能化等方向不断迅速发展。

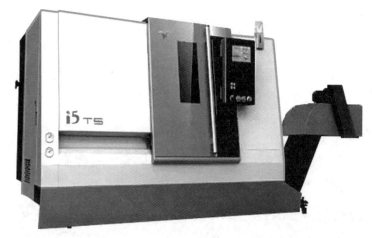

图4-2 沈阳机床厂的数控机床 i5

(资料来源:关于机床的发展历史,你知道多少 https://m.thepaper.cn/baijiahao_4213438)

4.1 组合创新法的特性

组合创新法是按照一定的技术原理或功能目的将现有的事物的原理、方法或物品适当组合而产生出新技术、新方法、新产品的创新技法。组合的各技术特征在功能上彼此支持,实际效果比组合之前更为优越,或者能取得其他新的技术特征或效果。组合创新法的关键在于通过巧妙的组合提升整体的技术特征和性能。

组合创新是进行发明创造的重要手段。从古代的指南针、地动仪、火药,近代的汽车、火车、轮船,到现代的核电站、计算机、智能机器人等,都是用组合技法完成的发明创造。人类发明总数中的60%都是采用的组合发明。随着时代的发展和技术的进步,人们对新材料、新工艺、新产品的要求越来越高,这就决定了难以用单一的材料、单一的结构、单一的技术方案来完成创新设计。因此,组合创新法在创新设计中越来越重要。

随着科学技术的发展,组成创新的各要素、各技术方案也都在发展,所以用组合创新所完成的产品设计也在发展着。举例来说,21世纪的机械工程师用组合创新法设计的飞机和1903年美国莱特兄弟发明的飞机是不相同的。因为其组合要素,例如:发动机、传动装置、控制仪表、轮胎和机体材料等,都不相同。所以,单从不断变化的要素层面而言,组合是永不过时的创新方法,这就是组合创新的永久性所在。

用一句话来概括:变化的是要素,不变的是方法。例如,古代火箭是由弓、箭和火药组成,现代火箭由发射架、火箭和液体燃料组成。古代火箭的弓就是发射架,古代火箭的火药和现代火箭的液体燃料作用是一样的,都是提供动力的原料。由此,我们可以清楚地看到:与古代火箭相比,现代火箭的发射装置、箭头、动力原料的形状、结构、材料等都发生了变化,但是它们的结构和原理是相同的。这就是组合的要素变化、创新方法没有变。如图4-3所示,同样的情形出现在早期简易汽车与现代概念汽车的设计上。

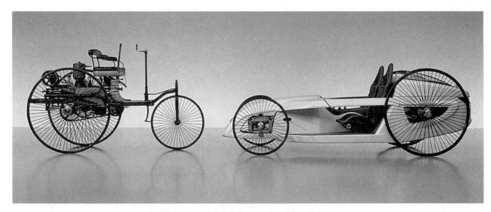

图4-3 奔驰老爷车与奔驰概念车

组合创新法在发明史上具有极其重要的意义,不仅在于其产生的发明数量众多,而且在于用组合创新所完成的发明往往意义重大。中国古代的四大发明都是组合发明。现在我们所见到的,小到瓶子、桌子,大到飞机、航空母舰等,都是组合发明。例如,瓶子是瓶体和盖子的组合,热水瓶是瓶胆和瓶壳的组合,冰箱是制冷机和保温箱的组合,空调机是制冷机、电热丝和电风扇的组合,电风扇是电动机、叶片和叶片罩的组合,飞艇是气球和内燃机的组合,坦克是火炮与装甲车的组合等等。

4.2 组合创新的分类

组合创新,按照创新前后新旧事物间的区别与联系,通常可分为3大类:照搬现有事物,实现新的目的,属于非切割的组合创新;利用现有事物中的某些要素或功能实现新的目的,属于切割后的组合创新;综合大量有用的要素或功能,创造出与现有事物有本质区别的新事物,属于飞跃性的组合创新。组合创新的具体类型有很多,大致可归为同物组合、异类组合、概念组合、重组组合、共享与补代组合等多种类型。

1. 同物组合

同物组合就是若干相同事物的组合。同物组合的创造目的是在保持事物原有功能或者原有意义的前提下,通过数量的增加,来弥补功能的不足,或获取新的功能、产生新的意义,而这种新功能或新意义,是原有事物单独存在时所不具备的。同物组合的对象是两个或两个以上的事物或者是同一类事物;参与组合的对象的基本原理和结构在组合前后一般没有发生根本的变化;具有组合的对称性和一致性的趋向。

最简单的同物组合,如双人骑行自行车、红蓝两用圆珠笔等。较为复杂的是发射卫星和飞船的火箭设计,由于单级火箭难以达到很高的飞行速度,因此将若干火箭串联捆绑在一起,成为多级火箭。当第一级火箭的燃料用完后,其壳体随即脱离,同时第二级火箭点火,继续加速升空。由于连续卸去了用完燃料的外壳,火箭的质量逐渐减少,飞行速度逐步提高到每秒7.9公里的第一宇宙速度。例如,我国发射"神舟号飞船"的长征二号F运载火箭就是在长征二号捆绑运载火箭的基础上,按照发射载人飞船的要求,以提高可靠性和确保安全性为目标研制的运载火箭,其结构由四个液体助推器、芯一级火箭、芯二级火箭、整流罩和逃逸塔组成,如图4-4所示。

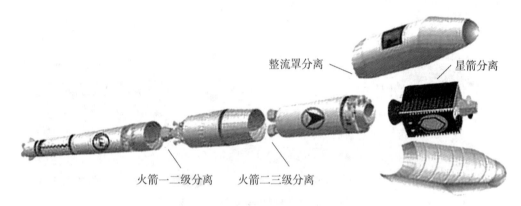

图4-4 长征二号F运载火箭结构

2. 异类组合

两种或两种以上不同领域的技术思想的组合,或不同物质产品的组合叫做异类组合。

异类组合的对象来自不同的方面,一般来讲,组合对象之间没有主次关系;参与组合的对象在原理、成分、构成、功能和意义等多方面互相渗透,整体变化非常显著;异类组合是异类求同的创新,其创新性很强。

根据参与组合的对象不同,异类组合可分为以下六种。

1) 元件组合

元件组合是把本来不是一体的两种或两种以上的事物适当安排在一起。现在许多产品的创新,都属于元件组合的创造成果。例如,用铅芯、木杆、橡皮擦组合成的铅笔。

2) 材料组合

材料对产品性能有着直接的影响。有些产品还要求材料具有相互矛盾的特性。利用材料组合不仅可以解决特性相互矛盾的问题,甚至可以在生产生活中将材料间相互矛盾的特性加以合理利用。例如:钢筋混凝土、塑钢门窗等。

3) 功能组合

功能组合是将某一物品加以适当改变,使其集多种功能于一身的组合。我们生活中常用的产品,大多是设计奇巧、使用方便、替代性强的多功能产品。例如,可以拍照、接打电话、看电视剧、游戏娱乐甚至在线办公的手机,就是功能组合的典型产品。

4) 方法组合

在处理技术和生产工艺中,把两种以上的方法组合起来,也会有新的效果。我国的科技工作者在研究中发现,当单独用激光或者超声波对水作灭菌处理时,都只能杀死部分细菌。如果先后用两种方法处理,仍有相当部分细菌不死。如果两种方法同时使用,细菌就能被全部杀死。这就是"声光效应"。

5) 技术原理与技术手段的组合

技术原理与技术手段的组合,可以使已有的原理或手段得到改造或补充,甚至形成全新的产品。例如,喷气式发动机、晶体电子显微镜和速效止痛治疗器械的创新设计。

6) 现象组合

现象组合是指把不同的物理或化学的现象组合起来,形成新的原理或技术。例如,将自然界彩虹产生的原理,与滤光器组合,就能设计出单色光发生器。

3. 概念组合

概念组合是将两个或多个概念组合成为一个新概念的过程,组合成的新概念称为组合概念。在机械创新设计方面,尤其是机械的初始创新设计中,需要用到许多已有的概念,在尚未完成产品设计之前,往往需要通过概念组合对设计对象加以明确。例如,一些尚未投产的概念车的设计。

4. 重组组合

在事物的不同层次分解原来的组合,然后再按新的目的重新安排,这就是重组组合。

重组组合在同一件事物上实施;组合过程中一般不增加新东西;主要是改变事物各组成部分的相互关系。例如,普通车床采用主轴带动工件转动,刀架带动刀具移动的方式加工;若采用主轴带动刀具转动,刀架带动工件移动,则车床就变成了铣床。普通车床与普通铣床的外观结构,如图4-5所示。

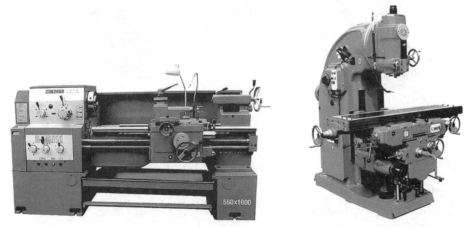

图4-5 普通车床与普通铣床的外观结构

5. 共享与补代组合

有些物品的构成中常会有一些完全相同的零部件,设法将这几种物品组合集成,共享共用其相同的部件,这就是共享组合;通过对某一事物的要素进行摒弃、补充和替代而形成的组合是补代组合。

共享组合使相同的部件共同享用,既方便又节省;补代组合通过对要素进行摒弃、补充和替代,能形成更为实用、先进、新颖的事物。

4.3 组合创新的技巧

组合创新的实现在于两个方面,其一是把两个或两个以上事物组合在一起;其二是采用一定方法将存在于组合事物内或存在于组合事物间的特性发挥出来,满足设计的需求。

1. 组合要围绕明确的创新目的

组合创新的各要素只有围绕创新的目的,才能构成创新产品,否则是拼凑,不是创新。

如果仅将某些已知的产品或方法连接在一起,各部分仍以常规的方式工作,而且总的技术效果是各部分效果之总和,各组合的技术特征无功能上的相互作用,仅仅是一种叠加,这称为拼凑。例如,装了电话的洗衣机,装了台灯和电话的讲台,带电子表的圆珠笔等。这些产品中,各组合要素各自完成自己的功能,没有出现新的效果,不具备发明所要求的创造性,所以不是发明,而是拼凑。

木匠祖师鲁班发明的锯子由锯把和锯条组成,锯把和锯条彼此相互支持,围绕一个共同的截断木头的任务而工作,如图4-6所示添加手柄的家用手锯和改用电机驱动的自动手锯,其组合目的都是更为便捷省力地实现木料锯切的功能。扫描仪由X光机和电子计算机组合而成,X光机和电子计算机不再是独立工作,二者相互支持,所以是创新。创新与拼凑的根本区别在于组成发明的各技术要素是否为一个共同的目的而协同工作。

图4-6 从木工手锯、家用手锯到手持式自动手锯外型

2. 事物之间的组合合理、巧妙

许多学者认为:所谓组合创新,就是把人们认为不能组合在一起的东西组合在一起。对于同类组合而言,组合在一起并不难,但对于异类组合,尤其是差异化极大的事物之间的组合设计,完成组合是实现组合创新的关键所在。就组合的技巧而言,可以采用形态组合、原理组合等多种方式进行组合。

例如磅秤的创新设计。在中国历史上,物体的重量一直采用秤来度量。如图4-7所示,其中,秤和秤砣一直是两个物体,只有在称取物体重量时才使用在一起。现代的磅秤将秤砣设计成圆柱体,在其圆柱面上开槽,将秤杆设计成长条状,在其上标注相应的刻度,秤杆与秤砣用槽孔配合。其工作原理不变,仍为杠杆原理。在称取物体重量时,通过拨动秤砣在秤杆上的位置来称取物体的重量。为了便于磅秤的移动,在其底座上安装有滚轮。

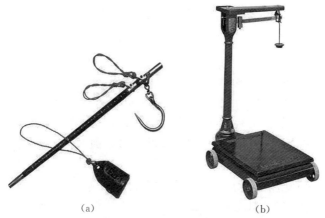

图 4-7 从老式秤杆、秤砣到新式可移动磅秤
(a)老式秤杆、秤砣;(b)新式可移动磅秤

3. 组合创新要以能够体现各组件的特征和性能为基础

组合创新的目的不是为了组合,而是为了实现某个或者多个特定功能目标。在创新设计的过程中,所有组件相互支持、补充共同为改善、强化同一目的,一定要产生新效果,达到"1+1>2"的飞跃。在某组件既定的特征和性能弱化或者消失的情形下,其组合存在的价值性会必然随之降低,可替代性就增加。若能有效地保留各组件的特征和性能,在组合创新中,可以会起到"他山之石"的效用。

例如,苏制米格 25 战机,在 1965 至 1975 的十年间创造了 23 次世界纪录,连当时的防空导弹都追不上。其实,米格 25 战机的航电系统采用的全是电子管,飞机的 70% 采用不锈钢焊接,却可以媲美当时最先进、时速达到 3.2 马赫的美制黑鸟战机,皆因其将各组件的组合性能发挥到了极致。

4. 以一项新的开拓性发明为要素,进行组合创新,可做出一大批新的产品

开拓性发明一般是指技术史上未曾有过的一种全新的技术方案,此类发明往往来源于自然规律或科学的新发现,具有突出的实质性特点和显著的创造性特征。

开拓性的发明,有的可以创造一个崭新的时代,如内燃机、电动机发明后,广泛应用在了汽车、轮船、飞机等设备上,大批以其为动力源的机械设备不断涌现,诞生了无数的组合发明;在计算机发明后,与其组合而诞生的各种发明已渗透到各个领域。

例如,在电动机发明之后,以其工作原理为核心,研制出三相交流异步电动机、直流电动机等;以其为核心组件,研制出了电风扇、洗衣机、井下作业用防爆电机等。

4.4 机械创新设计案例

创新案例:模块化设计-数控机床

一般而言,机械上所谓的模块是指一组能够实现互换的同一功能单元。由模块所构成的

系统称为模块系统,也称为组合系统。模块化设计是在对产品进行市场预测、功能分析的基础上,划分并设计出的一系列通用的功能模块,根据用户的要求,对这些模块进行选择和组合,就可以构成不同功能,或功能相同但性能不同、规格不同的产品。模块化设计就如用形状、大小及颜色相同或不相同的一定数量的积木块在相应的组合方法和原理基础上堆积木的过程。

1. 模块化设计的优点

产品采用模块化设计具有多方面的优势,具体表现如下。

(1) 模块化设计为产品的市场竞争提供了有力手段。模块化设计特别适用于品种多、批量小、结构复杂的产品。

(2) 模块化设计有利于开发新技术。模块化设计使得设计工作简化,便于优化设计及开发新产品。这有利于缩短产品研制周期,加快产品的更新换代,减少全寿命周期内的费用投入。

(3) 模块化设计有利于组织大生产。模块化设计将复杂产品的非标准单件生产变成结构相同、工艺相同的批量生产,使得生产过程简化,有利于实现生产自动化和工艺标准化,提高了生产效率,降低了生产成本。

(4) 模块化设计有助于提高产品生产的可靠性。品种多、批量小的产品往往生产工艺、质量不稳定,模块化设计容易积累经验,便于提高产品的加工精度和保障产品质量。

(5) 模块化设计有助于提高产品的可维修性。模块化设计使得产品结构简化、接口标准,容易将易损部件集中设计或者选择设计,方便了产品的维修及升级换代。

(6) 模块化设计使得复杂产品的制造、检验等可实现分区、分道,避免了不必要的返工及各工种的互相干扰。

(7) 模块化设计易于建立分布式组织机构并进行控制,易于进行异地设计、生产和调度。

2. 模块化设计的关键

1) 模块标准化和通用化

模块化设计所依赖的是模块的组合,为了保证不同功能模块的组合和相同功能模块的互换,必须提高其标准化、通用化、规格化的程度。例如,具有相同功能、不同性能的单元一定要具有相同的安装基面和相同的安装尺寸,才能保证模块的有效组合。

2) 模块的合理划分

模块化设计的原则是力求以少数模块组成尽可能多的产品,并在满足要求的基础上使产品精度高、性能稳定、结构简单、成本低廉,且模块结构应尽量简单、规范,模块间的联系尽可能简单。因此,模块划分既要顾及制造管理的便捷性和灵活性,避免组合时产生混乱,又要考虑到该模块系列将来的扩展和向专用、变型产品的辐射。

模块划分的好坏直接影响到模块系列设计得成功与否。总的说来,划分前必须对系统进行仔细的、系统的功能分析和结构分析,并要注意以下各点。

(1) 模块在整个系统中的作用及其更换的可能性和必要性。

(2) 保持模块在功能及结构方面有一定的独立性和完整性。

(3) 模块间的接合要素应便于连接与分离。

(4) 模块的划分不影响系统的主要功能。

3. 数控车床的模块化设计

数控车床的模块化设计,如图4-8所示。以少数几类基本模块部件,如床身、主轴箱和刀架等为基础,可以组成多种不同规格、性能和用途的数控车床或者加工中心。例如,图中双点画线所示不同长度的床身可组成不同规格的数控车床;应用不同主轴箱和带有动力刀座的转塔刀架,可构成具有车铣复合加工用途的加工中心;配置高转速主轴箱和大功率的主轴电动机,可实现高速加工;安装上料装置模块,可使该类数控机床增加自动输送棒料的功能。目前,模块化设计的理念已经渗透到许多领域,如汽车、家电、计算机等各行各业。

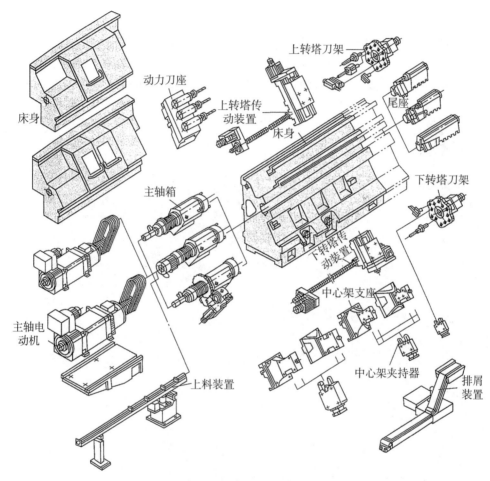

图4-8 数控车床的模块化部件组成

思考与练习

1. 简答题

(1) 何谓组合创新法,组合创新的目的何在?
(2) 从新旧事物对比的角度出发,组合创新分为哪些类型,有何区别?
(3) 从组合事物属性的差异出发,组合创新分为哪些类型,有何区别?
(4) 异类组合按照参与组合对象的不同,分为哪些类型,各有何特点?
(5) 请简述组合创新的常规技巧所在。

(6) 请比较模块化设计与组合创新法的异同及各自的优缺点。

(7) 请比较组合创新与简单拼凑两者的区别。

2. 分析题

(1) 从古代的火箭到现代的火箭,在组合创新上有何异同,请具体加以说明。

(2) 请比较木工手锯、家用手锯、手持式自动手锯三者在组合创新上的区别与联系。

(3) 请比较老式杆秤、家用电子秤、可移动磅秤三者在组合创新上的区别与联系。

(4) 请将剪刀、钳子、锯片三者相结合,进行组合创新设计。

(5) 请选择几种日常生活中常见的物品,进行纸张裁切机的组合创新设计。

(6) 请结合以下材料,进行组合创新设计讨论

火绒是一种野生"火草"背面的绒棉,人们将新鲜的"火草"从山上采摘回来后,趁其潮湿,将背面的绒棉撕下来,这种一条条的火绒晒干后,捻成团便成了良好的引火材料。用一种铁制的"火镰"在打火石上轻轻一划,飞溅的火星便能将火绒引燃。或者将火绒放在凹镜聚光处,随着一缕青烟冒起,火绒很快便被点燃了。

本章小测验

第 5 章

联想创新法

[知识要点]

　　本章内容主要涉及：联想创新的概念及特征等；联想思维的定义、作用及分类；相似联想、对比联想、因果联想、接近联想等的内涵、特征及创新途径等。

[学习目标]

　　本章以"避雷针的创新设计"为引，让学生在掌握联想创新技法的相关基本知识上，结合组合创新的典型案例，掌握联想创新的要领，学会联想创新的实践应用。

创新范例：避雷针的创新设计

　　唐代《炙毂子》一书有载：汉朝柏梁殿遭到火灾，有人建议，将一块鱼尾形状的铜瓦放在屋顶上，可防雷电引发的天火。这种鱼尾形状铜瓦可认为是避雷针雏形。法国旅行家卡勃里欧别·戴马甘兰在 1688 年所著的《中国新事》书中有记：中国屋脊两头，都有一个仰起的龙头，龙口吐出曲折的金属舌头，伸向天空，舌根连结一根细的铁丝，直通地下。其在结构和功用上已与避雷针基本相似。

　　富兰克林在 1752 年做了一个著名的风筝实验：在雷雨天，把风筝放到云层中，结果发现，拴在风筝线上的钥匙带电了。既然风筝能将电引下来，那么就能将雷电引到其他安全地方。在进行风筝实验之后的当年，富兰克林发明了避雷针。其办法是在建筑物的最高处立上一根 2 米至 3 米高的金属杆，用金属线使它和地面相连接，雷电就会沿着金属线流向地下，建筑物就不会遭雷击了。

　　避雷针刚刚出现时，人们以为它可以避免房屋遭受雷击，所以称其为避雷针。事实上，避雷针保护建筑物的方式并不是避免房屋遭受雷击，而是通过其引下线和接地装置，将雷电流引入地下，从而起到保护建筑物的作用。现在避雷针已改称接闪器，GB50057《建筑物防雷设计规范》其中就接闪器材料、规格等进行了专门说明，已于 2011 年颁布实施，其构造也从单一金属杆变成了多构件组成的装置，由主副放电针、储能装置、能量下引导杆等组成，如图 5-1 所示。接闪器和引下线、接地装置共同组成建筑物外部防雷装置，用以将闪电引至地底安全位置，避免对建筑物造成损伤。

　　（资料来源：360 百科-避雷针 https://baike.so.com/doc/3205058-3377733.html）

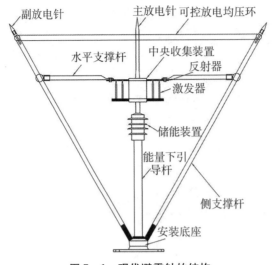

图 5-1 现代避雷针的结构

5.1 联想创新法的特征

联想思维是指人脑在记忆表象系统中，由于某种诱因导致不同表象之间发生联系的一种没有固定思维方向和方法的自由思维活动。主要思维形式包括幻想、空想等。其中，幻想，尤其是科学幻想，在人们的创造活动中具有重要的作用。联想创新以联想思维为依托，是将某一概念、某一事物等与其他概念、其他事物之间的联系具象化，进行新事物创造的过程。联想思维是一种非逻辑性思维，可"由表及里""举一反三"等，其作用机理和思考路径较为复杂，但在创新设计中却发挥着极其重要的作用。

1. 联想创新的基础是想象

心理学家哥洛万和斯塔林茨经过上百次的实验证明，任何两个概念词语都可以经过4～5个阶段建立起联系。例如，"木头"与"足球"是两个完全无关联的事物，经过四五个中间想象作为媒介，从"木头"想到"树林"，从"树林"想到"原野"，从"原野"想到"足球场"，从"足球场"想到"足球"，于是，"木头"与"足球"之间就建立起联系。

从一个事物的现象、特征与变化要联想到另一个事物的现象、特征与变化，而这两个事物间大多数情况下并不存在有逻辑联系，因此，事物间彼此联系的形成需要借助大量的想象。想象是"理性的先驱"，是人皆有之的能力，作为创造性思维能力的核心，想象没有任何框框，可以任意飞跃、演变，甚至无中生有。爱因斯坦甚至说："想象力比知识更重要。因为知识是有限的，而想象力概括着世界上一切，推动着进步，并且是知识进化的源泉。"

2. 联想创新的特征

1) 连续性

联想创新是由此及彼并连绵不断地进行，可以是直接的，也可以是迂回曲折的，可以是由一个事物联系到另一个事物，也可以是由一个事物迅速联系到许多其他事物而形成的联想链，其首尾两端往往又是风马牛不相及的。联想创新的连续性，是为了"此"与"彼"之间必然的联系,为创新提供足够的支撑。

2) 形象性

联想创新是形象思维的具体化,其基本的思维操作单元是表象,是一幅幅画面。联想创新就是要将一幅幅画面变成一个个场景,再将一个个场景联系起来,如同绘画一般,形成由"此"及"彼"的设计过程。

3) 概括性

联想创新可以很快把联想到的思维结果呈现在联想者的眼前,而不顾及其细节如何,是一种整体把握的思维操作活动,因此可以说有很强的概括性。同时,要形成"此"与"彼"之间的必然联系,也需要进行一定程度上的概括。

4) 目的性

联想不同于随机、随意的想象,也不仅仅是为了证实"此"与"彼"之间存在某种联系,联想创新最终的目的还是为了完成某种创新,这种创新是有着一定的诉求和现实需要的,因此,联想创新要将联想的过程、彼此之间存在的某种联系变成现实的某个具有一定功能的事物,满足人们生产生活的切实需求。

5.2 联想创新的分类

联想创新法是运用联想进行创新设计的一种方法。联想所联结的两个事物之间,只要存在一定的关联,即可开展联想,因此,联想创新法从事物间的关联角度而言,一般分为相似联想法、对比联想法、因果联想法、接近联想法等。

1. 相似联想法

相似联想是指由某一事物的感知、认识而引起的对与之相关联事物的感知和认识。两者或者在形态上接近或相似,或者在属性上接近或相似等。在接近或相似的事物中寻找解决问题的办法,能够很快建立起事物间的联系,但很难跳出传统的思维范围,创造性稍差。

1) 形态相似联想

形态相似联想就是由外观形状、基本结构、表面状态等引起的联想。这种联想主要是从视觉方面得到启发而产生对所思考对象的联想,是相似联想中最普遍的一种形式。

形态相似联想方面的创新最主要的应用是仿形设计,例如,人们根据地球的形状以及地球上山川河流等的位置、形貌等,设计出地球仪;又有人根据地球仪的设计模式,设计出月球仪,如图5-2所示。

2) 属性相似联想

属性相似联想是指由事物的某种属性一致或相似而产生对所思事物的联想。这种相似联想不如形态联想直观形象,它需要更深一步的思考,挖掘更本质的东西。因此,通过属性相似联想进行的创新设计,其创造性价值更高。

属性相似联想方面的创新建立在对事物属性清晰认识的基础上,要通过属性间的对比甚至验证,才能从事物性质层面上升到创新设计上,并将其价值体现出来。例如,防震玻璃的研制。化学家贝奈狄斯特从报纸上看到交通事故中破碎的车窗玻璃伤及乘客的消息,他蓦然想起前几天发生过的一件事情:在整理药品时误将一只药瓶碰掉在石质地面上,但

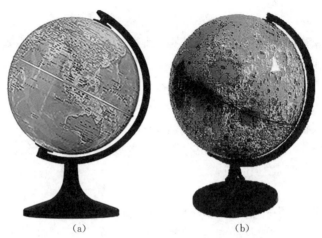

图 5-2 地球仪、月球仪实物模型
(a)地球仪;(b)月球仪

这个玻璃药瓶却裂而不碎。同样是玻璃,两者有何不同呢?经研究发现,瓶子里装的硝酸纤维溶液在空气中挥发后,在瓶壁上留下了一层坚韧的透明薄膜。于是,贝奈狄斯特连夜调配试剂,并把它薄薄地夹在两层玻璃之间,使它们能牢固粘结在一起。经过反复实验证明,防震效果良好。世界上第一块防震的夹层安全玻璃诞生。

2. 对比联想法

对比联想是由事物间完全对立或存在某种差异而引起的联想。其突出的特点就是逆向性、反常性、挑战性,这对于创造活动来说是很宝贵的,有时会导致很有价值的发明创造。对比联想的诱因主要是事物间突出的差异性。对比联想创新,就是从对立的、相反的方向或角度去进行创新,也有人把它叫作逆向联想法。对比联想法有如下特点:

1) 逆向性

从辩证观点来看,任何事物都有与它相反的一面,奇特的思维方法给人们提供了另一个联想的空间,拓展了想象的领域。

2) 反常性

对比联想创新需要逆正统所思,逆常规而动,与之相应的是,思维的结果或结论常出人意料,一般人难以理解。

例如,人们从河蚌中发现了珍珠,但是大多数河蚌中是没有珍珠的,为什么河蚌中会有珍珠呢?人们发现是由于蚌内混入了异物,河蚌通过分泌黏液将异物包裹起来,长久时日之后,就在蚌体内孕育出了珍珠。于是人们通过人为异物植入的办法,开始大量地生产珍珠。

3) 挑战性

要找到事物间的差异性并进行创新,需要在思考中不受传统模式的束缚,敢于打破常规,摆脱思维定势的影响。心理学的研究表明,一般人的思维都有所谓"功能固定性"的特点。人们都有这样的体会,某种事情看惯了,习以为常;某种现象看多了,就不足为奇。这种"功能固定性"的习惯性思维在流程性设计中有其价值性,但却限制了人在设计时的创新性。对比联想创新的关键是摆脱原有的思维模式,其在发明创造过程中的应用非常广泛,成果的最大特点是创造性比较高,功能独特。

例如,在发动机密封片的创新设计上,许多发明家对各种金属材料的密封片进行研制,却都遇到发动机壁震纹的棘手问题。为了开辟一条新路,必须抛弃原来的常规观念。就这样,一些发明家抛弃了密封片必须用金属制作这一传统观念,选择高强度炭精作材料,经过一年多的努力,终于将原来无法热压成形、脆弱易折的炭精制成非常坚硬的浸渍炭精密封片,满足了发动机高速转动时对密封片性能的要求。

3. 因果联想法

因果联想法是指由于两个事物存在因果关系而引起的联想。这种联想往往是双向的,既可以由起因想到结果,也可以由结果想到起因。客观世界的因果关系是复杂多样的,某一现象有可能是由另一种现象引起的,而某一现象的结果也可能是另一种现象的原因,原因与结果的关系构成了客观世界的因果关系链。在因果关系链上,原因与结果是相对确定的,切不可形成"因果倒置"的错误逻辑。

因果联想在日常生活中是非常常见,在创新设计中更是被大量运用。多数情况是由结果去寻找起因,找到了起因,再达到更理想的结果。如果找到的起因不对或不合适,还要重新寻找;如果得到的结果不对或不理想,还要再找新的起因。

蒸汽机的结构原理如图5-3所示。烧开了水的壶盖"啪啪"作响,引起人们的注意。壶盖为什么会响?这是人们要问的第一个问题,这个大家都知道:声音来自壶盖碰到壶体。壶盖为什么会被掀起?这是人们要问的第二个问题,原因在于烧开了的水,水产生的水蒸气。壶盖为什么会反复拍打壶体呢?这是人们要问的第三个问题。如此反复下去,就能揭开其中的奥秘,那也就是蒸汽机工作的基本原理。

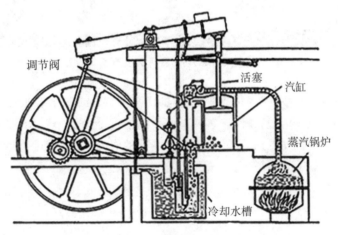

图5-3 蒸汽机结构原理

因果联想创新,首先需要从事物内部因素和外在条件两个方面出发,分析客观事物发展变化的原因。其中,事物内部具备的可变化的因素,称为内因;外部促使事物变化的条件,称为外因。就内因、外因引发因果关系来看,一般将内因看成是事物变化的主要动力,而外因则是通过内因发挥作用。

4. 接近联想法

接近联想法是指在空间或时间接近的情况下引发的不同事物之间的联想。比如,当你遇到某个印象深刻的老师时候,就有可能联想到他过去讲课的情景,甚至讲课的内容和讲过的问题的解法,这就是时间接近联想。你走过学校门口时就会想到学校里的课堂、桌椅和操场等,这就是空间接近联想。接近联想存在一定程度时间、空间上的错位"嫁接",接近联想创新要在这种错位"嫁接"下延续事物的某种属性或者特征,在此基础上进行创新设计。

例如,浑天仪的结构如图5-4所示。汉朝张衡以浑天理论为依据,制成了浑天仪,初始设计的浑天仪并不会自己转动。张衡冥思苦想从滴漏壶得到启发,利用其滴水计时的原理,设计了一组滴漏,巧妙地将滴漏和浑天仪配合起来,利用漏滴出来的水的力量来推动齿轮,齿轮再带动浑天仪运转,通过恰当地选择齿轮个数与参数,巧妙地使浑天仪一昼夜转动一周,把天象变化形象地演示出来,人们就可以从浑天仪上观察到日月星辰运行的现象,可以很具体地看到天体的运动变化规律。

图5-4 仿古代浑天仪造型

在接近联想法中,较为常用的是触景联想,即由某种意外或偶然出现的"景"而产生的联想创新,触景联想要求人们对突发或偶然事件有灵敏的捕捉能力和丰富的想象能力。人们常讲的灵感就来自于此。要触发灵感,不能缺少引发灵感的媒介,为了促进接近联想法创新设计,可以人为创设不同时空域下的情景。

5.3 联想创新的技巧

联想创新建立在联想基础之上,因此,需要人们不断丰富自己对客观世界的认识,培养自己善于想象、敢于联想的能力,依托丰富的想象力,创新设计才能取得意想不到的效果。在联想创新的技巧上,需要做到以下几点:

1. 对联想对象建立起全面、客观的认识

联想创新的基础就是对联想对象的认识,过于肤浅的认识不能够引起人们的想象,错误的认识甚至会让我们误入歧途,因此必须对联想对象建立起全面、客观的认识。对于创新设计而言,要尽可能让设计的要求、目的等具象化,联想对象越清晰,可以开展的联想就越多,也越有针对性,联想创新的效率就越高。

例如极地越野车的创新设计。一般的车辆在极地行进中经常因轮胎打滑空转而不能前进,而且行进速度很慢,科考人员希望能制造出一种适合在极地驾驶的汽车。那么,在联想创新之初,应该明确联想对象。在极地适合采用的行进方式——可以先观察动物在极地的行进方式,例如,联想到企鹅,南极的企鹅平时走路摇摇摆摆,慢条斯理,但在面临生死存亡的紧急关头,它们都会扑倒在雪地上,肚子贴着雪地,用双脚蹬地,便可以每小时约 30 km 的速度飞速前进。于是,人们模仿企鹅的体型和动作,设计出了一种宽阔的底部贴在雪地上的极地越野汽车,用形似企鹅双脚的轮勺推动,速度可达每小时 50 km。

2. 创新思路要灵活多变,善于调整思考的角度,适时地改变思维方向

联想创新的方式多种多样,如相似联想、对比联想、因果联想、接近联想等,在联想创新中,不应该僵化,不能局限在某个具体的方式方法之中,要适时调整自己的创新思路。尤其是在创新联想枯竭的时候,可以通过变换对象、变换场景等方式,重构想象的基础背景,或者从另外的角度出发,走第三条路,从其他距离目标较远的领域出发,从侧向去思考,利用局外的信息获得新的启发。

例如航空技术发展史上的"音障"。第二次世界大战期间,活塞式发动机、螺旋桨飞机的速度已经发展到顶峰。但由于技术上的需要,还要把速度再提高,可是当飞机提高到 800 km/h 的速度时,飞机震动得特别厉害,难以驾驭。后来人们认识到,当飞机速度超过 800 km/h,空气会产生一种"压缩效应"。这种效应会使机头前部的空气被压缩成密度很高的"空气墙",使飞机难以逾越。产生这种现象时,飞机刚好接近于音速,这就是所谓的"音障"现象。

突破"音障"直接有效的办法是研发动力更强劲的发动机,但这对螺旋桨时代的飞机来说比较困难,其另外的解决办法之一就是改进机翼结构。飞机机翼结构类型变化如图 5-5 所示,把机翼做成像燕子翅膀一样的后掠翼形。这样翼形的飞机如同箭头一般,以锐角冲向"音障"形成的阻力"墙",能大大减低阻力,便于飞机突破"音障"高速飞行,从技术层面而言,机翼结构的改进无疑是最为便捷的途径。

图 5-5 飞机机翼的结构类型变化

3. 要有敏锐的洞察力,善于从不同的事物中找出相互间存在的联系

联想创新的本源主要归结于不同事物间存在的某种联系。这种联想是创新由"此"及"彼"的关键,在常规逻辑思维中,这种联系是较为容易捕捉到的。但是在非逻辑思维中,我们从"直觉"上能够明了事物间存在某种联系,但是往往不能够轻易地发现这种联系是什么。

例如,味精的发明。日本化学家池田菊苗在喝汤时,觉得海带汤很鲜美。直觉告诉他,鲜味与海带中的某种成分有着直接的关系。显而易见,这种成分不是简单逻辑推理可以获得的,

经过半年的研究,他从海带中提取出一种叫谷氨酸的物质。由于从海带中提取的代价高,缺乏实用性,于是他又从其他物质中进行研究,后来相继从小麦、大豆等物质中提取出谷氨酸,经过烧碱的中和,谷氨酸变成了谷氨酸钠,这就是味精,从此,味精实现了工厂化生产。

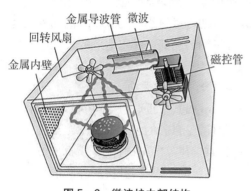

图 5-6 微波炉内部结构

事物间的联系是多种多样的,寻找到事物间存在的联系,需要培养敏锐的洞察力,敏锐洞察力又需要扎实的理论知识和实践经验,尤其是基础理论,因为事物表象虽然变化万千,但其基本要素及成因是相通或相近的。例如,微波炉与雷达。美国工程师珀西·斯潘塞(Percy Spencer)在做雷达实验的时候,发现上衣口袋的巧克力融化了。一般人可能认为这是体温的原因,更有甚者,可能不会去思考这个事情。斯潘塞却在反复思考后,提出了"微波融化巧克力"的猜想,于是他将玉米粒放在磁控管附近,几分钟后实验室充满了爆米花的香味,不久后,世界上第一台微波炉被研制出来,微波炉内部结构如图 5-6 所示。

从自然科学基础理论产生联想,将自然科学基础理论运用到实践中去,产生的创新设计往往意义和价值都很大。这也是联想创新进行创新设计可选取且可行的一条路径。

5.4 机械创新设计案例

案例——自行车发明历程

自行车从最初类似"趣马"的骑行想象,到"前后轮"的基本定型设计,作为价廉而无污染且带健身功能的最为常规的一种交通工具,至今已经历了三百多年发展历程,在这期间,人类赋予了自行车无数奇思妙想,这一人类历史上跨越200多年的发明接力,至今仍在继续,并且随着技术的不断推陈出新而仍将不断延续。

1. 自行车的创新演变

17 世纪初期,人们开始研究用人力驱动车轮的交通工具。18 世纪末,法国人西夫拉克发明了世界上第一辆自行车。用木梁连接的双轮车,骑车者坐在车梁上,用两脚交替蹬地来推动车子前进,如图 5-7(a)所示,这种车称形象地被称为"趣马"。

苏格兰铁匠麦克米伦被称为自行车的鼻祖,他对"趣马"进行改进,在两轮小车的后轮上安装曲柄,曲柄与脚踏板用两根连杆相连,如图 5-7(b)所示,只要反复蹬踏悬在前支架上的踏板,驾驶者不用蹬地就可驱动车子前进,自行车由此得名。

法国人拉利门特在 1865 年进行了改进,将回转曲柄置于前轮上,骑行者直接脚踏曲柄驱车前进。此时前轮装在车架前端可转动的叉座上,能较灵活地把握方向;后轮上有杠杆制动,骑行者对车的控制能力加强了,如图 5-7(c)所示。这种自行车脚踏板传动一周,车子前进的距离与前轮周长相等。

为加快速度,人们不断增大前轮直径(但为了减轻重量,同时将后轮缩小),有的前轮大至 1.42 m、1.63 m,甚至 2.03 m,如图 5-7(d)所示。如此结构使骑行者上下车很不方便且不安

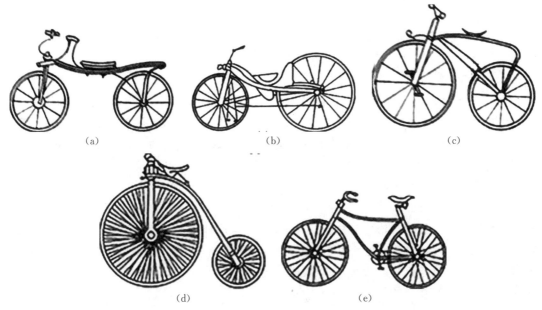

图 5-7 自行车的演进历程

全,影响了这种"高位自行车"的使用。

1876年英格兰人劳森又重新考虑采用后轮驱动,设计了链传动的自行车,采用较大的传动比,从而排除了采用大轮子的必要性,使骑行者安全地骑坐在合适高度的座位上,它称为安全自行车,如图 5-7(e)所示。

1888年,英国邓洛普引入充气轮胎,使自行车的行进更加平稳。由此,自行车逐渐定型,成为至今普通使用的交通工具。由于不断提出新的需求,经过种种改革,使自行车的功能和结构逐步完善起来,而从开始研究到定型差不多经过了80年。

随着科学技术的发展,在此基础上,根据需要展开广泛联想,开发了多种新型自行车。

1) 助力车

为节省人力,开发出多种助力车,如电动自行车,将较小的电机嵌入后轮毂中,直接驱动车轮,电源则采用电池。

2) 变传动方式的自行车

链传动易磨损和掉链。变链传动为无链式传动,如传动轴带动的传动方式。此种传动的最大优势在于无链,也就不存在掉链的可能。

3) 新材料自行车

新型高轻复合材料的引入对自行车性能有很大改进。例如,采用碳纤维的自行车,强度高,重量轻,骑行轻快。

4) 高速自行车

高速自行车大多采用"躺式"结构设计,如图 5-8 所示,骑车者能发挥最大动力,并减小风阻面积;采用双级链传动升速;以高强

图 5-8 高速自行车

度复合材料提高整车强度,为自行车减重。

5) 多功能自行车

根据需要增加辅助功能,如在自行车上加车灯、气筒(或自动打气装置)、饮水器、载物装置等。

2. 无链传动轴式自行车的设计

自行车"有链变为无链、再也不会掉链"的设想,依靠传动轴的设计得以实现。由于省去了传动的中间环节,自行车的传动效率有了明显提高。最为关键的是,去掉了链条这一柔性中间传递元件。由于采用的无链传动轴装置处于封闭状态,因此,整车的使用寿命比链条车更长,安全性、可靠性也更好一些

1) 齿轮自行车方案设计

改链传动为轴传动,如图5-9所示,采用两对设计参数完全相同的非零变位圆锥齿轮与一根传动轴,构成双圆锥齿轮传动机构。其中,踏板1、前轴2、前主动锥齿轮3固连,前从动锥齿轮4、传动轴5、后主动锥齿轮6固连,后从动锥齿轮7、后轴8固连,人脚踩踏板,经两对锥齿轮传动,达到轴传动下后轮转动的目的,实现骑行。

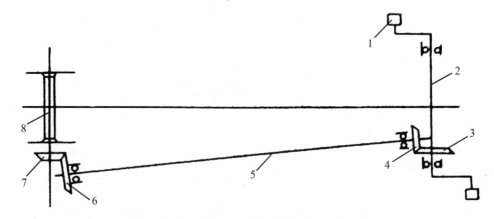

1—踏板;2—前轴;3—前主动锥齿轮;4—前从动锥齿轮
5—传动轴;6—后主动锥齿轮;7—后从动锥齿轮;8—后轴

图5-9 自行车轴传动机构示意图

2) 齿轮自行车方案设计

根据自行车的常规经验参数,结合非零变位圆锥齿轮的计算公式,确定齿轮和传动轴的主要参数有 $m=3$;$Z_1=10$;$Z_2=14$;传动轴 $d=14.8$;变位系数之和为正,齿轮传动为正传动。相应的小圆锥齿轮零件图,如图5-10所示。

3) 齿轮自行车方案验证

(1) 工作原理是可行的。如图5-9所示,采用中间转动轴传递运动的方式,能够将踏板带动下的前轴转变为后轮轴的转动,经三维建模运动仿真显示,自行车可正常运转。

(2) 强度是足够的。由于轴传动中的每个齿轮所受的力矩T相同,在力臂较短的情形下,小圆锥齿轮X1和X2最易失效。X1的失效形式表现为齿面点蚀和齿根折断,故需要校核齿面接触强度和齿根弯曲强度,如表5-1所示。

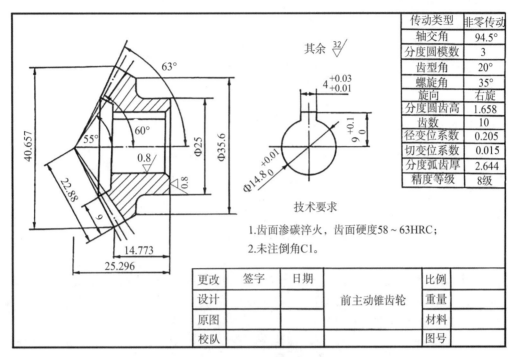

图 5-10 前主动小圆锥齿轮零件图

表 5-1 圆锥齿轮传动校核结构

已知条件	计算公式	计算结果及讨论
$T=13\,475\,\text{N}\cdot\text{mm}, m=3.0\,\text{mm}, z_1=10, d_1=31.5\,\text{mm}, u=z_2/z_1=1.4, \phi_R=0.277$,弹性系数 $z_E=188.0\,\sqrt{\text{N}/\text{mm}^2}, K=1.0, z_H=1.3, Y_{sa}=1.67, Y_{Fa}=2.4$	$\sigma_H = z_E z_H \sqrt{\dfrac{4KT}{\phi_R(1-0.5\phi_R)^2 d_1^3 u}}$	$\sigma_H = 598.2\,\text{N}/\text{mm}^2 < \sigma_{HP} = 650\,\text{N}/\text{mm}^2$ 通过
	$\sigma_F = \dfrac{4KT}{\phi_R(1-0.5\phi_R)^2 z_1^3 m^3 \sqrt{u^2+1}}$	$\sigma_F = 5.644\,\text{N}/\text{mm}^2 < \sigma_{FP} = 280\,\text{N}/\text{mm}^2$

4) 齿轮自行车设计总结

(1) 采用了轴传动来代替常规的链传动技术,具有可靠性高和寿命长的优点。

(2) 采用了二级传动代替常规的一级传动,降低了初始动力矩,启动更轻便。

(3) 在结构刚性许可的条件下,可采用艺术造型的产品设计。

(4) 锥齿轮传动的传动平稳性更高,路况适应性更好。

思考与练习

1. 简答题

(1) 由雷电你能联想到什么,避雷针是否真的避雷?

(2) 何谓想象,何谓联想,请简述联想与想象的区别与联系。

(3) 联想有哪些特征,请结合其特征进行简要说明。
(4) 联想思维的作用是什么,如何把胡思乱想与联想区分开?
(5) 联想创新分为哪些类别,类别间有何区别与联系?
(6) 何谓相似联想,相似联想分为哪些类型,各有何特点。
(7) 何谓对比联想,对比联想有何特点。
(8) 何谓因果联想,简述如何开展因果联想。
(9) 何谓接近联想,简述"直觉"与接近联想的关系。
(10) 在联想创新上,如何更好、更高效地开展创新设计。

2. 分析题

(1) 从壶里烧开的水掀起壶盖到蒸汽推动活塞往复运动,两者之间存在怎样的联系,如何开展联想创新?

(2) 请比较平直翼飞机、后掠翼飞机、前掠翼飞机的区别与联系,结合具体的飞机机型进行相应的说明。

(3) 请以自行车的发展历程为基础,结合现有科技及其发展,进行自行车的联想创新。

(4) 请从一个苹果出发,进行从一个事物到另一个事物的联想,你能联想到什么?如果要联想到钢琴,需要几个事物为中间环节?

(5) 请从一把锯子出发,分别展开相似联想、对比联想、因果联想、接近联想,请问你能想到什么,如何开展联想创新?

(6) 请结合以下文字,进行联想创新设计

初始设计的浑天仪并不会自己转动。冥思苦想的张衡从滴漏壶得到启发,利用滴水计时的原理,设计了一组滴漏,巧妙地将滴漏和浑天仪配合起来,利用漏滴出来的水的力量来推动齿轮,齿轮再带动浑天仪运转,通过恰当地选择齿轮个数,巧妙地使浑天仪一昼夜转动一周,把天象变化形象地演示出来。

本章小测验

第6章

列举创新法

[知识要点]

本章内容主要涉及：列举创新的概念、特征及分类；特性列举法、缺点列举法、希望点列举法等的定义、创新设计原则及基本实施步骤等。

[学习目标]

本章以"灯泡的创新设计"为引，让学生在掌握列举创新技法相关基本知识基础上，结合列举创新的典型案例，掌握列举创新的要领，学会列举创新的实践应用。

创新范例：灯泡的创新设计

作为生产生活中的常用品，灯泡的创新设计已历经了两百多年。1845年，斯塔尔和斯旺提出可以在真空泡内使用通电碳丝来发光，但由于当时技术有限，无法将灯泡内抽真空，灯丝在泡内残余空气下燃烧断开，灯仅能持续提供不到两小时的照明，灯泡寿命很短，由于不具有实用价值，只能停留在实验阶段。

1878年真空泵被研制出来，将灯泡内抽成真空成为可能，斯旺试制成功第一只白炽灯。受此启发，1879年爱迪生开始投入白炽灯的研究，他用碳化棉线作灯丝，放于玻璃球内，再启动真空泵将球内抽成真空，碳化棉线在玻璃球中亮了10个多小时，碳化棉线白炽灯诞生。当时的白炽灯有两个致命的弱点，一是造价过于昂贵，二是使用寿命太短，所以无法推广。爱迪生发现问题的关键在灯丝使用的材料上，他想要找到一种既廉价又耐用的材料。为此，他耗费了一年多的时间，选用了1600多种材料，其中有藤条、马鬃、头发、稻草等，但是实验的结果都不理想。

1880年爱迪生研制出碳化竹丝灯，灯丝寿命大大提高，同年10月，作为世界最早的商品化白炽灯，碳化竹丝灯开始批量生产。为进一步提高碳化竹丝灯寿命，爱迪生派人前往世界各地采集了近6000种竹子，经碳化竹丝灯寿命试验比较及优选，白炽灯的寿命最终达到1200小时以上。

1908年，库里奇用钨丝取代碳丝，钨丝白炽灯试制成功；1913年，朗缪尔将钨丝设计成螺旋状，并在灯泡内充入氮气，以抑制钨丝挥发；1935年，克洛德在灯泡内充入氪气和氙气，灯泡发光效率进一步提高。

但是，白炽灯的电能转化率很低，大部分的能量都以红外辐射的形式浪费了，为节能减排，必须采用更为高效的照明产品来取代白炽灯。能耗为普通白炽灯的1/5，寿命达6000小时的节能灯被研制出来。节能灯又称紧凑型荧光灯,通过镇流器给灯管灯丝加热,经加热的灯丝发射电子碰撞氩原子,撞击汞原子后跃迁产生电离,发出紫外线,激发荧光粉发光。但是节能灯成本较高,而且灯中气化的汞是有毒物质,不利于人体健康和环境保护。

20世纪中期,LED技术发展得到发展,LED灯被研制出来。LED灯的光效高、耗电少,可将90%的电能转化为可见光,能耗仅是节能灯的25%,而且不含汞等有毒物质,平均寿命可达10万h,目前逐步取代白炽灯、荧光灯,并成为新式节能灯的主流产品。

(资料来源:360百科-节能灯与白炽灯 https://baike.so.com/doc/3209190-3382059.html)

6.1 列举创新法概述

列举创新是一种对具体事物的特定对象(如特点、缺点等),从逻辑上进行分析并将其本质内容全面地一一罗列出来,用以创造设想,以形成创新设计方案的创新方法,它是一种运用发散性思维来克服思维定势的创新方法。列举法的主要作用是帮助人们克服感知不足的障碍,迫使人们带着一种新奇感将事物的细节统统列举出来,时刻思考一个熟悉事物的各种缺陷,尽量想到所要达到的具体目的和指标要求。

列举创新是一种简单实用的方法,也是一种较为直接的创新方法,非常适用新产品开发、旧产品改造的创造性设计,列举创新关键是将研究对象的某类特征或要求等罗列出来,提出改进措施,形成有独创性的设想。因此,列举创新法根据罗列对象的不同,分为多种类型,较为常见的有特性列举法、缺点列举法、希望点列举法等。

列举创新尤其适用于对某一特定事物进行发明创造,如果能详细地列举出它的特征,或者对它的某些特性提出具体的疑问或希望,也就是把总目标尽可能分解为各个小目标,就可以改善某些特性,甚至可能引发某些发明创造的灵感,因此,对创造发明目标属性的列举会使人们更加深入地理解创造发明的目标,从而对产生创造发明的构想起到很好的引导作用。

列举创新在创新设计活动中具有积极的实践意义,其作用具体如下:

(1) 列举创新有助于使僵化、麻木的思维得以解放,克服感知不敏锐的障碍。人们在初次接触某事物时,会有新鲜感,容易发现问题,但时间长了以后便容易习以为常,此时,感知便处于饱和状态,有用的信息就输不进去了。列举创新法可以克服习惯惰性带来的感知障碍,使人以全面搜索、不断挑剔、大胆幻想的思维方式达成创新设计的目标。

(2) 列举创新有助于使人们全面感知事物,防止遗漏。每个人的思维方式是不同的,其感知方式也各具特色,即便是常用的五官感知,也有不同。有人注重视觉,有人善用听觉,有人善用触觉、味觉甚至嗅觉。在用大脑认知事物时,有人常用左脑,有人则常用右脑,借助列举创新,可使创新覆盖更多领域和层面,这样就有助于全面分析,产生更多的创新设计方案。

(3) 列举创新有助于克服思维定势。在创新设计中,适当的评判对于解决问题是必要的,但过早的判断往往会阻碍思维的发散,对创新设计非常不利。与智力激励型创新方法的大胆设想、推迟判断原则相类似,列举创新方法首先强调的是尽量全面地列举,避免过早地下结论,从而有效地克服思维定势,获得更多的创新设想。

虽然列举创新有上述积极作用,但是它也具有局限性。列举创新法因其分析要全面、细致,甚至可能比较琐碎,所以多适用于较小的、简单的问题进行研究,它的主要作用就是提供解决问题的思路。

6.2 特性列举法

特性列举法是指通过对所思考事物的重点特性的分析,将其划分为若干个方面,进行全面、系统地提问和列举,逐步深入探究,最终找出满意结果的方法。特性列举法在企业的新产品开发和经营中一直被广泛地应用,其优点在于可以有效地寻找到改进之处,做到有的放矢,从而更好地不断优化新产品,提高新产品竞争力。

6.2.1 特性列举法的基本特点

特性列举法是最为基本的列举方法,其余列举法一般都是在特性列举法的基础上发展和演变而来的。特性列举法的特点如下:

1. 全面性

特性列举法在运用过程中要求对全部特性进行一一列举,特性列举得越全面、越详细越好;对特性列举得越多,越容易找出问题所在,也就越有利于创新设计的开展。人们可能有这样的体会:初次看到某事物时,总有一些地方看不顺眼,或能挑出些毛病,经过一段时间逐渐适应后,就难以再挑出毛病了。这是人的习惯性所造成的感知障碍,人一旦产生了感知障碍,对事物的看法就会存在片面性或"先入为主"的印象,也就不再会全面深入地思考问题。然而特性列举法就是要主动地创造出打破这种感知障碍的思考环境,跨越这一障碍,从不同角度、不同侧面寻找创新点。

2. 系统性

特性列举法不仅要求特性列举的全面性,还要重视特性列举的系统性,要把各种特性进行归纳排列,形成一套完整的体系。例如:对一般的物品,可以按目标、功能、具体用途、外观造型、材料等,进行归类,通过这种特性归类,可以更为容易地找出比较完善的事物特征,发现更好的创新切入点。由于每一个人的思考方式不同,有的人只重视运用视觉,不注重运用听觉、触觉、视觉等;或者是只注重它的实体,不注重它的抽象概念等,因此,在创新设计中往往有很大的单方面倾向性。把事物的特性进行系统化的分类和归纳,就可以比较有效地克服这一局限性,从而使创新设计的水平得到一个全方位的提高。

3. 强制性

特性列举法与其余创新设计方法的最大不同点就在于它借助于对事物全部特性的列举来寻找创新设计点。因此,它本身就具有很大的强制性。列举法从本质上就是一种分析法,它是把整体分解成部分,把复杂的事物分解成简单的要素,分别加以研究的思维模式。特性列举法的这种强制性表现在对所列举的全部特性或因素,一一加以考虑,不能遗漏。

一般的分析方法只是抓住一些主要的方面,忽略一些次要方面,认为那些次要方面与所要解决问题的目标关系不大,而正是这样,可能恰好封闭了许多更有价值的创造途径,过早地淘汰了也许更具有创造性的解决方案。特性列举法要求对事物各个方面的特性按一定的规则划分,把每一组特性中的所有因素都列举出来,一一加以探讨,寻找改进之处。

4. 启发性

由于特性列举法是将所思考事物的全部特性一一罗列并进行分析和研究,因此在这一过程中很容易揭示出不足之处和创新点,给人以创造方面的启示。特性列举法的过程实际上也是一个寻找创新途径的过程。很多的发明案例已充分证明,许多发明就是在对某些事物的一般性分析过程中逐渐清晰、明确并最终产生的。

在特性列举法的过程中,人的思维活动是自觉或不自觉地交替运用着发散思维和收敛思维这两种不同形式的思考方法,从而由浅入深、由表及里、由现象至本质,逐步完善成一套完整的创新设计方案。

6.2.2 特性列举法的基本作用

1. 有利于获得发明创造的机会

在对事物特性列举的过程中,特性列举法不同于其他方法的是一种全方位的"扫描"方式。当把事物的全部特性罗列出来后,很容易发现现有事物的许多不足和有待完善之处,这就给发明创造者提供了许多选择发明途径和发明重点的契机。

例如,经常出差的人希望能够带一个水盆,方便个人随时洗漱的同时,还能避免共用洗浴器具带来的交叉感染,但普通水盆携带非常不方便。在水盆的列举创新设计的过程中,着重列举出了"便携""重量轻"和"容量足够大"等三个重要特性,在习惯性的认知里,"重量轻"与"容量足够大"、"便携"与"容量足够大"均存在一定设计上的矛盾。从矛盾点出发,采用充气结构来解决这些矛盾,将水盆做成充气式,盛水前充上气,用后将气放掉,采用塑料材质,既轻便,又便于收纳;或者设计为可压平为片状的折叠式水盆。相比较而言,充气式水盆的可收纳性更好,而折叠式水盆使用体验感更佳(见图 6-1)。

图 6-1 可折叠式水盆与充气式水盆

2. 有利于克服习惯性障碍

特性列举法在研究和探索创新设计途径方面,不同于其他方法之处还表现在它不是只针对事物的一般性问题的解决,找到一种新的途径后就着手进行具体的构思,而是要列出全部特性或要素之后,再综合筛选和确定具体的创新设计方案。这就是说,运用特性列举法不能过早地做判断和下结论。判断对于解决问题是必要的,然而,在对事物探索过程中,过早地进行判断或急于求解,就会导致把许多更新颖、更有价值的想法拒之门外,这本身就是在扼杀创造性。那些新设想可能是不完全的、粗糙的,有时乍看起来甚至是幼稚的。然而正是那些新设想,可以丰富我们的创新,经过不断地补充和完善,就可以成为具有真正意义的创造。一味过早地加以判断和取舍,势必会将那些极具潜在价值的想法扼杀在"摇篮"之中。

3. 有利于掌握同类创新设计的现状

特性列举法在运用过程中,需要尽可能地收集同类创新设计的所有相关资料,充分了解和掌握现有创新设计的全部状况和实际效果。不了解同类产品的基本情况,就不清楚创新设计的方向和重点,当然也就无从进行具有真正意义上的创造。特性列举法主要是针对特定的事物进行完善和改良,当要改进某一事物时,常会遇到不知从何下手的难处,运用特性列举就可以在系统列出的要素中得到某种启示,找到较佳的入手点。特性列举的过程,实际上也是不断地与原有产品对比的过程。

6.2.3 特性列举法的实施原则

1. 全面系统原则

全面系统原则是指在列举事物的特性时,应尽可能将事物特征的方方面面全部罗列出来,不要有遗漏。这一要求的目的是要使事物的所有属性、特点、功能和外观表象全面地暴露出来,从而找出进行创新设计的最佳入手点。要做到这一点,在列举特性时需要将事物的各类特征划分成几组,分门别类列举出其全部特性,在列举特性过程中,不要怕啰嗦、烦杂,列举得越细越好。这样做的目的,就是要克服人的习惯性思维障碍,避免错过创新的线索,失去创新设计的机会。

2. 延迟评判原则

特性列举法必须坚持事后评判和筛选的原则。这就要求在列举事物特性的过程中,先不要急于对所列出的每一个特性进行重要与否、可能与否、好坏与否等类似的判断。这一要求是保证实现第一条原则的前提。过早的判断和筛选,必然会把一些看似无足轻重的特性排除在外,导致一些可能具有实用价值的线索丢失。从某种意义上说,这种原则也是克服习惯性思维障碍的一种保证。

在创新设计的过程中,人的大脑所产生的各种构想在初期一般都是很不成熟的,甚至是不大现实的,然而,大量的创新设计实践表明,就是这些不成熟的构想,极可能在其后的逐步完善中成为创新设计的基石。在列举过程中,应始终保持发散思维方式,这时的思维特征主要是非逻辑的,甚至有些混乱。正是这种无序的思维状态才能更有效地发挥大脑的创造性,使其处于激奋、活跃的状态。对事物特性的归纳和整理应放在后期进行,这样才能保证创造性思维始终处在一个比较活跃和稳定的状态。这点对创新设计活动是十分重要的。

6.2.4 特性列举法的基本步骤

特性列举法因创新设计的对象不同,其操作步骤也有所不同,但就一般情况而言,应按如下步骤进行:

(1) 确定创新设计的对象,收集同类事物资料。这一阶段主要是根据创新设计目标,尽可能多地收集同类或相似事物的所有相关数据和资料,认真阅读并按需要将有关特性罗列出来。

(2) 划分特性类别,罗列出事物的特性。根据已有资料的全部特性,按照创新设计的需要,将各种特性分组,即划分类别,如可按用途、功能、原理等划分;也可按抽象的词性分为名词特性、形容词特性、动词特性等。在划分好的类别中,充分运用发散思维将所能想到的特性逐一列出,罗列得越多越好。

(3) 分析全部特性,判断筛选改进对象。对所有列举出的特性逐一进行具体的分析,判断每一个特性是否具有改进或创新的必要性和可能性,淘汰那些没有价值和不现实的特性。在分析中要注意与同类事物相对比,排除重复的特性,并将欲创新的特性加以整理,按重要程度排列。这一阶段主要是运用收敛性思维和逻辑性思维,进行归纳分析,找出创新设计的线索。

（4）探索创新设计方案，确定具体创新设计思路。在明确改进或创新方向及目标的基础上，围绕所保留特性的各个方面，再次运用发散思维寻求可能的创新设计途径。在这一阶段，需要运用各种创新设计方法，如联想、类比、组合、转换等方法。由于列举方法是在对创新设计对象的全部特性已经罗列之后进行创新设计方案的探索，因此，其方案的构思都是比较具体和明确的。这时的主要工作是构想出一个可以实现的"举措"来，即明确每一个改进和创新环节，并确保创新设计目标的实现。

例如：普通圆珠笔的改进性创新设计。

首先，在调查所有圆珠笔的基本特性基础上，按特性类别进行分组，如可按抽象词性分为名词类特性、形容词类特性和动词类特性3组，为简化过程，这里在列举的过程中，同时进行初步方案的分析和探索。

1. 名词类特性

部件：笔杆、笔帽、笔夹笔芯、油墨、弹簧、笔珠等；材料：塑料、竹子、铅、铜、不锈钢等。油墨的变化可使笔芯分为几种型号：普通书写型；加上褪色液的褪色芯，可以抹掉普通油墨写的字；加上抗漂白剂，写出的字不易抹掉，这种笔适合于文件最后的誊写和签字使用，防止别人任意修改。

2. 形容词类特性

笔杆的颜色可否制成绿色，对人的视力有保护作用。外型可否做成带有手指压痕的造型，这样手感好，不易滑脱。可否在笔杆材料时加入香味，做成香味笔。可否把笔帽做成各种卡通头形，专供小孩子们使用。能否生产多种颜色的油墨笔芯，每杆笔配有盒装多色的笔芯，用来画画。

3. 动词类特性

整体结构可否向工艺性方面改进，使其具有装饰效果。可否制成磁性成对的高级笔，作为结婚赠礼。可否按工作性质的不同附加剪刀、梳子、胶圈等，印制比色表、换算公式、标准计量符号等，使其具有专业实用性。例如，快递专用笔的一端可装上胶水，既可写字，也可以粘贴信封、邮票等。

在特性列举创新下，笔的创新设计可以有很多种。例如，用于写花体字的平尖笔，如图6-2所示，有红黑两色墨囊可以替换，在书写过程中，可以用刮片进行刮除，笔用过后，可以在洗笔器中清洗。

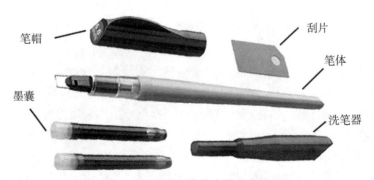

图6-2　用于写花体字的平尖笔

6.3 缺点列举法

缺点列举法就是根据现有缺点需要改善的原则,有意识地将事物的缺点具体地一一列举出来,然后针对发现的缺点,有的放矢地进行改进,从而获得创新设计的成果。这种方法从事物的缺点和不足入手,探讨解决问题的具体改进方案。

人们至善至美的期望永远不会满足,毕竟"金无足赤,人无完人"。这是缺点列举法开展创新设计的基础,也是缺点列举法能不断在创新设计中得到广泛深入应用的缘由。一般来说,缺点列举法可细分为改良型缺点列举法、再创型缺点列举法等。

6.3.1 缺点列举法的基本步骤

使用缺点列举法,并无十分严格的步骤,一般可按如下步骤进行:一是尽可能多的列举事物的缺点,必要时可事先广泛调查研究,征集意见;二是将缺点加以归类整理;三是针对所列缺点逐条分析,研究其改进方案,或确定其缺点能否被利用,从而化弊为利。

在具体运用缺点列举法进行创新设计时,可以单人独立思考,也可以集体讨论研究,还可以借助调查等方式。

1. 缺点列举会

召开一次缺点列举会,会议由5～10人参加,会前由主持人针对某项事物,选择一个需要改革的主题,让与会者围绕此主题尽量列举各种缺点,越多越好。另请一人将提出的缺点记录在一个卡片上,并对其编号,之后从中筛选出主要缺点,并针对这些缺点制订出切实可行的革新方案。一次会议的时间为1～2小时,会议的主题宜小不宜大。

2. 用户调查法

在使用缺点列举法改进产品设计之前,应该先通过销售、售后服务、意见卡等渠道广泛征集用户意见,再与会议讨论的结果相结合。"用户需求是创新设计的动力",他们提出的意见有时是创新设计人员所不易想到的。

3. 对照比较法

俗语有云:"不怕不识货,就怕货比货";"大有大的长处,小有小的优点"。将同类产品集中在一起,从比较中找缺点,甚至对名牌产品吹毛求疵,找到可以改进之处。用这种方法开发新产品起点高,步子大,容易形成较强的创新影响力和显著的创新成果。

6.3.2 改良型缺点列举法

改良型缺点列举法是针对已有一定完善程度的事物的某些缺陷或不足之处进行列举,在保持其原有基本状态的前提下,着手进行改进和完善,使其达到满意创造目标的思维方法。

在日常的工作和生活中,人们都有这样一些体会和经历,尽管所使用的各类物品已存在相当长时期,但仍有许多地方存在某些缺陷或不足。像这一类事物经过多年的改进和变化,应该说是比较成熟、基本定型的,因此只要在原有基础上做进一步的改进和完善,仍不失其实用价值。改良型缺点列举法就是针对这类事物开展创造和革新,使其更趋于完美和实用。

例如,牙刷的创新设计历程。古时候,起初人们咀嚼芳香植物的嫩枝,在使口腔气息清新的同时,通过咀嚼的嫩枝纤维来清洁牙齿和牙龈,后来人们将树枝绑上动物鬃毛洁齿。随着牙刷的发明,人们每日早起刷牙成为习惯。

较早出现的牙刷仅分刷体和刷毛两部分,采取在刷体端部打孔,将刷毛塞入的办法完成牙刷的制造;随着宜人化设计的出现,刷体分为了刷头、刷颈、刷柄三部分,而刷毛又细分为软毛、中毛、硬毛三种,以迎合不同群体的刷牙需要。但是有人刷牙时牙龈出血了,于是开始研究刷毛的微观结构,发现刷毛的顶端磨成圆形,刷牙不出血的效果是最好的。

但这只是牙刷创新设计的开始,从刷毛入手,常规的牙刷刷毛分天然毛(猪鬃毛)和人造毛(尼龙毛),创新改用为碳纤维等新材料;从刷牙的牙刷、牙缸、牙膏的传统三大件入手,为省事舍弃牙缸,改用牙刷接水,创新设计方案是在牙刷刷头的背面设计一个凹槽,对准水龙头流下的水,凹槽就会改变水流的方向,使得水流向上,方便使用者直接漱口;从刷牙省时高效入手,创新设计出电动牙刷、超声波牙刷等。其中,电动牙刷结构,如图6-3所示。采用改良型缺点列举法,牙刷的创新设计将永远在路上。

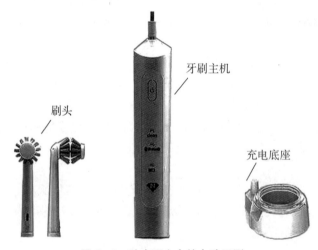

图 6-3 防水可充电的电动牙刷

6.3.3 再创型缺点列举法

再创型缺点列举法是从工作和生活需要角度出发,针对现有事物存在的较大缺陷,通过彻底改变事物原有的结构或属性,创造一种与原有事物有本质不同的事物的创新方法。该方法与改良型缺点列举法的根本不同之处,就是它彻底打破了原有事物的原理或结构,进行重新创造,而不是简单地改进和完善。因此,这种创新设计方法具有较高的创造性。

以前的木工刨床,旋转的刨刀都是在固定轴下做旋转运动,木料要靠人用手来推进,推进到最后,往往一不小心,手指就被刨刀"咬伤"。这种老式木刨床的结构基本是制式化的,尽管人们采用各种光电、机械的防护装置,但都是在"防"字上做文章。木匠出身的李林森对此都不满意,决心要彻底改变老式刨床的这种结构形式。他构思了第三代样机,最后的整体结构与市面上通行结构完全相反:木料不动,刨刀滚头往复行走,从根本上解决了刨刀咬人手指的问题,他的发明具备了专利上要求的创造性特征。

国家专利局于1987年3月发出了审定公告,李林森发明的"木工安全刨床",以独家许可形式在昆明拖拉机厂实施。该厂大胆采用专利技术,特聘李林森为顾问,为生产"木工安全刨床",投入固定资产680万元,并组织对这项发明的产线化改进。随着产品投放市场,仅在第二年,该项产品所创造产值就达1200万元,获利达480万元。"木工安全刨床"成为该厂后来居上的拳头产品。

6.4 希望点列举法

希望点列举法是一种创造者从社会需要或个人愿望出发,通过列举希望点,形成创新的要求或指标等,经过归纳,确定创新设计目标的创造技法。一般来说,希望点列举法可细分为功能型希望点列举法、原理型希望点列举法等。人类的许多大的发明创造都是根据希望而设计出来的,人们希望离开地面,就发明了飞艇、飞机等;人们希望拥有四季如春的生活环境,就发明了空调设备等。

希望点列举法不同于缺点列举法。后者是围绕存在事物找缺点,提出改进设想。这种设想一般不会离开事物的原型,故称为被动型创造技法。而希望点列举法是从社会需要、创新设计者的意愿出发而提出的各种新设想,所提及的希望点往往是旧事物从本质上所不具备的,它可以不受原有事物的束缚,甚至要突破原有事物本身的限制而进行再创造,所以是一种主动型的创新技法。

从思维角度看,列举希望点是收敛思维和发散思维交替作用的过程。从某一模糊需要出发,创造者利用发散思维,列举出多种能满足需要的希望点;再又利用收敛思维,选择可实施创新的希望点。

6.4.1 希望点列举法的基本步骤

希望点列举法操作简单,方式灵活,可以依据创新目标,通过问卷搜集法、希望点列举会、访谈会等形式进行。无论是哪种方法都需要经历"提出希望点、分析希望点、鉴别希望点、实施希望点"的过程。例如,以"笔"为对象,进行希望点列举创新设计,希望点列举法的对象为学生书写用的中性笔。其创新设计的具体步骤如下:

第一步:组织希望点列举会以学生为主,控制人数在5~10人。

开会任务1——列举笔的希望点,可以列出如下。

能够写出好几种颜色的字;能够调整笔迹的粗细;能够产生亮光或者近距离照明;能够有助于消除烦闷;可以拨打电话;可以给人按摩;可以播放音乐;……

开会任务2——从列举的希望点中,进行希望点的优选。

通过开会评议,认为"笔"的希望点中"能够有助于消除烦闷"对于笔的价值最大,有助于静心继续学习;用于近距离照明对于学生有一定作用;可以拨打电话、播放音乐与手机功能重叠,在集体学习场所使用对其他学生造成影响。最终优选希望点排序:"消除烦闷"、"短时近距离照明""能够写出好几种颜色的字""能够调整笔迹的粗细"。

第二步:希望点列举创新技术分析。

结合现有技术,认为"能够写出好几种颜色的字"需要在笔体内置多种笔芯,占用笔的空间,不利于其他希望点的满足;认为中性笔的笔芯确定的情况下,"调整笔迹的粗细"实现上难度较大;以上两者从设计目标中剔除。决定围绕"消除烦闷""短时近距离照明"两者展开具体设计。

第三步:希望点列举创新实施路径。

从"消除烦闷"而言,好的环境、适当的娱乐能够消除烦闷,综合意见,决定给笔加一个风扇;从"短时近距离照明"而言,加装改良的微型手电筒。

第四步:希望点列举创新实施方案。

从笔的构件组成而言,分为笔帽、笔体、笔夹、笔芯等。设计方案:在笔帽内置电池、小电机和扇叶,实现风扇功能;在笔体端部安装纽扣电池,增加小的 LED 灯;在笔夹上加一个塑料的卡通人物造型。

经以上 4 个步骤,以"笔"为对象,希望点列举创新设计完成。

6.4.2 功能型希望点列举发明法

功能型希望点列举是在不改变原事物基本作用原理的前提下,针对事物不具备而又有所希望的方面,将希望点一一罗列,进行功能变换和创新的一种方法。例如:齿轮传动将转动变为移动的机构创新设计,工作原理是:一个圆在另一圆内滚动,其圆周上任意一点将形成一个内摆线轨迹。当这两个圆的直径比率为 2 时,这个轨迹退化为直线(沿大圆的直径)。

如图 6-4 所示,输入轴 2 转动,驱动小齿轮 3 沿固定的大齿轮 1 的内齿转动,安装在小齿轮 3 节圆上的销钉形成一直线轨迹,它的线位移在理论上与输入轴 2 转动角 a 的正弦或余弦成比例关系。

若采用万向齿轮传动与苏格兰叉的组合机构,如图 6-5 所示,则外部齿轮(输出齿轮 1)的角坐标是可调整的。调整的行程等于大直径在苏格兰叉 2 中心线上的投影,驱动销钉沿着这个大直径移动。这个叉将进行简谐运动。

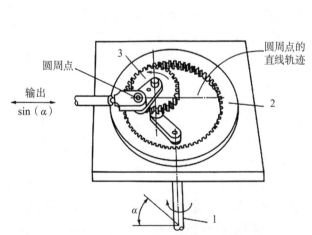

图 6-4 万向齿轮传动机构-直线轨迹输出

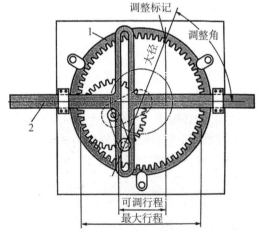

图 6-5 万向齿轮传动机构-行程轨迹可调

6.4.3 原理型希望点列举发明法

原理型希望点列举是针对现有事物的某些不足列举出希望点,并根据希望或要求,打破原事物概念的束缚,从全新的角度进行再创造的一种创新方法。这种方法与前面的功能型希望点列举法的本质不同之处,在于它在按照希望点创造中,已经不只是在原基础上的改进和发展,而是一种仅以原事物为参照物的重新创造。

原理型希望点列举法是一种自觉型的创造方法,即是主动的、比较理想化的和比较直接的再创造。其难点在于,它为实现所列举的希望点,一般不能从原事物的基础上进行继承和发展,而必须变换思考角度,另寻解决途径。以振动机构创新设计为例,较为常用的是偏心振动机构,通过偏心轮转动来推动振动筛往复移动以实现振动,其结构简单,振动幅度大小与偏心轮形状有直接关系。

从原理型希望点列举创新设计来看,可以利用电磁力产生振动效应,电磁振动机的工作原理是:通过电磁线圈得失电,在电磁铁端部形成时有时无的电磁力,与复位弹簧相结合,形成往复振动,其工作原理如图6-6所示。

还可以利用超声波产生振动,如图6-7所示,超声波振动筛由超声波电源通过振荡电路产生高频信号,由换能器转化成振动体的机械能,实现物料筛分。

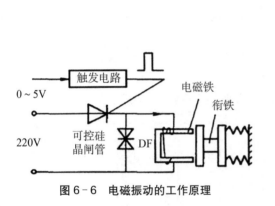

图6-6 电磁振动的工作原理

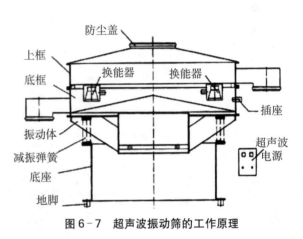

图6-7 超声波振动筛的工作原理

6.5 机械创新设计案例

创新发明:抓斗原理方案创新设计

抓斗是重型机械的一种取物装置,主要用来就地装卸大量干散物料。目前使用的抓斗以长撑杆、双颚板的抓斗为主,由于其闭合结束时闭合力呈减小趋势的缺陷,影响抓取效果。其他类型的抓斗虽然也有使用,但也存在各自的缺点,故市场上希望有一种装卸效率高、作业快、功能全、适用广的散货抓斗。从设计方法学和创造学的角度出发,通过对抓斗的功能分析,确定可变元素,列出形态矩阵表,组合出多种抓斗原理方案,再评价择优,从而得到符合设计要求的原理方案,为设计人员提供抓斗原理方案设计的新思路。

在分析调查的基础上,运用缺点列举法、希望点列举法等创新设计技法,制定抓斗开发设计任务,如表6-1所示。

表6-1 抓斗开发设计任务书

要　　求	内　　容
功能方面	(1) 抓取性能好，有较大的抓取力 (2) 装卸效率高 (3) 装卸性能好，空中任一位置颚板可闭合、打开 (4) 闭合性能好，能防散漏 (5) 适用范围广，既可抓小颗粒物料，也可抓大颗粒物料
结构方面	(1) 结构新颖 (2) 结构简单、紧凑
材料方面	(1) 材料耐磨性好 (2) 价格便宜
人机工程方面	操作方便，造型美观
经济、安全使用等方面	(1) 尽量能在各种起重机、挖掘机上配套使用 (2) 维护、安装方便，工作可靠，使用安全 (3) 总成本低廉

对起重机一般取物装置作反求分析，得起重机功能树，如图6-8所示。

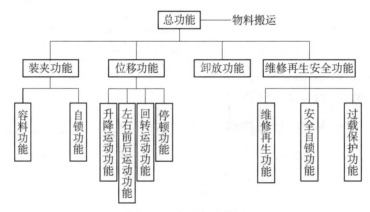

图6-8 起重机功能树

抓斗的主要特点是颚板运动，结合设计任务书，得到抓斗的功能树，如图6-9所示，抓斗的总功能由抓取、容料、升降、卸放等功能组成。

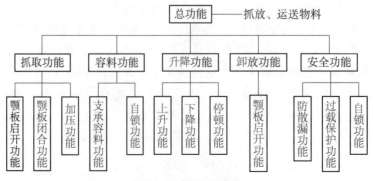

图6-9 抓斗功能树

抓斗的功能结构如图 6-10 所示。所谓功能结构图是一种按照功能从属关系画成的图表,它包括对系统的输入及输出的适当描述,为实现其总功能所具有的分功能和功能元以及它们之间的顺序关系。

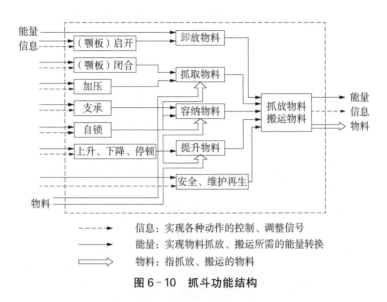

图 6-10 抓斗功能结构

确定了功能结构图,也就明确了为实现其总功能所应具有的分功能和功能元以及它们之间的相互关系,利用寻找实现分功能和功能元的作用效应,按设计方法学理论,如果一种作用效应能实现两个或两个以上的分功能或功能元,则机构将大大简化,运用反求工程设计方法,确定以下抓斗可变元素。

(1) 能实现支承、容料和启闭运动的原理机构。
(2) 能完成启闭动作、加压、自锁的动力装置(即动力源的形式)。

对可变元素进行变换(即寻找作用效应),建立形态矩阵表,如表 6-2 所示。

表 6-2 抓斗原理方案形态矩阵图

可变元素	变 体					
	单(多)铰链杆	连杆机构	杠杆机构	螺杆机构	齿轮齿条机构	其他
颚板启闭机构 A (平面图)	A_1	A_2	A_3	A_4	A_5	…
(启闭、加压、自锁) 动力源形式	绳索— 滑轮 B_1	电力机构 B_2		液压 B_3	气压 B_4	…
		螺杆传动 B_{21}	齿轮传动 B_{22}			

理论上，表6-2中任意两个元素的组合都可形成某一种抓斗的工作原理方案。尽管可变元素只有A、B两个，但理论上可以组合出25种原理方案，其中包括明显不能组合在一起的方案。经分析得出明显不能组合在一起的方案有：A_2B_{22}、A_4B_1、A_4B_{22}、A_4B_3、A_4B_4、A_5B_1、A_5B_{21}、A_5B_3、A_5B_4，把这些方案排除，剩16种方案，而常见的一些抓斗工作原理方案基本包含在这16种内，如A_1B_1组合，就是耙集式抓斗的工作原理方案。除此之外，这16种方案中包含了一些创新型的抓斗。

方案评价过程是一个方案优化的过程，希望所设计的方案能最好地体现设计任务书要求，并将缺点消除在萌芽状态。为此，从矩阵表中抽象出抓斗的评价准则如下：

A-抓取力大，适应难抓物料；B-可在空中任一位置启闭；C-装卸效率高；D-技术先进；E-结构易实现；F-经济性好，安全可靠。

根据这六项评价准则，对抓斗可行原理方案进行初步评价，如表6-3所示。表中，"√"表示可行；"×"表示不可行；"×"表示存疑或未知。

从表6-3中可知，能满足六项准则的有6种方案，A_1B_3、A_1B_4、A_2B_3、A_2B_4、A_3B_3、A_3B_4。为进一步缩小区域，在确定最佳原理方案之前，应及时进行全面的技术经济评价和决策。

表6-3 抓斗可行原理方案初步评价表

抓斗方案	评价准则						评判意见
	A	B	C	D	E	F	
A_1B_1 耙集式抓斗	×	√	×	√	√	√	
A_1B_{21}	√	√	×	√	√	×	
A_1B_{22}	√	√	/	√	√	×	
A_1B_3	√	√	√	√	√	√	√
A_1B_4	√	√	√	√	√	√	√
A_2B_1 长撑杆抓斗	×	√	×	√	√	×	
A_2B_3	√	√	√	√	√	√	
A_2B_4	√	√	√	√	√	√	
A_3B_1	√	√	×	√	√	√	
A_3B_{21}	√	√	×	√	√	×	
A_3B_{22}	√	√	×	/	√	×	
A_3B_3	√	√	√	√	√	√	√
A_3B_4	√	√	√	√	√	√	√
A_4B_{21}	√	√	×	√	√	×	
A_5B_{22}	√	√	√	√	√	×	

研究这6种初步评价获得的可行方案发现：为了实现装卸效率较高，动力源形式可以选

择液压或气压。为进一步筛选、取优,对液压和气压进行比较,如表 6-4 所示。

表 6-4 液压和气压的抓斗性能比较

比较内容	气动抓斗性能	液动抓斗性能
对环境温度适应性	较强	较强
对湿度适应性	强	强
抗粉尘性	强	强
同功率下结构	较庞大	紧凑
控制装置构成	简单	较复杂
能否进行复杂控制	普通	较优
输出力	中	大
动作速度	快	中
速度调节	较难	较易
响应性	小	大
维修再生	容易	较难

由表 6-4 可知,液压传动的抓斗功率密度大,结构紧凑,重量轻,调速性能好,运转平稳、可靠,能自行润滑,易实现复杂控制。气压传动明显的优点是:结构简单,维护使用方便,成本低,工作寿命长,工作介质(压缩空气)的传输简单,且易获得。

对于抓斗设计,要求抓取能力强,重量轻,结构紧凑,经济性好,维护方便。通过分析比较,权衡主次,选择液压传动作为控制动力源较优。

经过筛选,剩三种方案,即 A_1B_3、A_2B_3、A_3B_3。对这三种方案进行创新构思,画出其简图分别如图 6-11 至图 6-13 所示。

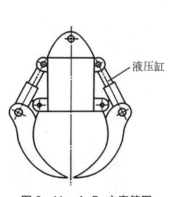

图 6-11 A_1B_3 方案简图

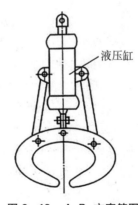

图 6-12 A_2B_3 方案简图

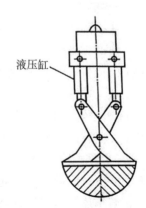

图 6-13 A_3B_3 方案简图

A_1B_3 组合为液压双板或多颚板抓斗,需两个或两个以上液压缸。

A_2B_3 组合为液压长撑杆双颚板或多颚板抓斗,只需一个液压缸。

A_3B_3 组合为液压剪式抓斗,两个液压缸。

通过以上的分析,经过评价、筛选确定了这三种抓斗原理方案。对这三种方案,可以对照设计任务书作进一步定性分析,如表 6-5 所示。

表 6-5　三种抓斗方案的比较

抓斗方案	抓取性能	闭合性能	适用范围	液压缸行程	结构复杂程度
A_1B_3	好	好	广	较小	较复杂(液压缸两个以上)
A_2B_3	好	差	一般	较小	简单(一个液压缸)
A_3B_3	好	好	一般	大	一般(两个液压缸)

从表 6-5 中得出:A_1B_3 能较好地满足设计要求,其不足是结构稍复杂;A_2B_3 无法防止散漏这一至关重要的性能要求;A_3B_3 液压缸行程大,这在技术上很难实现,故最后确定 A_1B_3 为最佳原理设计方案。

以上利用设计方法学和发明原理对抓斗开发设计中的原理方案创新设计进行了研究,在设计过程中还应注意以下几点:

(1) 评价过程中应充分利用小组讨论、综合决策,提高评价准确性,在定性分析方法无法得出结论时,可用指标评价法的方法进行定量分析。

(2) 一次次地比较、筛选,主要目的是逐步寻找薄弱环节,是一个优化的过程。

(3) 在最佳原理方案确定之后的设计中,也应当充分运用设计方法学和创造学的基本原理进行创新设计。比如,在抓斗的结构设计中,要充分发挥设计人员的创造性,确定结构设计中的可变元素,对可变元素进行变化、创新,得出最佳设计。

思考与练习

1. 简答题

(1) 从灯泡两百多年的创新设计中,你得到什么启示?

(2) 何谓列举创新,列举创新在创新活动中有何价值和作用?

(3) 何谓特性列举法,特性列举有何特点和作用?

(4) 请简述特性列举的创新设计原则和实施的基本步骤。

(5) 何谓缺点列举法,请简述缺点列举法实施的基本步骤。

(6) 试比较改良型缺点列举法与再创型缺点列举法的区别与联系。

(7) 何谓希望点列举法,请简述希望点列举法实施的基本步骤。

(8) 试比较原理型希望点列举法与功能型希望点列举法的区别与联系。

(9) 请阐述提高列举法创新设计效率的策略。

(10) 有人说:"列举法创新设计的创新设计价值性不高。"对此,你怎么看?

2. 分析题

(1) 机械手表指针转过一段时间后,会与准确时间出现微小误差,针对此种情形,请采用希望点列举法,进行创新设计。

（2）比较一下特性列举法、缺点列举法与希望点列举法在列举应用上的区别与联系，概念汽车的设计采用哪种列举法比较合适？

（3）请以尺子、圆规、量角器为对象，分别列举其特性、缺点及希望点，在此基础上，谈一谈你对计时工具的创新设想？

（4）请以火折子、火柴、打火机为对象，分别列举其特性、缺点及希望点，以此为基础，谈谈你对取火工具的创新设想？

（5）请以滑板、独轮车、自行车为对象，分别列举其特性、缺点及希望点，以此为基础，谈谈你对简易轻便的交通工具的创新设想？

本章小测验

第 7 章

类比创新法

[知识要点]

本章内容主要涉及：类比创新的概念、特征及分类；类比创新设计的一般步骤，共性类比法、拟人类比法、综摄类比法等的定义、创新设计原则及基本实施步骤等。

[学习目标]

本章以"深潜器的创新设计"为引，让学生在掌握类比创新技法的基本知识基础上，结合类比创新的典型案例，掌握类比创新的要领，学会类比创新的实践应用。

■ 创新范例：深潜器的创新设计

早期人类设计的深潜器都是靠钢缆吊入水中后下潜，它既不能在海底自由行动，潜水深度也受钢缆强度的限制，由于钢缆越长，自身重量越大，也越容易断裂，所以深潜器下潜深度始终无法突破 2000 米大关。

瑞士科学家皮卡尔是研究大气平流层的专家，设计出由充满比空气轻的气体的气球和吊在气球下面的载人舱两部分组成的可载人充气气球，飞到了万米的高空。他将平流层气球的设计应用在深潜器设计上，如图 7-1 所示，研制出由钢制潜水球和外形如船一样的浮筒组成

图 7-1 载人充气气球与早期深潜器

的深潜器。在浮筒中充满比海水轻的汽油,为深潜器提供浮力;在潜水球中放入铁砂作为压舱物,使深潜器沉入海底;若要上浮,只需将压舱的铁砂抛入海中。1954年,皮卡尔设计出不用钢索能独立活动的潜水艇,并创造了当时4050m的深潜记录。

2002年中国科技部将深海载人潜水器研制列为国家高技术研究发展计划(863计划)重大专项,启动"蛟龙号"载人深潜器的自行设计、自主集成研制工作。2009年至2012年,"蛟龙号"接连取得1000米级、3000米级、5000米级和7000米级的海试成功。2012年6月,在马里亚纳海沟创造了下潜7062米的中国载人深潜纪录,也是世界同类作业型潜水器的最大下潜深度纪录。如图7-2所示,"蛟龙号"载人深潜器研制的成功,标志着中国海底载人科学研究和资源勘探能力已经达到国际领先水平。

图7-2 中国自行设计的"蛟龙号"深潜器

(资料来源:海洋科普(747)|载人潜水器发展现状及趋势 https://www.sohu.com/a/316933827_100013296)

7.1 类比创新概述

世界上的事物千差万别,但并非杂乱无章,它们之间存在着程度不同的类似之处,有的是本质类似,有的是构造类似,有的仅有表面、形态的类似,用类比法即可得到创造性成果。类比法是一种以已知推导未知的一种创造技法,它有两个基本原则,即异质同化和同质异化。所谓异质同化,是运用熟悉的方法和已有知识,提出新的设想。所谓同质异化,是运用新方法来处理熟悉的知识,提出新的设想。

类比法是主要的创新方法之一,古往今来,人类利用这一方法发明创造了无数的生活用品、生产工具等。中华文化以意象思维见长,类比是最基本的思维方式之一。春秋时期,鲁班的妻子云氏在下雨时看到青蛙躲在荷叶下避雨而引发灵感,进而"劈竹为条,蒙以兽皮,收拢如根,张开如盖",发明了雨伞。文学理论家刘勰说:"比者,附也;兴者,起也。附理者,切类以指事;起情者,依微以拟议。"其中的"比者,附也",是指比喻事理的,要根据相似点来说明事物。康德曾说:"每当理智缺乏可靠论证的思路时,类比这个方法往往能指引我们前进。"

7.1.1 类比法的概念

就"类比"一词而言,最早源于希腊语,含义为"按比例"。古希腊数学家发现,两个尺寸不同的三角形若三条边的比例关系相同,则这两个三角形相似。这种利用比例来发现相似性质的方法,是最早意义上的类比。

所谓类比,是一种推理,它把不同的两个(或两类)对象进行比较,根据两个(或两类)对象在一系列属性上的相似,而且已知其中一个对象还具有其他的属性,由此推出另一个对象也具有相似的其他属性的结论。类比的思维过程分为两个阶段:第一阶段,把不同的两个(两类)事物进行比较;第二阶段,在比较的基础上进行推理,即把其中某个对象有关的知识或者结论推移到另一个对象中去。

类比法也叫"比较类推法",是指由一类事物所具有的某种属性,可以推测与其类似的事物也应具有这种属性的推理方法。它是在两个特定的事物间进行的,通过联想思维,把相同类型的两种事物联系起来,把不同类型事物间的相似点联系起来,把陌生的对象与熟悉的对象联系起来,把未知的东西与已知的东西联系起来,异中求同、同中寻异,从而产生出崭新的创造设想及发明方案的一类方法的统称。

在客观现实里,事物的各个属性并不是孤立的,而是相互联系和相互制约的。因此,如果两个事物在一系列属性上相同或相似,那么,它们在另一些属性上也可能相同或相似,各个领域都存在着可供类比的相似关系,从马克思主义哲学观点看,世界上的一切事物之间,不但具有密切的联系,而且还都存在着某种程度的相似性,著名的数学家拉普拉斯也说过:"甚至在数学里,发现真理的主要工具也是归纳和类比。"类比不仅可以用于同类事物之间,也可以用于不同类的事物之间,世界上一切事物之间都存在着应用类比法的可能性。

7.1.2 类比法的特征

1. 类比法是平行式思维的方法

与其他思维方法相比,类比法属平行式思维的方法。无论哪种类比都应该是在同层次之间进行,亚里士多德在《前分析篇》中指出:"类推所表示的不是部分对整体的关系,也不是整体对部分的关系。"类比推理是一种或然性推理,前提真,结论未必就真。要提高类比结论的可靠程度,就要尽可能地确认对象间的相同点。相同点越多,结论的可靠性程度就越大,因为对象间的相同点越多,二者的关联度就会越大,结论就越可靠。反之,结论的可靠程度就会越小。此外,要注意的是类比前提中所根据的情况与推出的情况要带有本质性,如果把某个对象的特有情况或偶有情况硬性类推到另一对象上,就会出现"类比不当"或"机械类比"的错误。

2. 类比法的方式是"由此及彼"

类比法的方式是"由此及彼"。如果把"此"看作是前提,"彼"看作是结论,那么类比思维的过程就是一个推理过程,古典类比法认为,如果我们在比较过程中发现被比较的对象有越来越多的共同点,并且知道其中一个对象有某种情况而另一个对象还没有发现这个情况,这时候人们头脑就有理由进行类推,由此认定另一对象也应有这个情况。现代类比法认为,类比之所以能够"由此及彼",之间经过了一个归纳和演绎程序,即从已知的某个或某些对象具有某情况,经过归纳得出某类所有对象都具有这情况,然后再经过一个演绎得出另一个对象也具有这个情况。

3. 类比法的过程是"先比后推"

类比法的过程是"先比后推"。"比"是类比的基础,既要"比"共同点,也要"比"不同点。对象之间的共同点是类比法是否能够施行的前提条件，没有共同点的对象之间是无法进行类比推理的。"推"是类比的后续，通过比较发现被比较对象间的共同点，以及其中一个对象有某种情况而另一个对象还没有发现这个情况之后，通过类比联想推理、开拓思路、寻找线索、触类旁通，由此物"推"及彼物、由此类"推"及彼类。

7.1.3 类比法的分类

经过长期的创新实践，类比创新方法逐渐发展出多种多样的方法，按照类比的对象、方式、内容及思维方式等，可分多种类型。

1. 按类比的对象分类

根据类比中对象的不同，类比法可分为个别性类比法、特殊性类比法和普遍性类比法等。个别性类比法是类比法最原始、最简单类型，也是最常用、最常见的类型。它是以某个别对象为前提推出另一个别对象为结论的推理。特殊性类比法是从已知的某类对象中部分对象具有或不具有某情况，推出另一部分对象也具有或不具有此情况的推理。普遍性类比法是在两类所有对象之间进行的。它是从已知的某类所有对象都具有或不具有某情况，推出另一类对象也具有或不具有此情况的推理。

2. 按内容分类

根据类比中的内容不同，类比可分为性质类比法、关系类比法、条件类比法等类型。性质类比是根据对象之间的相同或相似属性而进行的类比。关系类比法是根据对象之间的关系而进行的类比。条件类比法是根据对象之间的条件关系而进行的类比。

3. 按结论可靠程度分类

根据结论的可靠程度，类比法可分为科学类比法和经验类比法等类型。

经验类比法是源于经验的类比，是建立在简单的经验知识基础上的类比，自古以来，人类凭借智慧和细心的观察，积累了许多经验，有了经验，便可以类比。例如，今天的天色、气温、风向和昨天差不多，昨天下雪，所以推测今天也可能下雪，这种以经验为基础的主观推导，在经验可以把握时，尚有一定意义和准确性，但如果过分执于经验且思维模式单一，就免不了走向牵强附会、机械类比或神秘主义。

科学类比法是建立在科学分析基础上的类比。其结论要比经验式类比法可靠得多，现在人们根据探测器发现了火星上有赤铁矿，由此推断火星上曾经有水，根据的就是类比。因为地球上也有赤铁矿，而我们知道地球上的赤铁矿通常都是在水的作用下形成的。既然地球上的赤铁矿都是在水的作用下形成的，那么火星上的赤铁矿也应该是在水的作用下形成的。所以说火星上曾经有水。

4. 按思维方式分类

根据思维方式的不同，类比法可分为共性类比法、拟人类比法和综摄类比法等类型。以下章节针对类比法的不同思维方式，进行介绍。

7.1.4 类比创新的实施过程

类比法是一种确定两个及两个以上事物间同异关系的思维过程和方法，即根据一定的标准尺度、把彼此有联系的几个相关事物加以对照、把握事物的内在联系，进行创造。综上所述，类比法的实施过程大致有以下三个步骤。

1. 正确选择类比对象

我们在类比对象的选择的时候,应以发明创造的目标为依据,选择熟悉的对象为类比对象,它应该是生动、直观的事物,以便于进行类比。这一步中,联想思维是很重要的,要善于应用联想把表面上毫不相关的事物联系起来,要设计汽艇的控制系统,可与汽车的控制系统进行类比,汽车能前进、后退,有不同的速度挡位,有车头灯、方向灯等,那么在设计汽艇的控制系统时,也应具有这些设备。应鼓励选择跨度、距离很大的两种事物进行类比,这样产生的创新设计,更具新颖性、突破性。

2. 将两者进行分析、比较,从中找出共同的属性

要将创造对象和类比客体两者进行深入分析、全面比较。从中找出包括表面上、本质上、外延上、内涵上、结构上、材质上、工艺上、技术上、功能上等方面的共同属性,同时,我们也要将创造对象和类比客体两者的不同属性之处找出,作为对比、参照之用。

3. 通过联想思维,进行类比联想推理,并得出结论

在进行类比创新时,联想思维是非常重要的因素。事物间的联系是普遍存在的,正是这种联系,使我们的思维得以从已知引向未知,变陌生为熟悉,创新设计所追求的是新颖未知的事物,应该是人们暂时还不了解的,为此,需要借助现有的知识、经验或其他熟悉的事物作为桥梁,通过转换思维获得启迪。

19世纪初期,英国要在泰晤士河的河底建隧道,由于地质条件差,用传统支护开挖法施工难度极大。工程师布鲁诺尔内从蛀虫用分泌物涂抹蛀孔内壁中得到启发,设计出"构盾施工法",随后,他研发出世界第一台盾构掘进机。我国生产的盾构掘进机,如图7-3所示,由刀盘、刀箱、盾壳、管片供应系统、螺旋输送机、推进千斤顶组成。

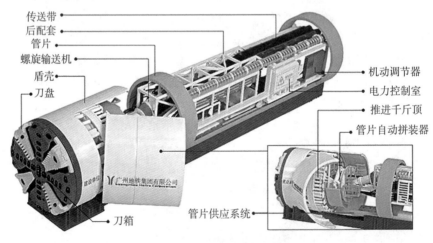

图7-3 国产大型盾构掘进机

7.2 共性类比法

共性类比法是将两种不同的事物进行对比分析,找出它在某一方面的相同点或相似处,利用对其中一种事物的某种特性的了解和认识,来推断、认识和改造另一事物的方法。类比创新

法的最大特点是,充分利用人们原有的知识、经验和解决问题的办法,来研究新事物,解决新问题,共性类比法按类比事物的性质差异,分为三种类型:形式相同类比、现象相同类比和因果相同类比。

7.2.1 形式相同类比

形式相同类比,着重对两种不同事物的外观、结构或表象等进行对比分析,找出它们的相同点,利用对已知事物的了解认识,来研究另一事物的创新方法。运用这一方法,主要在于找出两个不同事物的相同或相似之处。

例如,循环锅炉的创新设计。工业革命使蒸汽机得到普遍使用,为了获得蒸汽,人们发明了锅炉,但最初的锅炉,热效率不高。由于锅炉故障给木材加工带来损失,早年从事木材加工业的发明家田熊常吉,从人体的血液循环得到启发,将血液循环中的毛细血管的分流作用及防止逆流作用作为类比模型,设计出水管式循环锅炉。

如图7-4所示,循环锅炉主体部分的上部为蒸汽室,下部为水加热室。在上部蒸汽室设置有两个循环水管,用于降温减压,靠近下部的为热水管,稍远的是暖水管。当用燃气给水加热时,水蒸气上升,在供热水管和采暖水管的降温作用下,水蒸气变为水滴,落回水加热室,其上设置有大量温度传感器、压力开关等,用于热水锅炉的控制。

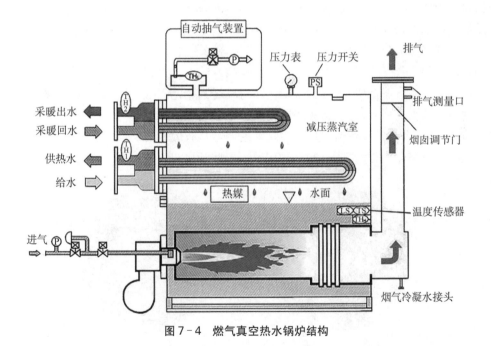

图7-4 燃气真空热水锅炉结构

7.2.2 现象相同类比

现象相同类比是根据创新设计目标的需要将两类不同的事物发生或将会发生的现象、过程进行对比分析,找出它们的相同点,并利用对已知事物的了解和认知,来研究另一事物的方法。现象类比的关键在于通过对两个事物发生或可能发生的相同现象作深入的分析和判断,找出有影响的相关因素,加以研究。

但是现象相同的两个事物并不一定都有着必然的联系,其作用的结果也未必完全一致。这是由于类比创新方法属于一种演绎逻辑,它不能保证具有相同"因"的两个事物,就必有相同的"果",掌握这一点对更好地运用这一方法是至关重要的。同时,也应当善于抓住不同事物所发生的同一种现象,因为相同的现象可能预示着会出现相同的结果,即演绎逻辑中所说的"或然"性。这也正是类比方法被广泛应用的原因。

例如,硅谷一位工程师研究提高砷化单晶切片成品率的问题,试用了各种办法都不理想。一次偶然的机会,看到工人为防止薄胶合板劈裂,在快锯断时将锯的速度放慢。受此启发,改快切为慢锯,砷化单晶切片成品率一下提高了。类比方法的优越性在于它有可能通过简单的对比和推演,直接获得研究结果,简化了分析过程。当然,运用类比法所得出的结论还需要通过实践来加以检验才行。

7.2.3　因果相同类比

因果相同类比是依据两类不同事物都存在的相同或相似的起因、作用条件,进行对比分析,并利用对已知事物性质的认知,来判断和推测另一事物所具有的作用效果或性质的创新形式。因果相同类比的关键在于找出未知事物与已知事物所具有的基本属性和条件的相似点,才能有效地推断未知事物可能的作用效果和变化。它不同于前面的现象类比,不仅要分析现象的相同或相似,还要着重分析现象产生的基本原因和条件是否具有可比性,这点是非常重要的。需要注意的是,在因果相同类比中,可能因为"一果多因"和"一因多果"的情形,导致类比创新的错位甚至失败,在解决此类问题时,需要结合列举法进一步细化。

例如,中国吉州窑传统制瓷技艺的代表性作品木叶盏,如图 7-5 所示,因其碗底烧制有一树叶而闻名。由于古法制瓷技艺已失,现代在对其烧制工艺无数次探索之后,发现木叶盏的烧制居然是将一片真的树叶,置于碗底烧制而成。在发明创造史上,许多发现和发明来得竟是如此简捷,有时往往令人难以置信。这其中除了发明者具有敏锐的洞察力和极强的分析能力外,主要是他们经过多年的创造实践,掌握和积累了一些行之有效的发明方法。

图 7-5　木叶盏——吉州窑传统制瓷技艺的代表性作品

7.3 拟人类比法

拟人类比法又称亲身类比、感情移植,即把自身与问题的要素等同起来,从而帮助人产生出更富创意的设想。在拟人类比的过程中,人们将自己的感情投射到对象身上,把自己变成对象,体验一下研究对象应该有的感觉。

例如,挖土机的结构设计,就是模拟人体手臂的动作。它的主臂如同人的手臂,可以上下左右弯曲,挖斗如同人的手掌,可以插入土中,将土挖起。拟人类比法使个人不再按照原来分析要素的方法来考虑问题,更多的是从人自身出发。

7.3.1 拟人类比法的特点

拟人类比是通过拟人化和移情,产生独特视角,进行创新设计。

1. 拟人化

拟人化就是把事物人格化,把客观事物(包括物体、动物、思想或抽象概念)拟作人,使其具有人的外表、个性或情感。拟人化可以使客观事物更加生动、具体,既能形象地体现出某事物的某个特点,又有了拟人化之后特有的具象效果。

运用拟人化,最简单的做法就是问"如果我是它,那么……";就会产生一连串的全新创意。拟人化能够激发人的情感,启发人的智慧,促使人提出独特的设想和方法。

2. 情感移植

情感移植是指将人的情感投射到客观事物上,赋予客观事物人类的情感、思维和意识。情感移植不仅把两个原本不同的事物等同起来,还赋予情感的投射。所以,情感移植可以引起特殊意义的思维启发和情感共鸣。因为在"感觉"上认为人与事物是相似的,需要暂时忘记它们之间的不相似之处,把它们看成同类而产生共鸣。

在创新设计中,通过拟人化,把自身的性格、情感与问题对象(或问题因素)等同起来,会使看问题的角度发生改变,从而获得关于对象(或问题因素)的全新感受和深刻见解,帮助我们最终产生创造性设想。

7.3.2 拟人类比法实施步骤

拟人类比法的实施步骤可以概括为以下 4 个步骤。

(1) 把自身与问题的要素等同起来(拟人化),或让无生命的对象变得有生命、有意识。
(2) 变换角度进行思考,感同身受,产生新的感受和想法。
(3) 根据上述感受提出创新设计。
(4) 恢复到原来的状态,评价设想的可行性。

以设计一把椅子为例,我们首先进行设想,当我是椅子时,我有怎样的感受,例如:我希望能有弹性;我害怕在重物重压之下而折断;我想经常改变我的外型,甚至能成为桌子。从椅子本身的自白,我们可以进一步了解椅子的性能等,在设计时就会考虑到它的弹性、牢固性、多样性、多用途,这样就可以形成全新的椅子设计方案。

7.4 综摄类比法

在长期创新实践中,类比创新方法得到了迅猛发展,综摄类比法是其中最典型的方法之一。综摄类比法常简称为综摄法,是以外部事物或已有的发明成果为媒介,将它们分成若干要素,对其中的元素进行讨论研究,综合利用激发出来的灵感进行创新设计的方法。综摄法由麻省理工学院威廉·戈登于 1944 年提出,他发现,当人们看到一件外部事物时,往往会得到启发思考的暗示,即类比思考。这种思考的方法和意识没有多大联系,反而是与日常生活中的各种事物有紧密关系。经不断完善,综摄法已成为理论性和操作性很强的创新方法。

7.4.1 综摄法的原理与技巧

综摄法以已知的事物为媒介,将表面看起来毫无关联、互不相同的知识要素综合起来,勾起人们的创造欲望,使潜在的创造力发挥出来,产生众多的创造性设想。它是一种高效率利用知识的创新设计方法,是一种旨在开发人的潜在创造力的思考方法。

综摄法的基本思路是:在构思设想方案时,对将要研究的问题适当抽象,以开阔思路,扩展想象力。将问题适当抽象,要根据激发创意的多少,逐步从低级抽象向高级抽象演变,直到获得满意的改进方案为止。人们将这种做法称为抽象的阶梯。

1. 基本假设

综摄法的提出是以如下几个基本假设为基础的。

(1) 每个人都有潜在的创造力,这种创新能力是可以开发的。

(2) 通过人的创新现象(包括艺术和科学),可以描述出共同的心理过程。

(3) 在创新过程中,感情的非合理因素比理智的、合理的因素更重要。

(4) 创新心理过程能用适当的方法加以训练、控制。

(5) 集体经历的创造过程可以模拟个人的过程。

2. 基本原则

综摄法的基本原则包含两个部分,即异质同化和同质异化。

1) 异质同化

我们创新设计的事物大都是现在所没有的,人们对它们并不了解,然而人们却非常熟悉现有的东西。在设计不熟悉的新事物的时候,可以借用现有的知识来进行分析研究,启发出新的设想,这就是异质同化。

异质同化通俗讲就是"变陌生为熟悉"。当遇到陌生事物时,人在思维意识上总是设法将它纳入个人可以接受的模式中。通过把陌生事物与熟悉事物联系起来,把陌生的转换成熟悉的,人们就能逐渐了解这个陌生事物。在变陌生为熟悉的阶段,人们主要是了解创新设计的主要方面以及各个细节。借助于分析,设法将陌生的事物分解,尽可能地将之变为以前所熟悉的事物。

例如,在发明脱粒机之前,谁也没有见过这种机械,要发明这样一种机械,就要通过当时现有的知识或熟悉的事物来进行创造。脱粒机实际上是一种使物体分离(稻谷和稻草)的机械,可以使稻谷和稻草分离的方法有很多。有人根据尖刺冲撞使稻谷从稻草上脱落下来的设想,发明出一种带有尖刺的滚筒状的脱粒机。

如图7-6所示,脱粒机的结构由尖刺滚筒、风机、清选筛、分离装置、收集装置等组成,图示箭头方向是物料运转处理的流向。谷物经尖刺滚筒、分离装置分离出短脱出物,经风机风力和清选筛的筛选,籽粒在重力作用下落入收集装置中。

2) 同质异化

对现有的某些早已熟悉的事物,根据人们的需要运用新的知识或从新的角度来加以观察、分析和处理,摆脱陈旧固定思维的桎梏,启发出新的创造性设想来,被称作同质异化。对待熟悉的事物要有意识地视作不熟悉,用不熟悉的态度来观察分析,并依照新的理论进行研究,从

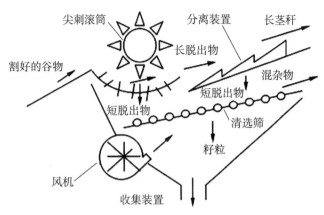

图 7-6 脱粒机脱离加工原理

而启发新的创造设想。异质同化通俗讲就是"变熟悉为陌生"。例如,对日常生活中常用的热水瓶,缩小它的整体尺寸,使用的方式就从"拧着"变成了"拿着",这就是日常使用便捷的保温瓶。

3. 类比技巧

在异质同化、同质异化两大原则基础上,综摄法实施的类比技巧如下:

1) 人格性的类比

这是一种感情移入式的思考方法。先假设自己变成该事物以后,再考虑自己会有什么感觉,又如何去行动,然后再寻找解决问题的方案。这与拟人类比法相似。

2) 直接性的类比

它是以类比事物为范本,直接与研究对象范本联系起来进行研究,提出处理方案。

3) 想象性的类比

它是利用人类的想象能力,通过冥想、幻想等来寻找灵感,以获取解决问题的方法。

4) 象征性的类比

它是把问题想象成物质性的,即非人格化处理,然后借此激励脑力,开发创造潜力,以获取解决问题的方法。

7.4.2 实施步骤及注意问题

由于在世界的广泛应用,综摄法的实施出现了一些差异,现就综摄法在实施中的一般性步骤和注意事项概括如下。

1. 综摄法的实施步骤

1) 确定小组人员构成

综摄法创新设计,需要一个专业小组来实施。小组由 5~8 人组成,其中,有 1 名主持人,与讨论问题有关的专家 1 名,其余 4~6 名为不同科学领域的专业人员。

2) 提出问题

由主持人对事先设定的、想要解决的问题进行陈述。在陈述之前,主持人应该和专家一起预先对问题进行详细分析。

3）分析问题

由小组中的专家对主持人对想要解决的问题进行解释，使小组成员了解相关的背景，并对要解决的问题有一个大致的认知。目的是使全员熟悉问题。

4）净化问题

净化问题是对要解决的问题从不同的科学领域进行细致的梳理。消除前两步中所隐含的僵化和肤浅的地方，并进一步弄清问题。

5）理解问题

从选择问题的某一部分入手进行分析。要将问题从熟悉的领域转到远离问题的领域，让小组成员发挥类比设想。每位成员应尽可能利用想象甚至"胡思乱想"来描述所看到的问题，然后由主持人记录各种观点。

6）模拟设想

小组成员使用亲身模拟、象征模拟等技巧，获得一系列设想，这一阶段是综摄法的关键。主持人记录每位成员的设想，并誊写在纸上以便查看，从而再激发设想。

7）模拟选择

从各位成员提出的模拟之中，选出可以用于实现解决问题的设想。主持人依据问题的相关性，以及小组成员对该设想的兴趣及相关知识进行筛选。

8）模拟研究

结合解决问题的目标，对选出的设想进行模拟。

9）适应目标

使用前面步骤中所获得的各种启示，与在现实中能使用的设想结合起来。在这方面需经常使用强制性联想。

10）制定解决问题的方案

最后一步要制定解决问题的方案，为了制定完整的解决方案，在这个阶段要尽可能地发挥专家的作用。

2. 综摄法应用的注意事项

在运用综摄法时，有4个方面的问题需要多加注意。

1）综摄法小组的成员应能胜任角色要求

主持人和专家必须由合适的人担任，其他小组成员要具有不同的知识背景，同时要具有一定的合作态度、冒险精神等，这样才能开展大胆的类比设想。

2）要尽可能发挥大家的想象

对所要解决问题的陈述，不应太过详尽，以免对成员造成思维束缚。引导思维的创新和创新思维的开展，尽可能地扩展思维想象的域度。

3）要及时捕捉设想中的灵感

通过对思维不断的抽象，激发新的创意，尤其是创意中的灵感，专家要发挥积极作用，及时发现有益的启示。

4）问题的净化要民主与集中相结合

在净化问题和确定解决问题的目标时，既要发扬民主，让小组成员充分讨论，尽可能多地提出设想；又要体现集中，由专家挑选出2～3个设想，选出的设想要新颖、独特。

7.5 机械创新设计案例

产品创新发明：转子发动机

发动机是决定汽车性能的最为重要的关键性部件之一，犹如人的心脏。在我们日常生活中见得较多的是活塞往复式发动机，将往复动能转化为旋转动能，使曲轴转动，通过减速器等中间环节，带动汽车车轮转动。但是还有一种不为大众所熟知的转子发动机，是发动机发展的一个重要分支，其动力源形式就是转子的转动。

1. 技术背景

在过去的一个多世纪里，许多发明家和工程师一直都想开发一种连续运转的内燃机。人们希望有朝一日往复活塞式内燃机将被旋转的原动力引擎所取代，它的运动轨迹应该非常接近人类伟大发明之一的轮子。

直到1959年，汪克尔博士通过研究和分析各种转子发动机类型的可行性，找到了旋轮线壳体的最佳形状，在对飞机发动机上所用的回转阀以及增压器的气密性密封机构设计加以转化应用之后，转子发动机得以实用化，因此，转子发动机又叫汪克尔发动机。当实用性强的转子发动机被发明出来，世界上包括32家汽车公司在内的100多家企业与汪克尔签订了技术转让协议，转子发动机的内部结构，如图7-7所示。

2. 主要零部件

转子发动机利用内转子圆外旋轮线和外转子圆内旋轮线相结合，无曲轴连杆和配气机构，可将三角活塞运动直接转换为旋转运动。它的零件数比往复活塞式汽油发动机少40%，质量轻、体积小、转速高、功率大。转子发动机的结构组成，如图7-8所示。

图7-7 汪克尔发动机

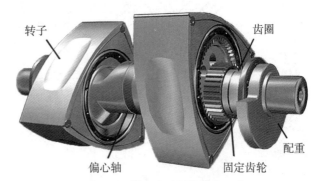

图7-8 转子发动机的结构组成

1）发动机转子

转子有3个弧形表面，每个弧面上都有一个空腔，用来增大排量，更大程度混合汽油和空气。在每两个表面的连接处都有金属长条片来保证燃烧室间的密封。在转子中间有一副齿牙，齿牙和固定在缸体中间的齿轮紧密啮合。这个齿轮决定了转子的运动轨迹和方向。

2) 发动机缸体

发动机的进气和排气口是直接铸于缸体上,上面没有阀门,直接和外面相连。缸体内部有供冷却液循环的管路,火花塞也安装在其上。

3) 发动机输出轴

输出轴是一个偏心轴,采用的是离心式圆形凸轴型式,一个转子与一个凸轴相结合。凸轴的作用类似于活塞式发动机中的曲轴。转子施加给凸轴的力在输出轴中产生力矩,从而使输出轴旋转。

3. 工作原理

转子发动机结构与传统发动机不同,它直接将可燃气的燃烧膨胀力转化为驱动扭矩。与往复式发动机相比,转子发动机取消了"传动中介"环节的直线运动,因此,同样功率的转子发动机尺寸较小,重量较轻,而且振动和噪声较低,具有较大优势。

转子发动机的运动特点是:三角转子的中心绕输出轴中心公转的同时,三角转子本身又绕其中心自转。在三角转子转动时,以三角转子中心为中心的内齿圈与以输出轴中心为中心的齿轮啮合,齿轮固定在缸体上不转动,内齿圈与齿轮的齿数之比为3∶2。上述运动关系使得三角转子顶点的运动轨迹(即汽缸壁的形状)似"8"字形。

三角转子把汽缸分成三个独立空间,3个空间各自先后完成进气、压缩、做功和排气,三角转子自转一周,发动机点火做功3次。由于以上运动关系,输出轴的转速是转子自转速度的3倍,这与往复运动式发动机的活塞与曲轴1∶1的运动关系完全不同。转子发动机的具体工作原理,如图7-9所示。

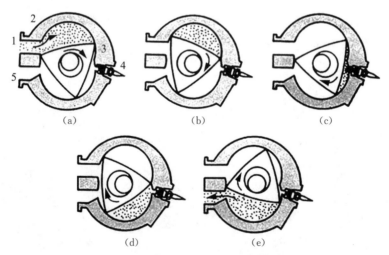

1—进气口;2—缸体;3—转子;4—火花塞;5—排气口。

图 7-9 转子发动机工作原理

(a)吸气;(b)转动;(c)压缩;(d)燃烧;(e)排气

4. 应用及前景

自20世纪中叶,转子发动机被研发出来,到目前为止,转子发动机的应用尚不广泛。就其优点而言,由于其不设置连杆,也不需要配气机构,因此,相比往复式发动机,其部件数量也大为减少,结构大为简化,整体重量也减轻不少,而且在运行安静性、平稳性两方面表现更为出色。

但是,由于其燃烧室的形状不利于完全燃烧,其耗油量比较大,而且转子发动机只能用点燃式,不能用压燃式,这就限制了其可用燃油的范围。因此,从环境保护、加工制造等方面来看,转子发动机尚需进一步的创新设计。

思考与练习

1. 简答题

(1) 何谓类比法,类比法有何特征?
(2) 请从不同的角度,对类比法进行分类。
(3) 从灯泡两百多年的创新设计中,你得到什么启示?
(4) 请简述类比创新的一般实施步骤。
(5) 何谓共性类比法,分哪些类型,简述类别间的区别与联系。
(6) 何谓拟人类比法,相比其他类比创新,有何特点?
(7) 何谓综摄类比法,简述综摄类比法的基本原则。
(8) 综摄类比法有哪些基本假设,这些基本假设对综摄类比法的实施有何作用。
(9) 综摄类比法在实施时,有何技巧?
(10) 请简述综摄类比法实施的步骤。

2. 分析题

(1) 从"热气球升空"展开类比,进行相关类比创新设计。
(2) 从蚯蚓蚯孔后,用分泌物涂抹蚯孔四周,展开盾构掘进机的类比创新设计。
(3) 请结合吉州窑"木叶盏"的相关制作工艺,谈一谈你对类比创新的认识。
(4) 请以书桌为对象,结合拟人类比法的实施步骤,进行相应的类比创新设计。
(5) 请以破碎机为对象,结合拟人类比法的实施步骤,进行相应的类比创新设计。
(6) 请从"手掰玉米粒"动作过程出发,进行玉米脱粒机的类比创新设计。
(7) 有人认为:"所谓的类比创新,不过是对照葫芦画瓢。"对此,你有何看法?
(8) 请结合以下材料,就干旱地区寻找水源,进行有关类比创新的讨论。

在非洲南部卡拉哈里沙漠边缘的草原地带,每逢旱季,当地居民就会因为缺乏生活用水而苦恼不已,甚至不得不离开故乡。但是,留下来的人们发现,当地的动物狒狒却一如往常的生活在沙漠边缘,可以肯定的是,如果没有水,狒狒是无法生活的。那么,如何找到水,找到足够多的水,让居民都生活下去呢?

本章小测验

第 8 章

仿生创新法

[知识要点]

本章内容主要涉及:仿生创新的概念、特征、原理原则及分类;仿生创新设计的一般步骤,生物性仿生、原理性仿生和其他类仿生的定义,仿生要领及实施步骤等。

[学习目标]

本章以"直升机的创新设计"为引,让学生在掌握仿生创新技法的基本知识基础上,结合仿生创新的典型案例,掌握仿生创新的要领,学会仿生创新的实践应用。

■ 创新范例:直升机的创新设计

直升机的概念最早可追溯到中国古代的竹蜻蜓。晋朝葛洪所著的《抱朴子》一书中记载:"或用枣心木为飞车,以牛革结环剑,以引其机。"描述了竹蜻蜓的结构及旋转升空的情景。

早在热气球发明之前,竹蜻蜓就作为玩具传到了欧洲,以其奇妙的垂直升空原理被欧洲人看作一种航空器来进行研究。在《简明不列颠百科全书》第九卷中写道:"直升机是人类最早的飞行设想之一,多年来人们一直相信最早提出这一想法的是达芬奇。但现在都知道,中国人比中世纪的欧洲人更早做出了直升机玩具。西方人称竹蜻蜓为"中国陀螺"。

现代直升机的旋翼就好像竹蜻蜓的叶片,旋翼轴就像竹蜻蜓的那根细竹棍,带动旋翼的发动机就像搓竹棍的双手,如图 8-1 所示。竹蜻蜓的叶片前面圆钝,后面尖锐,上表面圆拱,下

图 8-1 直升机的仿生

表面平直。当气流经过圆拱的上表面时,其流速快而压力小;当气流经过平直的下表面时,其流速慢而压力大。于是上下表面之间形成了一个压力差,便产生了向上的升力。当升力大于它本身的重量时,竹蜻蜓就会飞起。直升机旋翼产生升力的道理与之相同。

由此延伸出去,我们发现超音速飞机高速飞行时,机翼容易产生剧烈振动甚至折断失事。令人吃惊的是,早在3亿年前,蜻蜓翅膀的构造就解决了这个难题:在翅膀末端前缘上有一翅膀较厚的翅痣区。蜻蜓依靠加重的翅痣在高速飞行时安然无恙,于是人们仿效蜻蜓在飞机的两翼加上了平衡重锤,解决了因高速飞行而引起振动这个棘手的问题。

(资料来源:资料:直升机的发展简史 http://mil.news.sina.com.cn/2006-04-17/1213364384.html)

8.1 仿生创新法概述

自然界的生物在长期的进化过程中受到自然条件的严峻选择,为了生存和发展各自练就了一套独特的本领。例如,利用天文导航的候鸟、建筑巧妙的蜂窝、能感受到超声波的蝙蝠等。人类向大自然的生物学习,充分利用生物的独特本领,探索其中的奥秘,进行创新设计,起到了事半功倍的效果。

8.1.1 仿生学的内涵

仿生学作为20世纪中期才兴起的一门新的边缘科学,运用从生物界发现的机理和规律来解决人类需求,将生物系统的结构、性状、功能、能量转换、信息控制等各种优异的特性应用到工程技术系统中,仿生学的问世打开了向生物界主动学习和探索的大门。

仿生法是指通过模拟生物的结构、功能或原理等来进行创新设计的方法,其主要通过有效观察、研究和模拟自然界生物以及生态的各种特殊本领,包括生物及生态本身的结构、原理、行为、各种器官功能、体内的物理和化学过程、能量的供给、记忆与传递等,为技术发明、产品设计提供新的思想、原理和系统架构,为系统管理提供新的分析思路与工具,产生有用的新技术、新产品与新方法,并能产生实际的效益。

自然界无数生物的形体结构、外表特征、生存方式、肢体语言、声音特征、平衡能力,器官功能和工作原理等会给人类传递无穷的信息,并启发人类的智慧和创造力。例如,人们模仿蜂鸟创新了自动控制与导航系统;模仿蝙蝠的回音定位研制出了雷达装置;模仿青蛙的眼造出跟踪导弹的电子蛙眼;等等。如图8-2所示,为监测水中污染物,人们发明了仿生机器鱼,它由前视单元、控制单元、主体、尾鳍等部分组成,仿生机器鱼的设计涉及机电、控制、能源、生物、通信等多门学科。采用游动推进的机理和机器人技术的结合,仿生机器鱼具有推进效率高、机动性能好、噪音低、隐蔽性能高等诸多优点,在复杂危险水下环境作业、海洋生物观察等方面发挥着巨大的作用。每当发现一种生物奥秘,通过仿生创新就有可能成为一种新的设计理念,也可能诞生一种甚至许多新的产品。

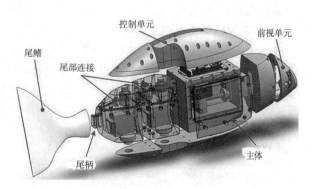

图8-2 仿生机器鱼

8.1.2 仿生创新的原理原则

在运用仿生法进行创新设计时,应遵循以下几个原则。

1. 优先考虑原则

实施创新活动时,首先应确立向自然界生物学习的优先原则。因为生物在进化过程中采用了更为合理的路径与对策,形成了更为精妙的结构与高性能材料,也就能够为人类提供更多创新所需的启示,所以在创新设计中应优先考虑仿生,这是对"大自然是人类最好的老师"最好的诠释。

2. 需求导向原则

在创新设计中,以满足需求为创新目标设计出有价值的产品。创新设计的过程应以需求为导向,并把需求贯穿于创新设计的全过程之中,需求导向原则是创新的价值性与目标的导向性两者的完美融合。

3. 系统化原则

仿生法遵循系统化原则,将有助于发掘生物的整体智慧与系统功能。由于生物的生存状态不同,物种的性质、个体与群体行为、形体结构及构成材料等均体现出不同的特征与功能,因此,需要综合考虑生物特征,进行系统化仿生创新。

4. 环境适应原则

进行仿生创新时,应依据创新主题对类似生物生存环境及其环境适应性进行分析,找出与创新主题最为接近的生物体进行仿生联想与对应,根据一个或一类生物环境适应性的映射与同构转换,有针对性地进行仿生创新。

5. 近似理想原则

由于生物的构造、功能及行为极其复杂,生命科学中存在许多尚未解决的难题与尚未解释的现象,而人类在仿生创新过程中还存在许多技术问题,所以实现完全意义上的仿生创新有一定的难度,但只要从生物个体或群体中获得相关的创新启示,进行近似理想化的仿生创新,亦能实现人类所需的创新设计。

6. 生物组合原则

生物的数万年进化,产生了众多的特殊性质或功能,但每一种生物物种的独特性质或功能可能是单一片面的。因此,在进行仿生创新时,应全面组合或集成与创新设计相关的一类或一组生物体的特殊性质或功能进行仿生创新,进行等于或优于生物组合原型的创新设计开发。

7. 多学科交叉原则

仿生创新涉及生物学、物理学、信息学、工程学、系统学、经济学等多个学科的知识以及创新思维方法,因此,仿生创新需要具有多个学科背景的研究人员或专业人员共同参与。在多学科交叉仿生创新过程中,应以创新目标的学科或行业领域的创新对象为主体进行仿生,交叉融入其他学科的知识与方法,实现全面有效的仿生创新。

8.1.3 机械仿生创新的原理

在机械创新的仿生设计上,应以实际需求为目标,在遵循仿生创新原则的基础上,运用相应的原理方法进行创新。常用的机械仿生创新的原理如下:

1. 相似性原理

相似性原理是指机械创新设计过程中,产品与被仿的生物具有某种相关性。具体而言,有功能仿生机械设计、色彩仿生机械设计、造型仿生机械设计等。机械与生物之间存在相似的特征,容易引起人们的联想。

2. 功能性原理

在仿生设计上,依据生物所具有的某种功能,进行相应的创新设计,实现生物的功能向机械设备的转化。在功能性仿生设计上,首先需要分析生物的活动规律,解析其功能原理,将相应的原理再现于机械设备上。实现机械创新设计,功能性原理仿生是仿生设计"以需求导向为原则"的最为直接的体现。

3. 比较性原理

在仿生设计上,首先需要初选仿生的生物群,对仿生生物群进行比较分析,尤其是同种生物群"异象"和异种生物群"同象"下主要功能、关键特征的比较;其次,具体特征参数的提取和统计,通过统计分析优化仿生设计参数,依据特征参数构建仿生模型;最后,进行具体的机械仿生创新设计。比较性原理主要用于优化设计和产品的更新迭代。

8.1.4 仿生创新设计的步骤

仿生创新设计以仿生要素为基础,一般而言,仿生基本要素包括:仿生需求、仿生模本、仿生模拟和仿生制品。要素间的相关关系,如图8-3所示。

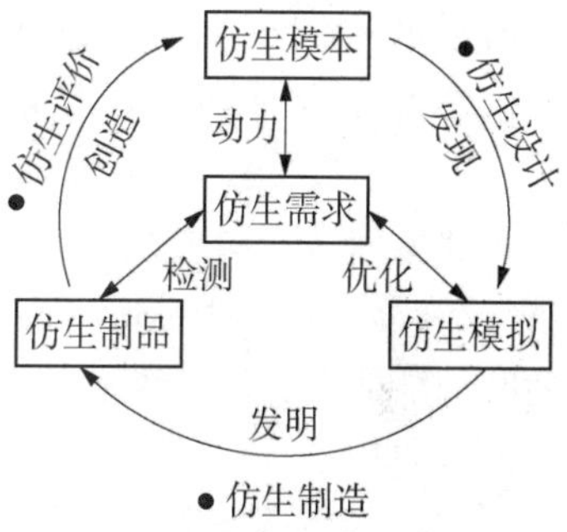

就基本要素而言,仿生需求包括生存需求、健康需求、发展需求和兴趣需求等。仿生模本包括生物模本、生活模本和生境模本。仿生模拟包括形似模拟和神似模拟,形似模拟是模仿生物形态、结构、材料等因素开展的仿生设计。神似模拟是模仿生物多因素相互耦合、相互协同作用的原理而开展的仿生设计。

图8-3 仿生各要素间的相互作用关系

仿生机械的创新设计步骤涵盖明确设计要求、选择生物模本、模本表征与建模、提出设计原理与方法4个方面。

1. 明确设计要求

明确设计要求涵盖功能要求、经济要求以及仿生相关的其他要求,仿生机械除需要满足普通机械的常规设计要求之外,还需要在仿生特性、环境保护等方面进行必要的设计。

2. 选择生物模本

作为仿生机械设计的核心,选择合理的生物模本需要掌握生物的性状,综合仿生机械的设计要求,选定最为合适的仿生模本。其中,寻找最为适宜、典型的仿生生物对象是其关键,需要综合考虑生物的优异特性,反复对比及筛查以确定仿生生物对象。

3. 模本表征与建模

选定合理的生物模本后,要明确生物模本的主要功能,分析生物功能的实现模式及与环境因子的关系,明确建模目的。在此基础上,进行合理假设,简化生物的因素复杂性,建立合理、可解的仿生模型。为确保仿生模型的可信度,在合理假设中,切勿把本应考虑的模型因素忽略掉。

4. 提出设计原理与方法

设计原理与方法的提出是仿生设计的灵魂。生物过程是一个极其漫长、复杂的过程,其中蕴含了较多经实践检验的自然原理与规律。探索和发现被生物所运用的原理和规律,再将其迁移和再现到具体的创新设计中去,最终以机械产品的形式体现出来。

8.2 生物性仿生创新

8.2.1 仿植物创新

1. 仙人掌与针刺油滴收集器

近些年来,有关油船泄漏污染大海的事故频发,针对油船泄漏事故,首先需要对漏油进行快速、有效的收集,中科院化学所的研究者发现,仙人掌刺的表面具有微槽形态,其上分布许多锥形针刺。这些针刺能快速有效地吸附雾气中的水珠,在汇聚成大水珠后,超过了针刺的吸附力极限,大水珠就会朝针刺根部流去,而露出的针尖则开始下一个集油的循环。

由此,研究者们模拟仙人掌刺的形态与结构,采用铜与聚二甲基硅氧烷制备了一个锥形的针刺,油水混合物在流经锥形针尖时,其中的微小油滴会被吸附到针尖上;锥形针尖表面的油滴由于曲率不同,会受到一个指向锥形根部的驱动力,被引至根部储存。较好地实现了连续的油水分离,在大海漏油收集上,取得了很好的效果。

2. "莲花效应"与自清洁涂料

北宋理学家周敦颐在《爱莲说》中曾说:"予独爱莲之出淤泥而不染";"香远益清,亭亭净植"。为了探索莲生荷叶的自净之妙,国外学者对荷叶表面的超微结构和性质进行研究,发现荷叶的表面有一层茸毛和一些微小的纳米级蜡质颗粒,水在这些微小颗粒上不会向莲叶表面其他方向蔓延,而是形成一个个球体,这些滚动的水珠会带走叶子表面的灰尘,使得水珠和灰尘无法附着在荷叶上,从而实现荷叶表面的自我洁净。

荷叶表面的超微结构对物体表面防污处理有着非常重要的意义,将其应用到自清洁涂料以及玻璃和屋顶瓦片的设计上,不仅能够设计出更像大自然的建筑物和产品,不污染也不造成废弃物,而且为人类提供了更好的生存环境,甚至有助于缓解全球气候变暖。

3. 蔷薇与带刺的铁丝网

国外一位牧民对羊群时常撞倒栅栏以及从栅栏逃脱的事情头疼不已。他经过反复细心观察发现,羊群会冲倒用铁丝做的栅栏,却不敢去触碰用蔷薇做成的围墙,其原因在于蔷薇有刺。铁丝网与蔷薇本身没有任何联系,但在围挡牲畜上,却具有了同样的功能。但蔷薇有刺,铁丝网却没有,于是出现了不同的围挡效果。

带刺铁丝网的创新设计并不难,难在如何将生物特性加以合理有效的利用。带刺铁丝网广泛用于军事重地、政府机关、生活小区围墙、高速公路铁路的护栏和边境线防护等方面。铁丝网被誉为"可以改变世界面貌的七项专利之一"。

8.2.2 仿动物创新

1. 仿动物的结构:中国舱外航天服的关节采用"虾"结构

2004年,我国航天局决定研制舱外航天服。舱外服与舱内服的最大区别是舱外服上下肢都必须能够活动,甚至包括手套和关节,既要求灵活,又要求密封。但如果关节灵活,密封性就很难保证;而密封性保证了,关节又可能不够灵活。国外航天服大都采用波纹结构,靠挤压变形而成,活动起来并不轻松,要耗费航天员极大的体力,这在舱外活动中非常不方便。

设计者李志从身体灵活的虾身上得到启发,经过对各种虾结构及活动的反复观察,仿造虾的层叠结构,设计出一款肩肘部都采用"虾式结构"的航天服,如图8-4所示。经反复实验表明,该航天服不仅安全可靠,且优于外国同类产品。

2. 仿动物的皮肤:人造海豚皮

海洋生物强势附生,往往不出两个月,船底就会被各种海洋生物覆盖,不仅使得船舶航速降低,而且船体的寿命也极大缩短,为此,船舶防污防腐涂料应运而生,但防污防腐防附生大多所采用的却是"毒杀"的策略,其终将危及人类自身。

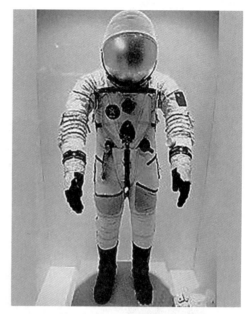

图8-4 中国"虾式结构"航天服

船在水中航行时,船身附近的湍流形成巨大阻力,而海豚却轻而易举地超过开足马力的船只。经过分析发现,除海豚具有流线形体形外,其特殊的皮肤结构还具有优良的减小水阻的作用。根据海豚皮肤结构的特点,人类用橡胶和硅树脂为材料制造了一种人造海豚皮。这种人造海豚皮厚3.5mm,由三层橡胶组成。外层厚0.5mm,质地光滑柔软;中层厚2.5mm,有许多橡胶乳头,其间充满了黏性硅树脂液体,富有弹性;里层厚0.5mm,用于支承。将这种人造海豚皮覆盖在船体上,不仅可以减少细菌、藻类的附上,而且可以有效减少船航行时的阻力。

3. 仿动物身体的特殊功能

自然界中有许多生物都能产生电,仅仅是鱼类就有500余种。人们将这些能放电的鱼,统称为"电鱼"。各种电鱼放电的本领各不相同。放电能力较强的是电鲶和电鳗。非洲电鲶能产生350V的电压;南美洲电鳗最高竟能产生达880V的电压。

电鱼这种非凡的本领,引起了人们极大的兴趣。有关专家对各种电鱼进行了解剖,发现在电鱼体内有一种奇特的发电器官,由许多半透明状盘形细胞构成,俗称"电盘"。单个"电盘"产生的电压很微弱,但由于数量很多,产生的电压就很高了。专家以电鱼的"电盘"为模型,设计出世界上最早的伏打电池。因为这种电池是根据电鱼的天然发电器官设计的,所以把它称为"人造电器官"。

8.2.3 仿人类创新

通过模仿人体结构功能等进行创造的方法称为拟人仿生法。人类是天地万物之灵,模仿我们人类自身,可以诞生出无数伟大的发明创造。拟人仿生法可以有以下几种情形:

1. 模仿人类外形和结构

可以模仿人类自身的外形做出许多发明创造,如可口可乐瓶体的设计,就是模仿人类外形进行抽象化设计而来的。模仿人类自身的结构也可做出发明创造。意大利后现代主义设计师亚历山德罗·门迪尼（Alessandro Mendini）根据人体的头、躯体、臂膀之间的关联关系，设计出风靡一时的"安娜·吉尔"开瓶器。

2. 模仿人类行为和功能

保持整洁、优美的环境一直是人们的追求，但在城市的角落，尤其是垃圾桶附近，垃圾散落的情形比比皆是。为让更多的人主动把垃圾投入垃圾桶，一些城市的环卫管理者们启用了模仿人类自身的功能进行创新设计的垃圾桶。当把废弃物"喂"入垃圾桶时，它会道声"谢谢"。引起人们对正确投放垃圾的关注，感兴趣的人甚至会专门捡起散落的垃圾投放入垃圾桶内，自觉及不自觉地增强了环境卫生保护的意识和作用。

此外，依据人的双臂灵活自如，能够做出拉、提、伸、举、旋转、移动等各种动作，设计的六轴焊接机械手，如图 8-5 所示的，就能模仿人手臂的动作，灵活地完成焊接任务。

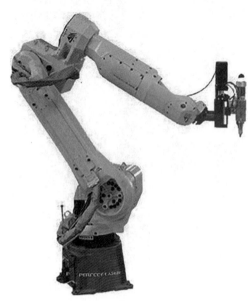

图 8-5 六轴焊接机械手

3. 模仿人类智能

超级电脑"深蓝"是 IBM 公司开发的一款专门用于分析国际象棋的超级计算机，内置 480 颗特别制造的 VLSI 象棋芯片，下棋程式以 C 语言写成，运行 AIX 操作系统。1996 年 2 月 9 日，国际象棋世界冠军加里·卡斯帕罗夫（Garry Kasparor）在费城与"深蓝"首次过招。如图 8-6 所示，"深蓝"以凌厉的攻势和精确的计算，首局击败世界冠军，极大地震撼了世界棋坛。但卡斯帕罗夫随后总结经验，稳扎稳打，最终以 4 胜 2 平的战绩取胜，赢得了 40 万美元奖金。次年，改良过的"深蓝"再次迎战世界棋王，最终"深蓝"以 2 胜 3 平 1 负的战绩取胜。

图 8-6 "深蓝"挑战国际象棋世界冠军

2016年,谷歌通过蒙特卡洛决策树算法与深度神经网络算法相结合构建学习系统,研发出 AlphaGo,在收集 16 万围棋棋谱基础上,通过自我对局三千万盘的方式训练,得到高水平围棋程序,最终,以 4∶1 战胜围棋世界冠军李世石。在 AlphaGo 进化之后,它可在给定规则的情况下,不依靠人类经验棋谱,通过自我对弈进行学习,它利用强化学习技术在不断训练的过程中,靠自己的能力逐渐学会围棋中的高级概念和博弈技术,经过 3 天的训练后,这套系统已经可以击败 AlphaGo 的初代产品,比分高达 100 比 0。

8.3 原理性仿生创新

从原理性仿生的角度而言,仿生创新分为形态仿生创新、结构仿生创新和功能性仿生创新等类型,因仿生原理不同,仿生创新技法存在较大差异。

8.3.1 形态仿生创新

形态仿生是在对自然生物体,包括动物、植物、微生物等典型形态的认知基础上,寻求对产品形态的突破与创新,强调将生物外部形态美感特征与人类审美需求相结合。1933 年,德国波尔舍博士设计出一种类似甲壳虫外形的汽车,该车车顶至车尾的线条平缓流畅,整体造型可爱独特,最大限度地发挥了甲壳虫外形的长处,如图 8-7 所示,"甲壳虫"成为该车的代名词,作为同时代同类车的佼佼者,风靡世界七十余年。

图 8-7 "甲壳虫"汽车

澳大利亚短跑运动员舍里尔曾经为短跑成绩停滞不前而苦恼。为此,他观察到袋鼠虽然拖了一个大袋子,大腹便便,可是它每小时跑 70 多 km,跳远一步达 12 m。舍里尔按照袋鼠屈身贴腹一跃而起的跑跳动作发明"蹲踞式起跑",并在 1896 年的奥运会上取了短跑第一的成绩。后来,田径运动员布克尝试在起跑线上蹲下的地方挖了一个浅坑,一只脚放进浅坑,便于起跑时脚用力蹬起,最终取得了 100 m 短跑不到 10 s 的成绩。受此启发,人们设计出起跑器,现已在田径运动比赛中得到广泛的使用。

8.3.2 结构仿生创新

香蕉皮比梨皮、苹果皮等其他水果皮滑,人踩在香蕉皮上很容易滑倒,原因在于香蕉皮由几百个薄层构成,层与层之间可相对滑动。据此原理,人们发明了层状结构的优良润滑材料二硫化钼。二硫化钼的结构与香蕉皮相似,其层数是香蕉皮的 200 万倍,人们将它视为固体润滑剂之王,现已在滑动轴承中大量使用。

水母习惯在风平浪静的近海浮游,但当风暴来临前,水母就会成群结队游向深海,究其原因,在蓝色的海洋上,由空气和波浪摩擦而产生的次声波,是风暴来临之前的预告。这种次声波,人耳是听不到的,而对水母来说却是易如反掌。科学家经过研究发现,水母有一套特殊的听觉器官,在水母的触手中间长着一个细柄,柄上有个小球,球内有块小小的"听石",次声波经"听石"刺激神经感受器,水母就能预知风暴的来临。水母耳与电子耳的工作原理,如图 8-8 所示。科学家仿照水母耳朵的结构,设计了水母耳风暴预测仪,相当精确地模拟水母感受次声波的器官。

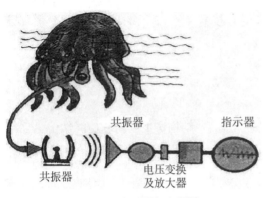

图 8-8 水母耳与电子耳

在人们进行轻量化结构设计之前,自然界早就出现了材料利用率高、重量轻的蜂窝结构。在材料的蜂窝结构设计上,首先根据使用要求,选择合适的蜂窝结构,提取相应的蜂窝孔形、孔径、孔隙率、开口度等结构参数,构建相应的蜂窝模型,在此基础上,选择合适的加工方法进行蜂窝板的制造。蜂窝板及其结构,如图 8-9 所示,因其自身重量轻、比强度高、比表面积大、隔热隔音性能好的优点,在日常生产生活中得到了广泛的应用。

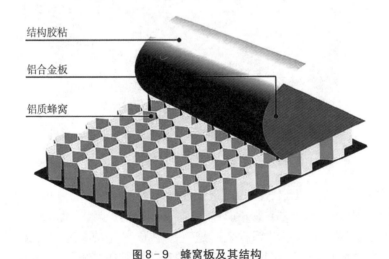

图 8-9 蜂窝板及其结构

超高速列车在设计中遇到一个难题:列车在驶离隧道时会产生音爆现象,在高速行驶中,列车前部形成的风墙不仅会产生巨大的噪声,而且还会减慢列车的速度。人们观察到,翠鸟空中一头扎入水中,不会起任何水花,这主要归功于它那特殊形状的喙。根据翠鸟"喙"设计的新型列车不仅消除了音爆,还使列车能效提高 20%,在现代列车中得到广泛的应用。

8.3.3 功能性仿生创新

人造卫星在太空中由于位置的不断变化,其环境温度也在不断变化,有时温差可高达两、三百度,严重影响人造卫星内部仪器的正常工作。科学家们受蝴蝶身上的鳞片会随阳光的照射方向自动变换角度而调节体温的启发,将人造卫星的控温系统制成了叶片正反两面辐射、散热能力相差很大的百叶窗样式,在每扇窗的转动位置处安装有对温度敏感的金属丝,随温度变化可调节窗的开合,从而实现了人造卫星内部温度的恒定。

除了色彩斑斓的蝴蝶,对危险发出响尾"恐吓"的响尾蛇也引起了研究者的兴趣,但引人注意的不是它的响尾,而是在它的两只眼睛前下方各有一个漏斗状的小窝,这对小窝是一种极强的"热感受器",人们把它称为"热眼"。自然界中的一切物体只要它的温度高于绝对零度,都能向外辐射红外线,而且不同的物体辐射红外线的波长和强度不同,响尾蛇的"热眼"非常灵敏,能对千分之一度的温度变化做出反应,虽然小动物发出与周围环境只是略有不同的红外线,但是响尾蛇依然可以通过自己灵敏的"红外线探测器"觉察到身边其他事物的存在,并准确无误地确定它的位置。

因此,即使是在伸手不见五指的黑夜,响尾蛇能准确无误地捕捉到猎物,据此原理,人们研制出对热辐射非常敏感的半导体元件,制成了"人造热眼",并将其应用于导弹上以准确打击空中目标。此外,人们还研制出热成像仪、红外夜视仪等诸多设备,在工业生产、夜晚野外作业方面取得了较好的应用(见图8-10)。

图8-10 利用手持式红外热像仪检测高压电网仪器

8.4 其他类仿生创新

8.4.1 信息仿生创新

通过研究、模拟生物的感觉(包括视觉、嗅觉、触觉等)、语言、智能等信息及其提取、传输等方面的机理,构思和研制出新的信息系统的仿生方法称为信息仿生法。其研究内容包括细胞内和细胞间通信、机体的信息存储与提取、生物间通信、感觉器官工作的机理和人工智能等。还有仿生智能算法,其中的群算法主要有蚁群算法和粒子群算法。

蚁群算法是一种用来寻找优化路径的概率型算法。其灵感来源于蚂蚁在寻找食物过程中发现路径的行为。当一只蚂蚁找到食物以后,蚂蚁会向环境释放一种信息素吸引其他的蚂蚁过来,这样越来越多的蚂蚁便会找到食物。有些蚂蚁并没有像其他蚂蚁一样总是重复同样的路,它们会另辟蹊径,如果新开辟的道路比原来的其他道路短,那么,渐渐地,更多的蚂蚁被吸引到这条短的路上来。经过一段时间发展,可能会出现一条最短的路径,最后大多数蚂蚁会重复最短的路径运送食物。

8.4.2 控制仿生创新

控制仿生学是研究生命活动所特有的自动控制过程及其工作原理,用以研制具有类似功能的自动控制、定向和导航等的技术系统。当前研究较多的是体内稳态、反馈调节、体运动控制、动物的定向与导航、人机合作等。这些存在于生物机体内的自动控制系统,结构小巧、功能完善、精确可靠,在许多方面都是目前人造控制系统无法比拟的。控制仿生学的研究目的在于为改善工程自动控制系统的结构和提高其性能提供借鉴。

人依靠神经通路和内分泌(激素)通路,自动调节其生理活动、肢体运动及自身行为,以保持机体与内外环境的统一。人的体温一年四季维持在37℃左右,这是由于人体内有一个完善的体温恒定调节系统,通过这个系统来精确控制机体产热与散热过程的平衡。当体温上升(或下降)时,皮肤和体内的温度感觉器便把热(或冷)的刺激,通过神经通路传给体温调节中枢——下丘脑,下丘脑经过分析后,再通过神经通路和效应器去调节和协调机体的循环、排泄、运动等系统,使产热和散热达到精确的平衡,从而保持体温的恒定。

生物神经系统对机体调节控制的基础是反馈,这与工程上自动调节装置的原理极为类似。生物控制系统的结构特点与机能原理对自动控制技术的发展具有极重要的参考价值。人和动物的奔跑、飞翔等各种灵巧的肢体运动,也都是在机体自动控制系统的精确、可靠的控制下才得以完成,并保持了动作过程中身体的平衡以及动作的协调与稳定。工程自动控制系统输入阈值一经调定就不可变更,而生物控制系统却具有自动调节的可变阈值。

例如,在嘈杂的声响环境中,人的听觉系统能阻断声音通道或有选择地开放某种声音通道,做到"集中注意力"看书或听某一个人的谈话,对其他声响则"充耳不闻"。模仿人控制系统的这一功能,设计具有可变阈值的工程自动控制系统(如具有较高抗干扰特性的探测系统、通信系统等)将具有重大的应用价值。

8.4.3 机械仿生创新

机械象鼻的灵感来自大象。它不仅像大象鼻子那样能灵活地搬运物品,而且可以保障操作人员的安全。如图 8-11 所示,这款机械象鼻的主要材料是可伸缩塑料管,可以自如地伸缩和弯曲。机械象鼻的末端是一个钳子似的爪子,其原理在于它的每一节椎骨可以通过气囊的压缩和充气进行扩展和收缩。由于机械象鼻的软管是由聚酰胺塑料构成,所以整个机械的重量很轻,可以实现灵活操作,重负载平稳搬运。

模仿人的形态和行为而设计制造的机器人就是仿人机器人,在机器人体内一般都装有一台微型计算机,在接受指令后,机器人便开始执行任务。如果在机器人身上安装上一些传感装置(如视觉、触觉、听觉传感器等),它们不仅能与环境进行对话交谈,模仿人思考,如图 8-12 所示,还能在复杂的环境中"生存",这类机器人称为智能机器人。

图 8-11 机械象鼻

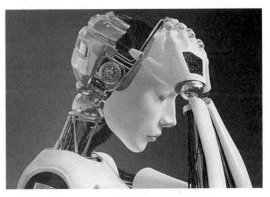

图 8-12 模仿人思考的机械人

智能机器人除广泛应用于工业外,还可用于农业,如耕耘作业机器人、收获管理机器人等;可用于勘探,如太空飞行机器人海底隧道建筑机器人、深海考察机器人等;可用于医疗,如手术机器人、康复机器人等;可用于体育,如教练机器人。

8.5 创新发明案例

创新设计:仿生机械手

依据人手部结构设计出的仿生机械手,如图 8-13 所示,仿生机械手一般由手掌和手指组成。为了使它具有触觉,在手掌和手指上装有多种传感器。如果要感知冷暖,还可以装上热敏元件。当触及物体时,传感器发出接触信号,否则就不发出信号。在各指节的连接轴上装有精巧的电位器,它能把手指的弯曲角度转换成"外形弯曲信息",把外形弯曲信息和各指节产生的

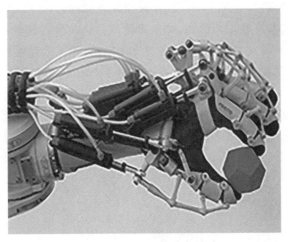

图 8-13 仿生机械手

"接触信息"一起送入计算机,通过计算就能迅速判断机械手所抓物体的形状和大小。

1. **仿生机械手的机构组成**

仿生机械手的机构一般为开链机构,由若干构件组成。构件之间通过某种连接来产生确定的相对运动,两个构件间的可动连接称为运动副。运动副所允许的两构件间的相对运动的个数称为运动副的自由度。

运动副的分类方法有两种,一是按照运动副提供的自由度分类;二是按照运动副提供的约束数来分类。在仿生机械的结构分析中,常按照运动副约束数的方法分类。常见的运动副见表8-1。根据运动副提供的约束数目,可把运动副分为5类,分别为Ⅰ、Ⅱ、Ⅲ、Ⅳ、Ⅴ类副。

表8-1 常见的运动副

运动副名称	表示符号	自由度数	约束数
转动副(Ⅴ类副)	R	1	5
移动副(Ⅴ类副)	P	1	5
螺旋副(Ⅴ类副)	H	1	5
圆柱副(Ⅳ类副)	C	2	4
球销副(Ⅳ类副)	S'	2	4
球面副(Ⅲ类副)	S	3	3
球槽副(Ⅱ类副)	SG	4	2

在仿生机械手中,由于各运动副中的运动变量都要借助于各种驱动器来实现,无论是转动的或移动的驱动器均为一个自由度,所以在仿生机械手中所采用的运动副类型,实际上常用转动副、移动副两种,个别运动副有时也采用球面副。

多个构件用运动副连接后组成的可动构件系统称为运动链。如果形成运动链的各构件组成一个封闭的系统,则称为闭式运动链,如果运动链的各构件没有形成首尾封闭的系统,则称为开式运动链。在运动链中,如果有一个构件被指定为相对固定件或机架,则该运动链便成为一个机构。为了使机构具有确定的运动,必须使输入参数或输入构件的个数等于机构的自由度数。否则,机构的几何运动将不确定,或者将无法运动,甚至遭到破坏。

从仿生的观点出发,机械手、机器人较多地采用了空间开式运动链的机构。

2. **仿生机械手的自由度计算**

一个自由构件在空间具有6个自由度,若机构具有n个运动构件,那么,它们在未用运动副连接之前,共有$6n$个自由度。但是,当它们通过各种运动副连接起来组成机构之后,构件的运动就要受到运动副的约束,其自由度数也随之减少。自由度减少的数目,应等于运动副引入的约束数目,运动副约束数目则取决于运动副的种类。空间机构自由度公式为

$$F = 6n - \sum_{k=1}^{5} k P_k \qquad (8-1)$$

式中,F为机构的自由度;n为运动构件数;k为每个运动副引入的约束数;P_k为相应的运动

副数目。

人手臂结构如图 8-14 所示。肱骨与肩部以球面副相连；尺骨、桡骨通过一个 II 级副（球槽副）SR 彼此相连，并分别用转动副和球面副与肱骨相连，形成肘关节；手掌简化成一个构件，它与尺骨、桡骨和 5 个手指骨均用能做两个相对转动的 IV 级副相连；各手指指骨间均用转动副彼此相连接。从工程的观点看，把人的手臂视作一个机构，或认为它是一种由许多构件组成的空间开式运动链。

由图 8-14 可知，人的手臂机构中，$n=19$，$P_{\mathrm{I}}=0$，$P_{\mathrm{II}}=1$，$P_{\mathrm{III}}=2$，$P_{\mathrm{IV}}=6$，$P_{\mathrm{V}}=11$，

依据已知，结合式(8-1)，可得手臂机构的自由度：

$$F=6\times 19-(2\times 1+3\times 2+4\times 6+5\times 11)=27$$

同理，可求得手指部分的自由度

$$F=6\times 15-(4\times 5+5\times 11)=20$$

由计算得知，人体上肢是自由度最多的一种开式运动链，适应能力很强。人的一个上肢有 32 块骨骼，由 50 多条肌肉驱动，由肩关节、肘关节、腕关节构成 27 个空间自由度，肩和肘关节构成 4 个自由度，以确定手的位置；腕关节有 3 个自由度，以确定手心的姿态。手由肩、肘、腕确定位置和姿态后，为了握住物体做各种精巧、复杂的动作，还要靠多关节的五指和柔软的手掌；手指由 26 块骨骼构成 20 个自由度，因此手指可做各种精巧操作。

3. 仿生机械手的案例

1) 骨骼关节

1—肩关节；2—肱骨；3—肘关节；
4—尺骨、桡骨；5—腕关节；6—拇关节；
7—腕骨；8—掌骨；9—指骨。

图 8-14　人手臂结构示意
(a)人体上肢骨骼机构；(b)上肢骨骼机构

人类与动物相比，除了拥有理性的思维能力、准确的语言表达能力外，拥有一双灵巧的手也是人类的骄傲。如今，机器人的手具有了灵巧的指、腕、肘和肩胛关节，能灵活自如地伸缩摆动，手腕也会转动弯曲。通过手指上的传感器还能感觉出抓握的物体的重量，可以说已经具备了人手的许多功能。

北京航空航天大学机器人研究所研制出灵巧手，如图 8-15 所示。有三个手指，每个手指有 3 个关节，3 个手指共 9 个自由度，由微电动机控制其运动，各关节装有角度传感器，指端配有三维力传感器，采用两级分布式计算机实时控制。该灵巧手配置在机器人手臂上充当灵巧末端执行器，扩大了机器人的作业范围，可完成复杂的装配、搬运等操作，如可以用来抓取盛水的纸杯，纸杯既不会变形，其中的水也不会洒出来，取放自如。

在实际应用中，许多时候并不一定需要复杂的多节人工指，而只需要能从各种不同的角度触及并搬动物体

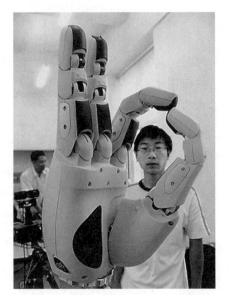

图 8-15　北航机器人灵巧手

的钳形指。1966年,美国海军用装有钳形人工指的机器人"科沃"把因飞机失事掉入西班牙近海的一颗氢弹从750 m深的海底捞上来。

2) 人工肌肉

从仿生学的角度而言,生物体灵巧运动的机理、运动特性,除了与生物体所具有的形状、特征有关外,还与它们内部特有的骨骼-肌肉系统以及控制它们的神经系统密切相关。为实现骨骼-肌肉的部分功能而研制的制动装置称为人工肌肉制动器。

目前世界各国已研制出了多种人工肌肉。其中,一类称为机械化学物质的高分子物质,如高分子凝胶,它在电刺激下能反复伸缩将化学能直接转化为动能产生机械动作;而形状记忆合金受温度影响会像肌肉那样伸缩,并根据通过合金中电流总量的大小调节刚度。另一类也是目前大量开发应用的人工肌肉-气动人工肌肉。

加拿大一公司发布了一种名为ROMAC的人工肌肉制动器专利,其在伸长和收缩时的形状分别如图8-16(a)、(b)所示,它像一个可变形气囊,由压缩空气驱动,也能进行位置和力的独立控制。它的功率重量比和响应速度表现很好,滞回很低,最大收缩率高达50%。

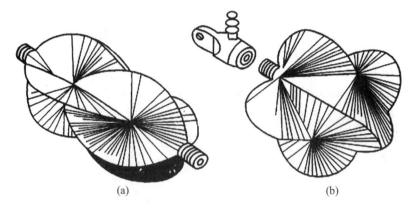

图8-16 人工肌肉制动器ROMAC简图

日本企业早期曾开发出一种具有高度柔顺性的、采用气动人工肌肉的致动器,它有两层,里层是橡胶管,外层是纤维编织网套。两端用力挤压时,肌肉沿径向膨胀,并沿轴向收缩,从而产生收缩力。

此外,日本企业开发出一种尺寸更小的、供微型机器人和多指多关节手使用的微型气动人工肌肉,如图8-17所示。它由夹箍、气路、压力室等结构组成,长度通常为数厘米,外径为数毫米。管壁采用硅橡胶,并添加芳族聚酰胺增强纤维。管内有三个相互

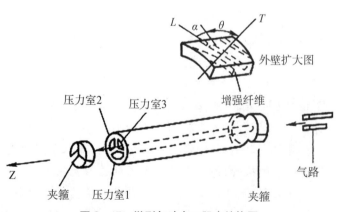

图8-17 微型气动人工肌肉结构图

隔离的空腔,可分别送入压缩空气形成压力室。增强纤维编织线的走向,使肌肉具有明显的各向异性力学特征。通过选择这种微型人工肌肉编织纤维的螺旋角 α ,调节其内压匹配,可以实现任意方向的弯曲、曲率和伸长量、绕轴线扭转的 3 个自由度运动控制。

思考与练习

1. 简答题

(1) 何谓仿生学,仿生创新是怎样的创新方法?
(2) 请简述仿生创新的原理与原则。
(3) 请简述仿生创新的创新设计步骤。
(4) 请简述类比创新的一般实施步骤。
(5) 何谓生物性仿生创新,分哪些类型,简述类别间的区别与联系。
(6) 何谓"莲花效应",其他生物是否也有"莲花效应"? 请举例说明。
(7) 何谓原理性仿生创新,分哪些类型,简述类别间的区别与联系。
(8) 何谓信息仿生创新,请结合蚁群算法加以说明。
(9) 何谓控制仿生创新,请结合人体体温自调控加以说明。
(10) 请简述仿生机械手在仿生创新设计上的要求。

2. 分析题

(1) 就模仿蝙蝠的回音定位研制雷达装置,模仿青蛙的眼造出跟踪导弹的电子蛙眼,分析所用到的仿生创新的原理与原则。
(2) 请围绕仿生机器鱼,谈一谈仿生创新设计的具体步骤与内容。
(3) 请以仙人掌研发集油器的创新为参考,分析如何利用萤火虫进行生物性仿生创新。
(4) 请以水母耳研发电子耳的创新为参考,分析如何利用含羞草进行原理性仿生创新。
(5) 请结合以下材料,进行有关仿生创新的讨论。

蚂蚁是力气最大的昆虫,它可支撑其体重 300 倍的重物。跳蚤是跳高冠军,它一跳就是其体长的 200 倍。这相当于人跳 400 m 高。蝗虫是飞行能力最强的昆虫,它可以连续不停地飞行 9 h。食量最大的天蛾幼虫,它在出生一个月内可吃掉比其体重要重 80 000 倍的东西。移动最快的昆虫是热带蟑螂,每秒钟可移动 40~43 倍体长的距离,相当于人每秒前进 130 m。天蛾是嗅觉最灵敏的昆虫,虽然雌蛾释放的信息素只有 0.000 1 mg,其雄蛾可以在十几公里以外嗅到雌蛾散发出的气味。

本章小测验

第 9 章

TRIZ 理论创新法

[知识要点]

本章内容主要涉及：TRIZ 的概念及起源；TRIZ 理论的发展历程等；TRIZ 理论体系与结构模型；TRIZ 技术系统进化论及进化法则；TRIZ 理论的 40 个发明原理、39 个通用工程参数和物-场模型等。

[学习目标]

本章以"输电线'不惧雪灾'的创新设计"为引，让学生在了解 TRIZ 理论的基础上，结合 TRIZ 创新发明的典型案例，掌握 TRIZ 理论创新设计的要领，学会 TRIZ 理论创新设计的应用。

◼ 创新范例：输电线'不惧雪灾'的创新设计

对于冬天，中国有个俗语："瑞雪兆丰年"。冬天若是能下大雪，来年定是个好年景。地理学家认为，大雪寒潮有助于地球表面热量交换；农业学家认为，雪水中氮化物含量高，可使土壤中氮素提高，能加速土壤有机物分解，还能大量杀死越冬害虫和病因，减少来年农业生产的病虫害。但是大雪寒潮极易引发冻雨、雨凇及雾凇。形成电线被一层晶莹的冰雪包裹或悬挂的现象，造成输电线路故障危害。

在大雪天，输电塔可能会承受自身 2～3 倍的重量，但是如果有雨凇的话，就要承受 10～20 倍输电线的重量，输电线遇冷收缩，加上风吹而引起的线路震荡，输电塔将不堪重负而折断，如图 9-1 所示，几公里甚至几十公里的电线杆也会成排倒下，造成电路传输的中断，严重影响工农业生产。例如，2008 年的雪灾，电线上堆积的冰凌和大雪压断了电线，甚至压倒了电线杆和电线铁塔。事后直接性灾害统计，国家电网受损停运电力线路三万多条，110～500 kV 线路因雪灾发生倒塔共八千多基。如何解决这一问题，避免以后灾难重演呢？

解决这个问题，可以用 TRIZ 理论的发明问题解决算法，如图 9-2 所示，按照算法流程步骤执行，具体如下：

首先，提取技术矛盾。电线上堆积冰凌和积雪，压断电线，没有技术矛盾。

其次，提取物理矛盾。在气温零度以下的下雪天，电线上必然会积雪，雪会生成冰凌。但人们又希望电线上没有雪。电线上存在雪和不应该存在雪构成了物理矛盾。解决矛盾的办法在于分离和转化，但自然灾害，分离和转化的余地很小。

然后，分析物-场模型。物是冰凌、雪，物是通电的电线，缺少元素，无场可用。可能形成的

图 9-1 冰雪灾害受损严重的电塔

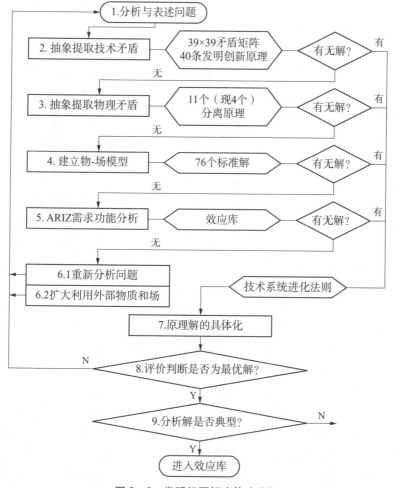

图 9-2 发明问题解决算法流程

场有温差场、电磁场。

关键点：电线变电场，电场生热能，热能融雪。

解决方案：高压线中都存在高压交变电流，在电线上加一个磁性材料做成的套。一般情况下温度高，磁性材料为顺磁性，导线有电时，套中无电磁涡流；当温度低于一定值（居里点）时，磁性材料表现为磁性，导线通电时，套中产生磁涡流，进而产生热，使堆积在套表面的雪融化、脱离，矛盾得以解决。

（资料来源：国家电网：热血融寒冰 责任重如山 https://news.bjx.com.cn/html/20080221/107834.shtml）

9.1 TRIZ 理论与创新

TRIZ 是"发明问题解决理论"，源于俄文转换成拉丁文后的词头缩写。TRIZ 理论于 1946 年由苏联发明家根里奇·阿奇舒勒提出，是基于技术系统演变内在客观规律对问题的逻辑分析和方案综合处理，注重问题的解决并实现发明的实用性，被称为创新的"点金石"。

9.1.1 TRIZ 理论的产生及发展

TRIZ 理论发源于苏联，发展于欧美。通常将 1985 年之前的阶段称为"经典 TRIZ 理论"发展阶段，之后的阶段称为"后经典 TRIZ 理论"发展阶段。

1. 经典 TRIZ 理论发展阶段

阿奇舒勒认为：创新所寻求的科学原理和法则是客观存在的，大量发明创新都依据同样的创新原理，并会在后来的一次次发明创新中被反复应用，只是被使用的技术领域不同而已。因此，从 1946 年开始，阿奇舒勒带领一批学者对不同工程领域中 250 多万份高水平的发明专利文献进行研究、整理、归纳、提炼，经过 40 多年的不断完善，建立了一整套体系化的、实用的解决发明问题的方法——TRIZ 理论。

TRIZ 理论最早开发的工具是 ARIZ（发明问题解决算法）。ARIZ 采用循序渐进的方法对问题进行分析，目的是揭示、列出并解决各种矛盾。ARIZ 最初版本比较简单，仅有五个步骤，之后逐渐扩展至九个步骤。与此同时，阿奇舒勒分析归纳出 39 个工程参数，辨析出 1250 多种技术矛盾，并归纳了 40 个发明原理，创建了矛盾矩阵表。1975 年前后，阿奇舒勒提出物-场分析法以及 76 个标准解法。同 40 个发明原理一样，标准解法与特定的技术领域无关，具有不同技术领域的通用性。

为更好地推广 TRIZ 理论，1961 年，阿奇舒勒出版了第一本有关 TRIZ 理论的著作《怎样学会发明创造》。1970 年，创办了第一所进行 TRIZ 理论研究和人才培养的学校。1980 年，首个 TRIZ 软件问世。1985 年，经典 TRIZ 理论研究基本构建完成。经典 TRIZ 理论在苏联的工业、军事、航空等领域发挥了巨大作用。

2. 后经典 TRIZ 理论发展阶段

1989 年 TRIZ 理论开始传播到世界各地，在欧美等国的广泛研究和应用下，TRIZ 理论得到进一步发展，并逐步过渡到后经典 TRIZ 理论阶段。在该阶段，诞生了一系列解决复杂问题的新工具，如根冲突分析、问题流技术等，并出现了 ARIZ 新版本、解决技术冲突的 2003 版矩阵，大大弥补了经典 TRIZ 理论在分析问题上的不足；TRIZ 理论技术系统不同的进化趋势显现，新的技术进化路线被引入，TRIZ 理论体系功能进一步强大且完善。

自 20 世纪 90 年代起,欧洲以瑞典为中心,开始实施利用 TRIZ 理论进行创造性设计的研究计划;亚洲开始掀起 TRIZ 理论推广应用的热潮。中国在 1999 年引入 TRIZ 理论;2001 年,开始 TRIZ 理论培训;2007 年,科技部启动 TRIZ 创新方法推广工作,同年 8 月正式批准黑龙江省和四川省为"科技部技术创新方法试点省"。

经过半个多世纪的发展,TRIZ 理论已发展成一套开展创新并解决新产品开发实际问题的成熟的理论和方法体系。实践证明,利用 TRIZ 理论可以大大加快创造发明的进程,得到高质量的创新产品。它能够帮我们系统分析问题情境,快速发现问题本质或者矛盾,还能根据技术进化规律预测未来发展趋势等。

9.1.2 TRIZ 理论的理论体系与结构模型

1. 理论的体系结构

TRIZ 理论体系较为庞大,包含着众多系统的、具有可操作性的创造性思维方法和发明问题的解决方法,而且还在不断发展和完善中,如图 9-3 所示。

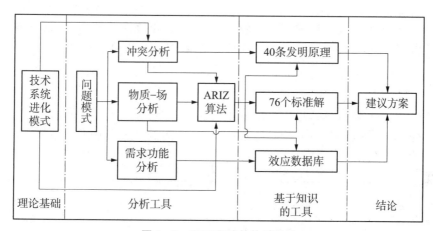

图 9-3 TRIZ 理论的体系结构

TRIZ 理论的体系结构以技术系统进化论为理论基础,以物-场模型、ARIZ 算法等分析工具,采取 76 个标准解、40 条发明原理等基于知识的工具,获得最终创新方案,具体如下:

TRIZ 理论概括地说,包括以下 9 项基本内容:

(1) 进化法则:预测技术系统的进化方向和路径。

(2) 最终理想解:系统的进化过程就是创新的过程,即系统总是向着更理想化的方向发展,最终理想解是进化的顶峰。

(3) 40 个发明原理:浓缩 250 万份专利的共性发明原理。

(4) 39 个工程参数和矛盾矩阵:直接解决技术矛盾(参数间矛盾)的发明工具。

(5) 物理矛盾的分离原理:解决参数内矛盾的发明原理。

(6) 物-场模型:用于建立与已存在系统或新技术系统问题相联系的功能模型。

(7) 标准解法:分 5 级共 76 个标准解法,可以将标准问题按步骤快速解决。

(8) 发明问题解决算法:针对非标准问题而提出的一套解决算法。

(9) 知识效应库:将解决方案、物理现象和效应综合应用在问题解决过程中。

2. 实际问题的结构模型

TRIZ 理论认为所有实际问题都可以被浓缩为 3 种不同的类型,即管理问题、技术问题、物理问题,并表现为 3 种相应的结构模型。

1) 管理问题

问题情境是通过指出缺点或目标的形式给出,其中缺点应该克服,目标应当达到,与此同时,却并不指出产生缺点的原因以及消除缺点的方法和达到所需目标的方法。

2) 技术问题

问题情境是通过指出不兼容的系统功能或功能属性给出,其中一个功能(或属性)促进全系统的主要有益功能(系统目标)的实现,而第二个功能(或属性)阻碍其实现。

3) 物理问题

问题情境是通过指出系统某组成部分的某一属性或整个系统的某个物理属性的形式给出,该属性的某一个值对于达到系统的某项特定功能是必要的,而其另一个值则是针对另一个功能的。与此同时,这两个值是不兼容的,对于各自功能改善反向排斥。

对此,TRIZ 理论给出了相应的功能——结构模型,即管理模型、技术模型、物理矛盾模型。其中,技术模型和物理矛盾模型具有较好的结构性,可以直接利用 TRIZ 理论加以解决。管理模型一般可转化为其他两种结构模型后,再利用 TRIZ 理论加以解决。

9.1.3 TRIZ 理论的创新应用

TRIZ 理论以 250 万份专利研究为基础,根据专利技术对科学的贡献程度、技术应用范围及社会经济效益等的不同,TRIZ 理论将这些专利技术解决方法分为 5 个"创新等级"(见表 9-1)。

表 9-1 创新等级及其特征

创新等级	第 1 级	第 2 级	第 3 级	第 4 级	第 5 级
	简单改进	小型发明	中型发明	大型发明	新发现
初始条件	明确的单参数问题	多参数问题,有类似结构模型	问题结构复杂,有类似功能模型	众多因素未知,无类似功能模型	目标要素未知,无类似模型
问题复杂度	无矛盾问题	标准问题	非标准问题	极端问题	独一无二的问题
转化标准	工程优化	包含技术矛盾,典型模型基础上的工程问题	包含物理矛盾,建立在复合方法上的发明	建立在整合科学技术"效应"基础上的发明	科技发现
解决问题的资源	资源易于获取	资源不可见,但存在于系统中	资源来自其他系统	资源来自不同知识门类	资源不详、应用方法不详
知识范围	技术在系统相关行业范围内	系统相关的不同行业知识	系统相关行业以外的知识	要求不同科学领域的知识	要求超强的创造动力
新颖程度	组分发生细微的参数变化	不改变功能原理的功能-结构解决方案	较好的发明,伴随有功能原理的替代系统	出色的发明,伴随有显著系统功能的改善	优异的发明,伴随有功能系统的彻底改变
占总专利数比重/%	≥30	≥40	≤20	≤5	≤1

总体而言,第1级创新是技术系统的简单改进;第2级创新是技术矛盾解决方法的小型发明;第3级创新是物理矛盾解决方法的中型发明;第4级创新是突破性解决方法的大型发明(新技术);第5级创新是新现象的发现,如表9-1所示。对于初步从事创新设计者而言,可以从第1级创新开始。对于第5级创新,阿奇舒勒认为:如果一个人在旧的系统还没有完全失去发展希望时,就选择一个完全新的技术系统,则成功之路和被社会接受的道路是艰难而又漫长的。因此,TRIZ理论解决第2、3、4级创新的创新作用效果更大。

9.2 TRIZ 技术系统进化论及进化法则

技术系统是TRIZ理论最重要的核心概念之一。从人类技术发展的现状而言,技术系统是指具有相互联系的要素所组成的,以实现某种功能或职能的事物的集合。技术系统中可以实现各种更基本功能的组成部分,称为技术系统的子系统。技术系统之外的系统或系统组成部分称为技术系统的超系统,一般指技术系统所处的外部环境。技术系统、子系统、超系统三者的存在是相对的。

9.2.1 技术系统进化论

技术系统的进化是指实现技术系统功能的各要素从低级到高级、从低效到高效的,系统功能从单一到集成不断演化的过程。技术系统进化论属于TRIZ的基础理论,其主要观点是:技术系统的进化并不是随意的,也同样遵循着一定的客观规律和模式,所有技术的创造与升级都是向最强大的功能发展的。对于一个具体的技术系统来说,对其子系统或元件进行不断地改进,以提高整个系统的性能,就是技术系统的进化过程。例如,传呼机向智能手机的进化;木船向轮船的进化;手工操作向机器自动化的进化。

技术系统进化论指出,技术系统范畴的事物是按照孕育、成长、成熟、衰退的S-曲线进化的。当原有的技术系统的研发极限被突破以后,新的技术系统将取代原有的技术系统,如此不断更替,由此,形成S曲线簇,如图9-4所示。

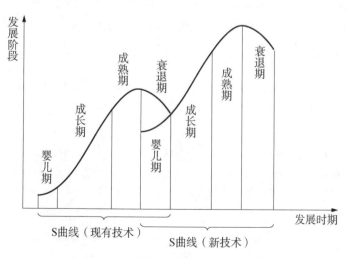

图9-4 技术系统进化的S曲线簇

1. 技术系统的诞生和婴儿期

当一个新需求出现,而且实现新需求的相关技术存在时,一个新的技术系统就会诞生。新的技术系统会以一个更高水平的发明结果来呈现。处于婴幼儿期的系统尽管能够提供新的功能,但该阶段的系统处于初级,存在着效率低、可靠性差及一些尚未解决的问题。由于市场认可度较低,而且风险较大,处于此阶段的系统所能获得的人力、物力上的投入是非常有限。处于婴儿期的技术系统的特征:性能的完善非常缓慢,此阶段产生的专利级别很高,但专利数量较少,系统在此阶段的经济收益为负。

2. 技术系统的成长期

进入成长期的技术系统,其存在的各种问题逐步得到解决,系统效率和产品可靠性等得到较大程度的提升,开始获得社会的广泛认可,发展潜力也开始显现,吸引了大量的人力、财力的投入,推进技术系统获得高速发展。处于成长期的技术系统的特征:性能得到急速提升,虽然产生的专利的级别开始下降,但是专利数量出现上升。系统在此阶段的经济收益快速上升,投资人数和规模迅速增加,促进着技术系统的快速完善。

3. 技术系统的成熟期

在大量资源的支持下,技术系统会快速进入成熟期,此阶段的技术系统已经趋于完善,所进行的大部分工作只是系统的局部改进和完善。成熟期是获利的关键时期,产品开始大批量生产。处于成熟期的技术系统的特征:性能水平达到最佳,虽然仍会产生大量的专利,但是专利级别会更低,需要警惕垃圾专利的大量产生,以有效使用专利费用。

处于此阶段的产品已进入大批量生产,并获得巨额的财务收益,此时,需要知道系统将很快进入下一个阶段衰退期,需要着手布局下一代的产品,制定相应的企业发展战略,以保证本代产品淡出市场时,有新的产品来承担起企业发展的重担。否则,企业将面临较大的风险,业绩会出现大幅回落。

4. 技术系统的衰退期

此阶段的技术系统已达到极限、不会再有新的突破,因此,步入衰退期的产品因不再有需求的支撑而面临市场的淘汰。衰退期出现的原因主要有:新技术系统出现,并已经发展到第2阶段,迫使现有系统退出市场;超系统的改变导致对系统需求的降低,技术系统的存在环境出现变化。例如,数码相机的出现和普及,导致胶片相机淡出市场等。

9.2.2 技术系统的进化法则

TRIZ理论认为,大量发明面临的基本问题和矛盾是相同的,只是技术领域不同而已。同样的技术发明和相应的解决方案一次次地在后来的发明中被重新使用,将这些有关的知识进行提炼和重新组织,形成一种系统化的理论知识,就可以指导后来者的发明创造和创新。TRIZ理论技术系统的八大进化法则正是基于这一思路提出的,它打破了人们思考问题的惰性和片面的制约,避免了创新过程中的盲目性和局限性,明确指出了解决问题的方法和途径。

八大进化法则分别是:提高理想度法则、完备性法则、能量传递法则、协调性进行法则、子系统不均衡进化法则、向超系统进化法则、向微观级进化法则、动态性进化法则。这些法则可用于预判市场需求、预测技术系统、产生新技术和选择企业战略制定时机等。

1. 提高理想度法则

技术系统的理想度法则包括:①一个系统在实现功能的同时,必然存在有用功能和有害功能两方面的作用；②理想度是指有用作用和有害作用的比值；③系统改进的一般方向是最大化理想度比值；④在建立和选择发明解法的同时，需要努力提升理想度水平。

任何技术系统在其生命周期内，总是沿着提高其理想度向最理想系统的方向进化的。理想化是推动系统进化的主要动力。最理想的技术系统应该是：不存在物理实体，也不消耗任何资源，但是却能够实现所有必要的功能，即"功能俱全，结构消失"。

提供理想度可从以下几个方向予以考虑：增加系统的功能；传输尽可能多的功能到工作元件上；将一些系统功能移转到超系统或外部环境中；充分利用已存在可利用资源等。

2. 完备性法则

技术系统是为了实现功能而建立的，为了实现某项功能，一个完备的技术系统必须具备最基本的子系统。基本子系统必须包含以下4个部件：动力装置、传输装置、执行装置和控制装置，这是完备技术系统的最低配置。完备性法则有助于确定实现所需技术功能的方法并节约资源，利用它可对效率低下的技术系统进行简化。完备性法则有助于我们准确地判断现有的子系统集合是否构成完整的技术系统，进而提高技术系统的效率。

3. 能量传递法则

能量能够从能量源流向技术系统的所有元件，是技术系统实现其基本功能的必备条件。如果某个元件不能接收能量，该元件就不能发挥作用，导致技术系统不能执行其有用功能或有用功能作用不足。

能量传递法则指出，能量既不会消灭，也不会创生，它只会从一种形式转化为其他形式，或者从一个物体转移到另外物体，在转化或转移的过程中，能量的总和保持不变。在满足能量能够流向所有元件的基础上，应尽量降低能量在传递中的损耗，可采取的措施有：尽量缩短能量的流动路径；尽量减少能量不必要的转换；提高系统各部分的能量传导率；使用可控性较好的能源。

4. 协调性进行法则

技术系统进化沿着各个子系统相互之间更协调的方向发展，即系统的各个部件在保持协调的前提下，充分发挥各自的功能。技术系统各个子系统与各参数之间、系统参数与超系统参数之间要相关协调是系统实现其功能的基本条件。技术系统的协调性体现在：形状与结构上的协调、各性能参数的协调、工作节奏与频率的协调等。技术系统各部分的协调，可以节约资源并提高效率，进一步提高技术系统的可控性。

5. 子系统不均衡进化法则

每个技术系统都由多个实现不同功能的子系统组成。技术系统各子系统的进化都是不均衡、不同步的，每个子系统都是沿着自身的S曲线进化发展，这种不均衡的进化经常会导致子系统之间的矛盾出现，整个技术系统的进化速度取决于系统中发展最慢的子系统的进化速度。及时改进不理想的子系统，尤其是改进进行速度最慢的子系统，或以较先进的子系统加以替代，就能以更小代价直接提高整个技术系统的性能。

6. 向超系统进化法则

技术系统的进化沿着从单系统、双系统向多系统的方向发展，在技术系统进化达到极限时，它实现某项功能的子系统就会从系统中剥离，转移至超系统，作为超系统的一部分，在该子系统的功能得到改进增加的同时，也简化了原有的技术系统。常规举措是将技术系统和超系统的资源结合；将技术系统的子系统容纳到超系统中去。

例如，飞机在长距离飞行时，需要在飞行中加油。最初燃油箱是飞机的一个子系统，进化后，燃油箱脱离了飞机，进化至超系统，如图9-5所示，以空中加油机的形式给飞机加油，飞机系统简化，不必再携带数百吨的燃油。

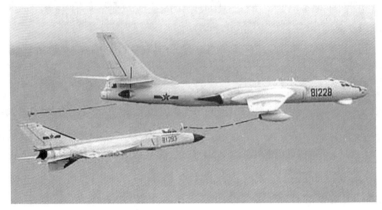

图9-5 空中加油机

7. 向微观级进化法则

技术系统的进化沿着减小其元件尺寸至微观级的方向发展，即元件从最初的尺寸向原子、中子等基本粒子的尺寸进化，在极大减小元件尺寸所占有空间的同时，能够更好地实现相同功能。例如，放音机、随身听、MP3、耳环播放器的微观进化。

8. 动态性进化法则

动态性进化法则主要是指提高系统的动态性，以更大的柔性和可移动性来获得功能的提升。提高技术系统的动态性要求，技术系统的进化沿着结构柔性、增加可移动性、增加可控性、变成微小物体、采用场等方向发展，以适应环境状况或执行方式的变化。提高技术系统性能以适应不断变化的环境和满足多种需求。

9.2.3 技术系统进化法则的应用

1. 技术系统进化法则的应用步骤

利用技术系统进化法则进行产品及技术的研发，可参考以下步骤进行：

（1）分析产品的具体现状，并提出所需解决的问题。

（2）搜集市场同类产品以下几方面的数据并绘制数据曲线：同类产品历年授权专利数量，专利技术水平等级情况；同类产品历年市场的销售及利润情况；同类产品历年性能指标及指标提升情况等。

（3）上述资料分析，分析产品技术系统进化曲线，预测产品所处的进化阶段，评判产品进化的必要性。

（4）根据技术系统的进化法则，考虑产品进化的可行性路径，选定阶段性的理想化目标，选取最佳的技术及实现路径，制定相应的产品创新方案。

（5）对创新方案和解决效果进行综合评估，确定优化方案及后续发展方向。

2. 技术系统进化法则的应用案例

纺织机械是一种典型的复杂机械产品。需要制定长期的新产品开发策略。在其能被销售之前，需要有很长的开发周期，因此，需要确定预算及开发方向。错误的方向不仅导致短期效益的损失，还可能与竞争者们的技术产生巨大的差距，这对任何企业的发展都是致命的。下面以滚筒型纺纱机为例，说明技术系统进化法则的典型应用。根据 TRIZ 技术系统进化法则，采用时间与产品专利数、时间与专利级别来评价产品在图 S 曲线上的位置。

滚筒纺纱技术专利的时间与产品专利数、时间与专利级别分别如图 9-6、图 9-7 所示，通过对技术专利的总体走势和未来发展趋势的综合评判可知，滚筒型纺纱机的相关技术专利数已接近弧顶，而专利级别数很低，说明其产品已至技术进化 S 曲线的成熟区。

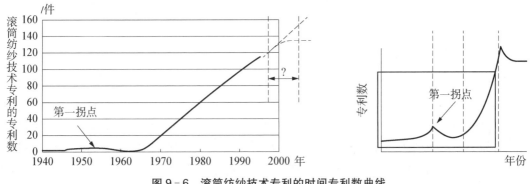

图 9-6 滚筒纺纱技术专利的时间专利数曲线

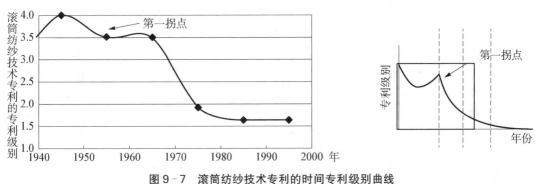

图 9-7 滚筒纺纱技术专利的时间专利级别曲线

本例中筒型纺纱机按动态性进化法则，确定寻找新的替代技术的可能方向，可分出五条进化路线：

第 1 条进化路线-结构柔性。常规策略是使系统的某一部分变为柔性体。但目前而言，用柔性材料制造的滚子还不存在。

第 2 条进化路线-增加可移动性。筒式纺纱机的核心部件是滚筒和纱箱，前者已是可活动的零件，后者进化已基本成型，因此，按该路线的进化已完成。

第 3 条进化路线-增加可控性。筒式纺纱机机构前后的平动可以增加一个自由度，该自由度可在机器纺纱过程中或调整时采用。

第 4 条进化路线-变成微小物体，使滚子变为微小物体，目前似乎不能实现。

第 5 条进化路线-采用场。利用静电场进行静电纺纱，技术已有人进行过研究，其商品化前景并不乐观；早期的涡流纺纱机采用涡流场下的气体抽纱，纱线质量并不理想；新型的纺纱机采用空气射流技术，纱线质量有所提高。

综合上述分析,可以得出:采用第5条路线,研究当前已有的技术,可能获得新的核心技术及产品。

9.3 TRIZ 理论的40个发明原理

发明原理是人类在征服自然、改造自然的过程中所遵循的客观规律,从古至今,这些发明原理在不同的时期、不同的领域中反复的出现,虽然解决的问题是不同的,但解决问题所采用的发明原理是相通甚至相同的。从发明原理的普适性而言,在当下及未来的创新领域和新产品开发上,发明原理必然能发挥其应有的价值和作用。

9.3.1 TRIZ 理论的40个发明原理

阿奇舒勒在进行专利研究时发现,许多专利虽然来自不同国家、不同领域,而且解决的也是不同的问题,实现的是对不同系统的改进,但是,这些专利是利用了某些相同的方法。也就是说,很多的原理和方法在发明的过程中是重复使用的。他认为,解决发明问题的规律是客观存在的,如果能够找到这些客观存在的发明原理,就可以使人们摆脱跨领域、跨行业的局限,实现跨领域技术更加充分的借鉴,并为人们找到更为简捷的发明途径,让发明成为人人皆可实现的技术。

通过对数百万份专利的研究、归纳及总结,阿奇舒勒对专利中最常用的方法和原理进行提取,共总结出40种,统称为40个发明原理。这40个发明原理蕴涵了人类发明所遵循的共性原理,是TRIZ理论用于解决发明问题矛盾的基本方法,奠定了TRIZ理论的理论基础。作为创新方法学开展创新的"高速路",作为人人皆可创新、人人开展创新的行之有效的方法,40个发明原理的广泛应用,在各个生产领域产生出不计其数的专利。

TRIZ 理论的40个发明原理具体如表9-2所示。

表9-2 TRIZ理论40个发明原理

1	分割	11	预补偿	21	紧急行动	31	多孔材料
2	分离	12	等势性	22	变有害为有益	32	改变颜色
3	局部质量	13	反向	23	反馈	33	同质性
4	不对称	14	曲面化	24	中介物	34	抛弃与修复
5	合并	15	动态性	25	自服务	35	参数变化
6	多样性	16	未达到或超过的作用	26	复制	36	状态改变
7	套装	17	维数改变	27	低成本、不耐用物体代替	37	热膨胀
8	质量补偿	18	振动	28	机械系统的替代	38	加速强氧化
9	预加反作用	19	周期性作用	29	气压与液压结构	39	惰性环境
10	预操作	20	有效作用的连续性	30	柔性壳体或薄膜	40	复合材料

40个发明原理体现了技术系统进化法则,各个发明原理之间不是并列的,而是相互融合

的。要更好地解决发明问题矛盾,需要充分理解各个发明原理之间以及发明原理各子条目之间的关系。

9.3.2 40个发明原理的内容详解

1. 分割

具体措施有:①把一个物体分成相互独立的部分;②将物体分成容易组装和拆卸的部分;③提高物体的可分性。例如:利用活动百叶窗代替整体窗帘。

2. 抽取

具体措施有:①把一个物体分成相互独立的部分;②仅抽出物体中必要的部分或属性。例如:用光纤或光波导分离主光源,以增加照明点。

3. 局部质量

具体措施有:①将物体、环境或外部作用的均匀结构变为不均匀的;②让物体的不同部分各具不同功能;③让物体的各部分处于完成各自功能的最佳状态。例如:在餐盒中设置间隔,在不同的间隔内放置不同的食物,避免串味。

4. 增加不对称性

具体措施有:①将物体对称外形变为不对称的外形;②增加不对称物体的不对称程度。例如:为改善密封性,将O型密封圈的截面由圆形改为椭圆形。

5. 组合

具体措施有:①在空间上将相同物体或相关操作加以组合;②在时间上将相同或相关操作进行合并。例如:将两辆单人自行车组合成双人自行车。

6. 多用性

具体措施有:①使一个物体具备多项功能;②消除了该功能在其它物体内存在的必要性。例如:可移动儿童安全座椅。

7. 嵌套

具体措施有:①把一个物体嵌入另一个物体,然后将这两个物体再嵌入第三个物体,依此类推;②让某物体穿过另一物体的空腔。例如:汽车安全带。

8. 重量补偿

具体措施有:①将某一物体与另一能提供升力的物体组合,以补偿其重量;②通过与环境(利用空气动力、流体动力或其他力等)的相互作用实现物体的重量补偿。例如:赛车安装阻流板用以增加车身与地面的摩擦力。

9. 预先反作用

具体措施有:①事先施加机械应力,以抵消工作状态下不期望的过大应力;②如果问题定义中需要某种相互作用,那么事先施加反作用。例如:为防螺栓松脱的预紧。

10. 预先作用

具体措施有:①预先对物体(全部或至少部分)施加必要的改变;②预先安置物体,使其在最方便的位置开始发挥作用而不浪费运送时间。例如:建筑通道里安置的灭火器。

11. 事先防范

具体措施有:①采用事先准备好的应急措施;②补偿物体相对较低的可靠性。例如:为跳伞准备的降落伞备用伞包。

12. 等势

具体措施：改变操作条件，使处于同一等势面高度，以减少物体提升或下降的需要。例如：水电站两个不同水位高度水域的通航调节。

13. 反向作用

具体措施有：①用相反的动作代替问题定义中所规定的动作；②让物体或环境可动部分不动，不动部分可动；③将物体上下或内外颠倒。例如：室内健身用的跑步机。

14. 曲面化

具体措施有：①将物体的直线、平面部分用曲线或球面代替，变平行六面体或立方体结构为球形结构；②使用滚筒、球、螺旋结构；③改直线运动为旋转运动，应用离心力。例如：洗衣机中的离心甩干机。

15. 动态特性

具体措施有：①调整物体或环境的性能，使其在工作的各阶段达到最优状态；②分割物体，使其各部分可以改变相对位置；③如果一个物体整体是静止的，使之移动或可动。例如：使用柔性的内窥镜进行内科检查。

16. 未达到或过度的作用

具体措施：如果所期望的效果难以百分之百实现，稍微超过或稍微小于期望效果，会使问题大大简化。例如：在孔隙中填充过多的石膏，然后打磨平滑。

17. 空间维数变化

具体措施有：①将物体变为二维（如，平面）运动，以克服一维直线运动或定位的困难；或过渡到三维空间运动以消除物体在二维平面运动或定位的问题；②单层排列的物体变为多层排列；③将物体倾斜或侧向放置；④利用给定表面的反面；⑤利用照射到邻近表面或物体背面的光线。例如：自动垃圾卸载车。

18. 机械振动

具体措施有：①使物体处于振动状态；②如果已处于振动状态，提高振动频率（直至超声振动）；③利用共振频率；④用压电振动代替机械振动；⑤超声波振动和电磁场耦合。例如：利用超声波碎石机击碎人体体内结石。

19. 周期性作用

具体措施有：①用周期性动作或脉冲动作代替连续动作；②如果周期性动作正在进行，改变其运动频率；③在脉冲周期中利用暂停来执行另一有用动作。例如：利用频率调音代替摩尔电码。

20. 有效作用的连续性

具体措施有：①物体的各个部分同时满载持续工作，以提供持续可靠的性能；②消除空闲和间歇性动作。例如：汽车临时停车时，利用飞轮储存能量，以便随时启动。

21. 减少有害作用的时间

具体措施：将危险或有害的流程或步骤在高速下进行。例如：快速切割塑料，避免热能在材料内部聚集及传播，避免塑料变形。

22. 变害为利

具体措施有：①利用有害的因素（特别是环境中的有害效应），得到有益的结果；②将两个有害的因素相结合进而消除它们；③增大有害因素的幅度直至有害性消失。例如：潜水中用氮氧混合气体,以避免单用造成昏迷或中毒。

23. 反馈

具体措施有:①在系统中引入反馈;②如果已引入反馈,改变其大小或作用。例如:声控灯、声控喷泉等。

24. 借助中介物

具体措施有:①使用中介物实现所需动作;②把一物体与另一容易去除的物体暂时结合。例如:用镊子夹取细小零件。

25. 自服务

具体措施有:①物体通过执行辅助或维护功能为自身服务;②利用废弃的能量与物质。例如:银行的存取款一体机。

26. 复制

具体措施有:①用简单、廉价的复制品代替复杂、昂贵、不方便、易损、不易获得的物体;②用光学复制品(图像)代替实物或实物系统,可以按一定比例放大或缩小图像;③如果已使用了可见光复制品,用红外光或紫外光复制品代替。例如:利用紫外光诱杀蚊蝇。

27. 廉价替代品

具体措施:用若干便宜的物体代替昂贵的物体,同时降低某些质量要求。例如:餐具、口罩等一次性用品。

28. 机械系统替代

具体措施有:①用视觉系统、听觉系统、味觉系统或嗅觉系统代替机械系统;②使用与物体相互作用的电场、磁场、电磁场;③用运动场代替静止场,时变场代替恒定场,结构化场代替非结构化场;④利用带铁磁粒子的场作用。例如:为混合两种粉末,用电磁场代替机械震动使粉末混合均匀。

29. 气压和液压结构

具体措施有:将物体的固体部分用气体或流体代替,可以采用充气结构、充液结构、气垫、液体静力结构和流体动力结构等。例如:气垫运动鞋。

30. 柔性壳体或薄膜

具体措施有:①使用柔性壳体或薄膜代替标准结构;②使用柔性壳体或薄膜,将物体与环境隔离。例如:水上步行球。

31. 多孔材料

具体措施有:①使物体变为多孔或加入多孔物体(如多孔嵌入物或覆盖物);②如果物体是多孔结构,在小孔中事先引入某种物质。例如:用海绵储存液态氮。

32. 颜色改变

具体措施有:①改变物体或环境的颜色;②改变物体或环境的透明度。例如:感光玻璃,随光线改变其透明度。

33. 均质性

具体措施:存在相互作用的物体用相同材料或特性相近的材料制成。例如:方便面的料包外包装用可食性材料制造。

34. 抛弃或再生

具体措施有:①采用溶解、蒸发等手段抛弃已完成功能的零部件,或在系统运行过程中直接修改它们；②在工作过程中迅速补充系统或物体中消耗的部分。例如：火箭助推器在完成其作用后的星箭分离。

35. 物理或化学参数改变

具体措施有：①改变聚集态(物态)；②改变浓度或密度；③改变柔度；④改变温度。例如：将石油气液化，以减少气态运输的体积和成本。

36. 相变

具体措施：利用物质相变时产生的某种效应。例如：水在固态时体积膨胀，可利用这一特性进行定向无声爆破。

37. 热膨胀

具体措施有：①使用热膨胀或热收缩材料；②组合使用不同热膨胀系数的几种材料。例如：应用热膨胀系数差异较大的双金属片作为热敏开关。

38. 强氧化剂

具体措施有：①用富氧空气代替普通空气；②用纯氧代替空气；③将空气或氧气进行电离辐射；④使用离子化氧气；⑤用臭氧代替含臭氧氧气或离子化氧气。例如：用乙炔与纯氧代替乙炔与空气，进行金属的气割。

39. 惰性环境

具体措施有：①用惰性环境代替通常环境；②使用真空环境。例如：用氩气等惰性气体填充灯泡，做成霓虹灯。

40. 复合材料

具体措施：用复合材料代替均质材料。例如：用玻璃纤维制成的冲浪板，更加易于控制运动方向，更加易于制成各种形状。

9.4　TRIZ理论的39个通用工程参数

矛盾是事物发展的动力，矛盾普遍存在于各种产品或技术系统中。矛盾常分为三类：物理矛盾、技术矛盾和管理矛盾。其中，技术矛盾是技术系统中的常见矛盾，由系统中2个相互制约的因素导致；物理矛盾是单物理参数矛盾，物理矛盾最常用的解决方法是分离，可与技术矛盾相互转化；管理矛盾是不能直接消除的矛盾，需要转化为物理矛盾或技术矛盾后加以解决。技术矛盾的传统解决方法是采用折中方案，折中只能从一定程度上缓解矛盾，并不能彻底消除技术矛盾。

9.4.1　TRIZ理论的39个通用工程参数

技术矛盾是技术系统中因某一参数或特性改善导致另一参数或特性恶化而产生的矛盾。具体体现在：技术系统的某一子系统强化有用功能(或消除有害功能)时，另一子系统产生有害功能(或子系统功能减弱)。由此可见，各种技术矛盾的解决，必须以技术系统的全部通用工程参数为前提。

对此，阿奇舒勒及其同事们查阅了世界各国的大量专利，并从中挑选出了那些成功地解决了技术矛盾的专利进行研究。总结出工程领域内常用的表述系统性能的39个通用工程参数，通用参数一般是物理、几何和技术性能等的参数。随着TRIZ理论研究的深入，不仅现在有很多对这些参数的补充研究,并将个数提高到了50多个,但在此我们仍然只介绍TRIZ理论的核心的39个通用工程参数。

TRIZ理论的39个通用工程参数,如表9-3所示。在定义技术矛盾问题时,需要选用39个通用工程参数中相适应的参数,将技术矛盾用TRIZ的通用语言表述出来。因此,工程参数合理且准确的选择是技术矛盾解决的首要问题,不仅需要对39个通用工程参数有准确理解,还需要准确把握有关技术系统及技术矛盾。

表9-3 TRIZ理论39个工程参数表

1	运动物体的重量	11	应力或压强	21	功率	31	物体产生的有害因素
2	静止物体的重量	12	形状	22	能源损失	32	可制造性
3	运动物体的长度	13	稳定性	23	物质损失	33	操作流程的方便性
4	静止物体的长度	14	强度	24	信息丧失	34	可维修性
5	运动物体的面积	15	运动物体的作用时间	25	时间损失	35	适合性或通用性
6	静止物体的面积	16	静止物体的作用时间	26	物质或事物的量	36	系统复杂性
7	运动物体的体积	17	温度	27	可靠性	37	控制和测试的复杂性
8	静止物体的体积	18	照度	28	测量精度	38	自动化程度
9	速度	19	运动物体的能量消耗	29	制造精度	39	生产率
10	力	20	静止物体的能量消耗	30	作用于物体有害因素		

39个通用工程参数中常用到运动物体与静止物体的术语,运动物体是指自身或借助于外力可在一定的空间内运动的物体;静止物体是指自身或借助于外力都不能使其在空间内运动的物体。为了应用方便,上述39个通用工程参数可分为如下3类:

1) 物理及几何参数

物理及几何参数主要有:1~12、17~18、21,用以表征技术系统的基本特性。

2) 技术正向参数

技术正向参数主要有:13~14、27~29、32~39,当这些参数的数值增大时,技术系统或子系统的性能逐步变好。

3) 技术负向参数

技术负向参数主要有:15~16、19~20、22~26、30~31,当这些参数的数值增大时,技术系统或子系统的性能逐步变差。

9.4.2 39个通用工程参数的矛盾矩阵

在技术矛盾问题解决过程中,随着技术系统的性能改进,39个通用工程参数中的一部分参数变差,变差的参数称为恶化参数;另一部分参数变好,变好的参数称为改善参数。改善的参数和恶化的参数就构成了技术系统的内部矛盾,矛盾的解决可以借助40个发明原理。由此,以改善参数行、恶化参数列和发明原理单元就构成了矛盾矩阵。

阿奇舒勒矛盾矩阵是一个39×39的矛盾矩阵,如附表1所示。每行、每列的表头均为39个通用工程参数中的一个参数,按39个参数的编号顺序排列。横行为改善参数,竖列为恶化参数,横行与竖列交叉的单元为技术矛盾的发明原理解,以40个发明原理的编号表示。在矛盾矩阵对角线的方格,是同一通用工程参数所对应的单元格(涂黑的方格),表征的是技术系统的物理矛盾。

依据技术矛盾下系统的改善参数与恶化参数,经过阿奇舒勒矛盾矩阵的参数对应,可以查找到解决技术矛盾的发明原理,通过这些发明原理,即可找到技术矛盾的解决策略。查找阿奇舒勒矛盾矩阵可知,解决技术矛盾的发明原理往往不止一个,行列交叉的单元格中的发明原理是以解决技术矛盾的频率高低而顺序排列的。针对具体技术矛盾问题,可以进行发明原理解的综合评估及优选。

9.4.3 运用矛盾矩阵解决问题的步骤及案例

1. 矛盾矩阵解决工程问题的步骤

运用矛盾矩阵解决具体的工程问题,一般可按以下步骤进行:

1) 待解决的工程问题描述

明确技术系统的功能,分解技术系统的结构,厘清技术系统、关键子系统、主要零部件之间的相关关系及作用,定位问题所在的系统和子系统,对工程问题进行准确描述。

2) 工程问题的技术矛盾转化

用"因果关系"或"假设判断"的形式阐述技术矛盾,进行工程问题的技术矛盾抽取,通过多个技术矛盾对比及检验,找到主要的技术矛盾,并加以简化。

3) 技术矛盾的矛盾矩阵参数选取

分析引起技术矛盾的主要参数,进行改善参数和恶化参数细分,对照39个通用工程参数,将改善参数和恶化参数转化为通用工程参数。

4) 矛盾矩阵的发明原理解查找

依据阿奇舒勒矛盾矩阵,通过改善参数行与恶化参数列的行列交叉,确定技术矛盾单元格的发明原理解。

5) 发明原理的解决方案制定及优选

针对工程问题和技术矛盾,依据不同的发明原理,分别制定相应的具体解决方案,经过方案评估对比,选择最合适的具体解决方案

2. 矛盾矩阵解决工程问题的案例

典型案例:轮胎的创新设计

1) 项目背景与问题描述

目前使用的各种车辆大多数都需要充气,一旦轮胎因意外戳破就会漏气,或者因密封失效也会漏气,影响了车辆正常使用,甚至会造成严重的交通事故。由此,一种不需要充气、又有足够弹性和承载能力的轮胎创新成为现实需求。

2) 项目分析与TRIZ求解

从充气轮胎到不需要充气轮胎,因不需要充气,其轮胎在使用中的安全性、可靠性大大提

高,但轮胎的重量会增加。参考 TRIZ 的技术参数而言,轮胎的可靠性(参数27)优化,重量(参数1)恶化,参数27与参数1构成矛盾对,通过查询附表1的矛盾矩阵,得 M27-1 的解[3,8,10,40],对应的发明原理为:原理3(改变局部),原理8(重量补偿),原理10(预先作用),原理40(复合材料)。

3) 解决方案与具体措施

参考四个发明原理,可以形成免充气轮胎的方案。简而言之,取消内胎,轮胎设计为单外胎式;为减轻其重量,可以采取局部中空的结构,采用高强度材料,合理布设材料。具体而言,采用钢丝包裹橡胶(复合材料)的网状结构(改变局部),在钢丝的布设上考虑轮胎承受压力(重量补偿与预先作用)。实验数据表明,免充气轮胎在扎上若干小孔后,根本不影响其正常使用,目前该成品已经得到应用。

9.5 TRIZ 理论的物-场模型及应用

在实际工程问题分析和系统矛盾处理中,无论是工程问题的描述,还是系统矛盾的类型往往均很难确定,不仅涉及的技术参数无法明确,而且技术矛盾的矛盾矩阵无法提取,很难找到与之相应的发明原理,对此,可以借助物-场模型,针对工程问题建立一个问题模型,以分析问题,揭开问题实质和发现潜在问题。

9.5.1 物-场模型的基本概念

物-场模型是 TRIZ 理论的重要分析工具。TRIZ 理论认为所有的系统或产品的作用都是为了实现某种功能,而功能是两个物质与作用于它们的场之间的的交互作用,即所有的系统都可以分解为两个物质和一个场的3个基本元素组成的形式。因此,实现某种功能的最小系统是由两个物质和一个场而组成的物-场模型。

TRIZ 理论的物-场模型如图 9-8 所示。技术系统的组成分别是物质 S_1、物质 S_2 和场 F;物质 S_1 是系统动作的接受者,物-场模型的技术过程是场 F 通过 S_2 作用于 S_1 并改变 S_1。

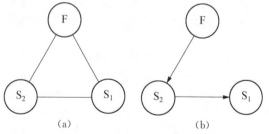

图 9-8 TRIZ 理论的物场模型
(a)技术系统(TS);(b)技术过程(TP)

物质 S_1 和物质 S_2:二者定义取决于每一个具体的应用,它们可以是整个系统、子系统或单个物体,可以是材料、工具、零件、人或环境等任何东西。为简化问题的解决,物-场模型中的物质,需提取引起冲突的特性或参数,因此,物质的范围更广一些。

场 F:场是产生作用力的一种能量。物-场模型中的场,主要通过某种能量作用于物质,因此场的概念更为细化,以便于物-场模型更为精准的分析。场可细分为力场、声场、电场、磁场、电磁场、辐射场,甚至化学场、气味场等。

系统的功能是物-场模型交互作用的结果。若去掉物-场模型中任何一个物质或场,系统的功能将无法实现,因此,物-场模型存在以下规律:

(1) 所有的系统都可以分解为3个基本要素(S_1、S_2、F);
(2) 一个完整的系统必定由这3个基本要素组成;
(3) 将相互作用的3个基本要素进行有机组合将形成一个功能。

例如,金属切削机床加工,可简化为:场F(机械力)、刀具S_2和工件S_1,在机械力的作用下,刀具切削工件,最终将工件加工成零件。

9.5.2 物-场模型的类型及描述

1. 4类常见的物-场模型

常见的物-场模型有4种类型,分别是有效完整模型、不完整模型、有害效应的完整模型和效应不足的完整模型。

1) 有效完整模型

组成物-场模型的3要素都存在,且都有效,能实现设计者所期望的效应。

2) 不完整模型

组成物-场模型的3要素(2个物质、1个场)中部分元件不存在,需要增加系统要素来实现完整有效的系统功能。

3) 有害效应的完整模型

物-场模型中的3要素都存在,但产生的是与设计者所追求的相冲突的有害效应。在创新过程中,要消除系统的这种有害效应。

4) 效应不足的完整模型

物-场模型中的3要素都存在,但设计者所追求的效应未能完全实现,如产生的力不够大,温度不够高等。为了实现预期的效应,需要对原有系统进行改进。

2. 物-场模型的符号描述

物-场模型用线条连接圆圈所形成的三角形来表示系统功能的实现。在此基础上,可以用图形描述系统内各要素之间相互的关系,其相应的物-场模型的符号,如表9-4所示。

表9-4 描述物-场模型的符号

序号	符号	意义
1	——————	有关联的关系
2	—————▶	定向、有效的作用
3	- - - - - ▶	定向、有效且不充分的作用
4	∿∿∿∿▶	定向、有害的作用
5	++++++▶	定向、过度的作用
6	◀——————▶	相互作用

用物-场模型的符号进行系统的物-场分析,与文字语言相比,不仅更加简洁,而且可以更

加清楚、直观第描述出系统各元素之间的关系。对于物-场模型下的工程问题解决,更加简单且直接有效。

9.5.3 物-场模型的一般解

1. 典型物-场模型的一般解

针对物-场模型的常规 4 种类型,与之相应地可以表述为 6 种"一般解法",具体如表 9-5 所示。

表 9-5 4 类物-场模型的一般解

序号	符号	意义
1	完整模型	能有效实现功能
2	不完整模型	解法 1:补齐模型所缺的要素
3	有害效应的完整模型	解法 2:加入物质 S_3,阻止有害效应 解法 3:加入场 F_2,抵消有害效应
4	效应不足的完整模型	解法 4:加入场 F_2,替代原来的场 F_1 解法 5:加入场 F_2,强化有用效应 解法 6:加入物质 S_3 和场 F_2,强化有用效应

在 4 类物-场模型中,完整模型是物-场模型的一般解的期望目标。针对其余 3 类的物-场模型,在一般解的实现上,优选两个物质和一个场的最小系统的模型解,其次选取 4 要素以上所组成的复合物-场模型的模型解。

2. 物-场模型一般解的步骤

在工程问题的物-场模型一般解的实现上,一般可采用以下步骤:

1)明确系统的要素

在工程问题的解决上,对应系统的要素很多,要明确造成问题的关键要素。

2)描绘物-场模型

根据系统的关键要素,采用物-场模型符号,描绘要素间的关系及问题所在。

3)物-场模型一般解

根据物-场模型的类型,确定相应的一般解,通过对比,确定最优解。

4)产品创新设计

将物-场模型最优解与工程问题相结合,考虑各种客观因素,进行相应的产品创新设计。

例如:潜水服的创新设计,针对的实际问题是潜水服保温性较差。这是一个效应不足的完整模型。可以采用的物-场模型一般解共有 3 种。

首先需要明确系统的关键要素在于潜水服,物-场模型的场与物质分别是海洋温度场、潜水服、海水,海洋温度场将温度通过海水作用于潜水服。为了保持温度,传统的想法是增加潜水服的橡胶厚度,其结果是增加了其重量,因重量增加而影响了水下作业的灵活性;若使产生泡沫,则不仅减轻了重量,还提高了保暖性。

9.5.4 物-场模型的标准解

1. 发明问题的标准解法

发明问题的标准解法是阿奇舒勒于1985年创立的,分成5级,共有76个,如表9-6所示。在物-场模型一般解无法解决物-场模型的标准问题时,标准解法可以将标准问题在一两步中快速解决。作为TRIZ的高级理论,标准解法也是解决非标准问题的基础。

表9-6 标准解法的分级

级别	名称	子级数	标准解数
1	建立或拆解物-场模型	2	13
2	强化物-场模型	4	23
3	向超系统或微观级转化	2	6
4	检测和测量的标准解法	5	17
5	简化与改善策略	5	17
合计	5级	18	76

1) 第1级标准解

第1级标准解划分成2个子级,共计13个标准解。主要适用于不完整的物-场模型或有害效应的物-场模型,通过建立和拆解物-场模型来解决工程问题。

2) 第2级标准解

第2级标准解划分成4个子级,共计23个标准解。适用于效应不足的物-场模型,通过对系统内部较小的改变,以提升系统性能,不增加系统的复杂性。

3) 第3级标准解

第3级标准解划分成2个子级,共计6个标准解。适用于效应不足的物-场模型,不同于第2级标准解的是,通过转换到宏观系统或微观级别来解决工程问题。

4) 第4级标准解

第4级标准解划分成5个子级,共计17个标准解。主要是解决工程中的"检测和测量"类问题。

5) 第5级标准解

第5级标准解划分成5个子级,共计17个标准解。不同于第1~4级标准解的是第5级标准解用于指出如何有效地引入场、物质或者科学效应。

2. 物-场模型的功能分析法

产品用户的根本需求在于产品的功能,功能是产品的本质。在产品创新设计中,尤其是产品概念设计阶段,最主要的任务是进行产品的功能分析和提出原理解。物-场模型的功能分析法,是在产品功能模型的基础上,通过对其对技术系统的分析,寻求一切能满足产品功能要求的原理解。物-场模型的功能分析法简称为物-场功能分析法,其实施的关键在于物-场模型的标准解分析,采用物-场模型的功能分析法应用于产品创新设计过程如下:

(1) 定义系统的总功能。总功能是从技术实现的角度对产品或技术系统的一种理解,是特定约束条件输入之下，参数或状态变化的一种抽象描述。产品或技术系统的总体功能称为总功能。

（2）进行功能分解，并确定基本功能和核心功能。功能分解是解决工程问题的基础。由于工程系统的复杂性，需要将总功能分解为分功能、子功能，直至分解成易于实现的基本功能为止。功能分解的具体内容取决于实现总功能所采取的工作原理和使用的策略，分解过程可按实现功能的层级特性或因果关系逐级进行。

（3）建立系统的功能模型。在功能分解完成后，可根据功能分解的结果，建立各基本功能的物-场模型，并有机结合建立起系统的整体功能模型。

（4）确定待改进的功能模型。参考4类物-场模型的模型功能，即有效完整功能、不完整功能、非有效完整功能和有害功能，分析各基本功能模型的类型，确定待改进的功能模型。

（5）标准解分析。根据标准解的5类功能不改变或仅少量改变已有系统（第1级13种标准解）、改变已有系统（第2级23种标准解）、系统传递（第3级6种标准解）、检查与测量（第4级17种标准解）、简化与改善策略（第5级17种标准解），寻找与物-场模型相适应的标准解。

（6）提出新的设计概念。根据实际产品功能需求，将解决问题的标准解转化为特定的解领域。

（7）解的评价。评估解领域，如有多个可行的解领域，根据进化模式选取综合最优的方案。

9.6 创新发明案例

创新设计：冲孔机构创新设计

9.6.1 项目背景与问题描述

1. 项目背景

冲孔是某产品生产的关键工序，在冲孔机构使用中，导套裂开导致的钢珠脱落、保持架损坏是机构的主要失效形式，钢珠脱落会造成冲针对中不良形成冲孔缺陷，产品报废，需要攻关。

2. 问题描述

如图9-9所示，当预压机构下压，冲针连接杆复位时，连接杆完全脱离保持架，当冲针连接杆再次冲孔时，冲针会进入保持架，对保持架产生冲击，长时间使用会导致钢珠脱落。

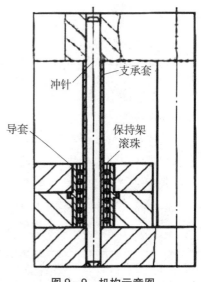

图9-9 机构示意图

9.6.2 TRIZ解决问题设计的步骤

1. 问题识别-功能分析

对组件进行了功能模型分析，如图9-10所示。将功能模型用图示的方式表示出来，如图9-11所示，这样可以对系统有个整体的了解。

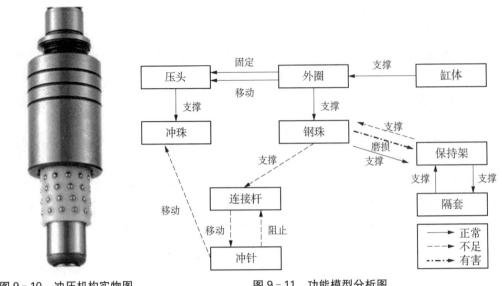

图9-10 冲压机构实物图　　图9-11 功能模型分析图

通过功能模型分析,发现存在以下系统功能缺点,如表9-7所示。

表9-7 系统功能缺点

组件	功能	性能水平
钢珠	支撑连接杆	不足 I
	磨损保持架	有害 H
保持架	支撑钢珠	不足 I
连接杆	移动冲针	不足 I
冲针	阻止连接杆	有害 H
	移动冲珠	不足 I

2. 问题解决

方法一：裁剪

裁剪是一种分析问题的工具,指的是将一个及以上组件去掉,而其所执行的有用功能利用系统中其他组件来代替的方法。

裁剪组件是钢珠,钢珠的功能是支撑保持架、支撑连接杆。

应用裁剪产生如表9-8所示的2个可能的解决方案。

表9-8 裁剪解决方案

序号	关键问题	可能的解决方案
1	钢珠脱落	无油衬套取代钢珠滑套（裁剪）
2	钢珠脱落	滚针导向组件取代钢珠滑套（裁剪）

方案如图 9-12、图 9-13 所示。

图 9-12　无油衬套取代钢珠滑套

图 9-13　滚针导向组件取代钢珠滑套

方法二：因果链分析

因果链分析是对每一层事件的影响因素进行分析时，找到影响本层的根本原因，将大的原因分解成小的原因，原因找到的越多，解决问题的思路也越多。

因果链分析的结束条件：

(1) 不能继续找到下一层原因。

(2) 达到自然现象。

(3) 达到制度、法规、权利、成本等极限。

(4) 与本项目无关。

通过关键问题因果分析，初步确定了 3 个可能的解决方案，如表 9-9 所示。

表 9-9　因果链分析解决方案

序号	关键问题	可能的解决方案
3	连杆与保持架不同心	内嵌隔套增加精孔长度
4	连杆冲击保持架	连接杆前细后粗
5	连杆与钢珠脱离	冲针与预压机构分离

方法三：发明原理运用

运用物理矛盾分析产生的 3 个解决方案，如表 9-10 所示。

表 9-10　发明原理解决方案

序号	关键问题	可能的解决方案
6	连接杆冲击保持架	冲击速度先慢后快（物理矛盾）
7	连接杆与钢珠脱离	保持架随连接杆运动（物理矛盾）
8	连接杆与钢珠脱离	冲针收缩为凸轮（物理矛盾）

9.6.3 解决方案分析、评估及其方案验证

1. 解决方案分析(见表9-11)

表9-11 解决方案分析

物理矛盾	冲针连接杆短,以防钢珠脱落;冲针连接杆长,避开下冲珠孔
分离原理	时间分离
对应的发明原理	15 动态化
发明原理描述	使不动的物体可动或自适应
具体的解决方案	钢珠及保持架随冲针连接杆一起上下运动

以表9-10中的方案7为例:保持架随连接杆运动。

关键问题分析:连接杆不脱离钢珠。

2. 方案评估

通过上面TRIZ解决问题的方法,得出8种可能的解决方案,通过对这些方案的可行性评估,发现方案7的可行性最大,其余方案或不是最优选项,或者有限制条件不适合本项目,下面列出几个方案评估做参考,如表9-12所示。

表9-12 方案评估

序号	关键问题	可能解决方案	可能方案评估
1	钢珠脱落	无油衬套取代钢珠滑套(裁剪)	聚氨酯材质精度低不能满足使用要求
2	钢珠脱落	滚针导向组件取代钢珠(裁剪)	滚针导向组件对结构空间要求较大,现有机器无法满足
3	连接杆冲击保持架	冲击速度先慢后快(物理矛盾)	影响机器 UPH
4	连接杆与钢珠脱离	保持架随连接杆运动(物理矛盾)	可充分利用现有结构,改善成本低,实现时间短,选用此方案

3. 方案验证

对最适合本案的方案7进行验证后发现:完成10万次跑机验证,保持架没有损坏,钢珠未脱落,连接杆表面没有擦痕,验证结果表明此方案可推广使用,投入到正常生产机器进一步验证发现,使用半年未出现故障。

4. 总结与启发

利用TRIZ工具进行全面透彻的分析和应用,能够全面地分析问题,找到多种可能解决问题的思路和方案,再选用合理的方案进行验证并予以实施,从而找到最佳解决方案。

> 思考与练习

1. 简答题

(1) 何谓TRIZ理论,TRIZ理论的主要内容有哪些?

(2) 技术创新分为哪几个等级？各个阶段的特征是什么？
(3) 请简述 TRIZ 理论理想化的方法。
(4) 为什么说提高理想度法则是其他所有进化法则的基础？
(5) 提高动态性和可控性进化法则包含哪几个方面的内容？
(6) 矛盾分为哪几类？举例说明什么是技术矛盾。
(7) TRIZ 理论的 39 个通用工程参数是如何分类的？
(8) 什么是物-场模型？它有哪些主要类型？
(9) 解决发明问题的技术冲突矩阵里，欲改善的工程参数有多少个？随之恶化的工程参数有多少个？如何确定发明问题的解？
(10) 请简述 4 种分离原理与 40 个发明原理之间的关系。
(11) 何谓效应，单一效应模式只能实现一个需求功能吗？
(12) 关联效应模式可由哪 4 种效应链实现？并画出其结构框图。

2. 分析题

(1) 列举身边符合向微观级和超系统进化趋势的两个案例，结合 TRIZ 理论进行说明。
(2) 请结合 TRIZ 理论的每一项发明原理，结合日常生活和所学专业举出合适的例子。
(3) 观察手机、键盘、鼠标、眼镜、打火机等产品都使用了哪些发明原理，并说明是怎样应用的这些原理。
(4) 请用 TRIZ 理论的发明原理，对某一产品，如杯子、椅子、桌子等生活中常用物品，做出相应的创新设计。
(5) 请从自己的工作或学习中找出一个技术矛盾，定义改善的工程参数和恶化的工程参数，并利用阿奇舒勒矛盾矩阵来解决这个矛盾，说明问题的最终解决办法。
(6) TRIZ 理论技术系统的进化法则有哪些，请结合法则谈一谈数控机床的发展进化？
(7) TRIZ 理论中提到 39 个工程参数，在概念自行车的设计中，可以用到哪些工程参数？
(8) 相对于普通的木锤，空气锤的创新用到了 TRIZ 理论中的哪些发明原理？
(9) 请结合 TRIZ 理论解决文物保护单位安全用电的问题？
(10) 在滩涂地挖蛤蜊需要穿上长筒胶鞋，但胶鞋往往陷在很深的泥里拔不出来，对此，结合 TRIZ 理论给出你的解决办法？
(11) 请结合以下材料，进行有关 TRIZ 理论的讨论。

随着食品工业的快速发展和人们对油炸食品的喜爱，油炸设备不断推陈出新。在普通的常温油炸机创新设计的基础上，改变油炸方式过程，设计出间歇式油炸机；改变加工中所需添加的液体，设计出水滤式油炸机；改变加工的工作原理，设计出空气炸锅，利用高速空气循环技术，以食物本身的油脂煎炸食物，使食物脱水，达到煎炸的效果。在倡导食品健康和高品质生活的当下，食品生产设备的创新必将得到越来越多人的瞩目。

本章小测验

机械创新设计应用

发现是可以解释世界的,通过发现揭开世界诸多奥秘的面纱,但问题的关键在于改变世界,改变世界通过什么渠道呢,通过发明改变世界。在历史的进程中,发明在其中起着决定性的作用,整个世界科技的进步和社会文明发展从古至今从来都没有离开过发明创造。

发明是技术和生产活动的起点,有了打制石器、人工取火的发明和应用,才开始有了人类的物质生产和社会生活的历史。技术变革和技术进步、生产力和人们生活水平的提高、社会历史的发展,都离不开发明创造。古代社会的进步依赖于石器的磨制、冶铜炼铁等发明。十八世纪的工业革命,源于新的纺织机、蒸汽机的发明。电子计算机和一系列现代发明,从根本上改变了人们的劳动方式、生活状况和社会面貌。

在一般意义上,人们在技术活动中做出的有新颖性、先进性和实用性的创造和改进都属于发明。发明是有投资价值和使用价值的成果,为了推动发明及其应用,国家以法律形式把发明确认为专利。由此,专利把发明的商品属性以法律形式固定下来,使之成为不得无偿占有的财产,从而保护发明者的利益。专利还要求发明者在专利保护期届满后公开其创造成果以利于他人有偿使用,并把实施发明创造作为专利权人的法律义务,以促进技术信息交流和发明的推广应用。

要把发明转变为专利,发明人要向国家专利机关提出专利申请,由国家专利机关批准并颁发证书。申请人在向国家专利机关提出专利申请时,还应提交一系列的申请文件,如请求书、说明书、摘要和权利要求书等。在专利的申请方面,世界各国专利法的规定大体上比较一致,但也存在一些细微差异。

名 人 名 言

古代人把发明物的创造者奉若神明,而对那些在民事活动中声名显赫的人物,则只授给英雄称号的名誉。须知,后者只能存在几个世代,而前者几乎是万世长存的。(培根)

需要是发明之母,但专利权是发明之父。(乔什·比林斯)

专利文献是科学与生产的桥梁。(茅以升)

专利制度就是给天才之火浇上利益之油。(亚伯拉罕·林肯)

没有专利局和完善的专利法的国家就像是一只螃蟹,这只螃蟹不能前进,而只能横行和倒退。(马克·吐温)

瓦特的伟大天才表现在1784年4月他所取得的专利说明书中,他没有把自己的蒸汽机说成是一种用于特殊目的的发明,而把它说成是大工业普遍应用的发动机。(马克思)

发明本身并没有什么了不起,了不起的是使发明造福于人类。(詹姆斯·洛威尔)

发明家全靠一股了不起的信心支持,才有勇气在不可知的天地中前进。(巴尔扎克)

我的人生哲学是工作,我要揭示大自然的奥妙,为人类造福。(爱迪生)

一项发明创造会带来更多的发明创造。(爱默生)

第 10 章

发明与发明实施

【内容要点】

本章内容主要涉及：发明与发现的概念；从发现产生发明的方法；发明的评价依据和标准；发明的价值界定；专利保护、技术秘密保护的特点及适宜范围；发明实施的特点及要求；发明转让、实施许可的定义及费用界定等。

【学习目标】

本章以"CT 扫描仪的发明"为引，让学生在了解发现、发明及专利的基本知识上，结合专利申请及创新发明的案例，掌握发明的要领，学会专利保护及发明实施的应用。

创新范例：CT 扫描仪的发明

CT 扫描仪的发明是在电子计算机技术应用和 X 射线被发现的基础上通过产品创新设计得以实现的。

1895 年，德国物理学家威廉·康拉德·伦琴（Wilhelm Conrad Rontgen）在阴极射线实验中发现了 X 射线。经证实，这种肉眼看不见的射线能够穿透书本、衣服等，伦琴利用 X 射线为其夫人拍下了一张手部的骨骼影像，刊登在 1896 年 1 月的维也纳《新自由报》上，经各地报纸转载，轰动了世界。

1917 年，奥地利数学家雷杜（Rayto）利用数学方法证实，一个立体的物体如果能利用前后、上下、左右、深浅等几个角度加以表现，则可以充分显示出它的立体特征。雷杜的这一论点，成为 CT 技术发明和发展的重要理论基础。

20 世纪 30 年代末，在医学诊疗不断应用过程中，X 射线断层诊断技术被研发出来，20 世纪 60 年代初，美国生物学教授艾伦·科马克（Allan Cormack）提出将电子计算机与 X 射线断层诊断技术相结合加以应用的设想：用高灵敏度的 X 射线检测器来接受断层扫描穿越过人体的 X 射线，把测得的大量数据输入电子计算机进行处理，以获取分辨人体内部结构图像。1972 年 4 月，英国中央实验研究所电子工程师豪斯菲尔德（Godfrey Hounsfield）在英国放射学会的年会上公布了有关 CT 机的研究报告。随后，豪斯菲尔德和艾伦·科马克先后研制出 X 射线诊断机，也就是俗称的 CT 机。在电子计算机柜式控制台操纵下，CT 机可实现人体不同部位的检查，检查结果的图像显示在显示器的屏幕上，检查工作完毕后，医生可以从 CT 机里取出拍摄好的 X 射线照片，照片上的图像与在显示器屏幕上显示的一模一样。

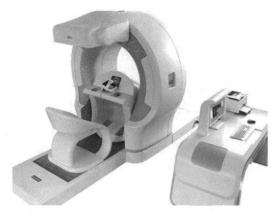

图 10-1 CT 扫描仪

在 CT 机发明至今的 40 多年时间里,历经了多次的更新换代。1972 年豪斯菲尔德和科马克向世界展示的 CT 机是第一代产品,完成一次诊断需用时 5 min;换用两个 X 射线管组成的第二代 C 机产品,每次诊断用时 2 min 左右;第三代 CT 机产品用多个 X 射线管组成,能够用 25 s 完成一次扫描;而第四代 CT 机的扫描时间减少到 1s,其外观如图 10-1 所示。正在研制的第五代 CT 机,设计扫描用时为百分之一秒,扫描同时还可以捕捉到人体生理活动的动态变化。

(资料来源:不变与变:CT 扫描的五十年 https://www.cnhealthcare.com/articlewm/20210719/content-1244522.html)

10.1 发明与发现

远古时期,人类除了火以外的另一个重要发现是新石器,人们在与野兽的斗争中,看到慌不择路的野兽撞到尖锐的石头上毙命,这使人类联想到如果将手中与野兽搏斗的石块做成尖锐的形状,那么攻击力就强大得多。利用石头作为武器,开发石头作为生产工具,人类从此由旧石器时代进入了新石器时代。

古代的妇女常用一种叫孔雀石的铜矿石粉做化妆品抹在脸上,偶然发现孔雀石粉掉在火里变成了铜珠,人们因此发明了金属冶炼技术,人类又向前迈出了一大步,跨入了金属时代。

10.1.1 发明与发现的比较

发明和发现是两个不同的概念。发明是人们为了满足社会需求,在已有技术的基础上,通过人们独立的思维活动和实验,产生前所未有的、实用的新产品或新方法。发明是原来没有的,通过发明家的劳动而产生的。发明属于技术领域,是技术创新。

发现是对自然界中客观存在的现象、变化过程及其特性和规律的揭示。科学理论是对自然界认识的总结,是更为广义的发现。它们都属于人们认识的延伸。发现是自然界原本固有的,是被人们揭示并认识的自然科学现象和自然科学规律。发现属于科学的范畴。这些自然科学现象和自然科学规律不因是否被人们发现,都是客观存在的,而且不因是否被人们发现而改变。这些被认识的物质、现象、过程、特性和规律不是在已有技术基础上产生的新产品和新方法,因此,发现不是发明。

发明和发现虽然是两个本质不同的概念,但是它们之间又有着密切的联系。发现带来发明,我们可以利用发现做出发明,也可以利用发明来做出新的发现。发明和发现的关系,概括而言就是发现产生发明,发明促进发现。人类社会发展和科技进步的历史,就是不断发现,不断利用发现进行发明,不断促进社会发展和科技进步的历史。

不管是远古时期的酿酒、金属冶炼等,还是现代的计算机、激光器等,都是由发现带来的发明。可以说发现是科学发展和人类社会进步的原动力。应当指出的是,随着时代的发展,人类对自然界的认知将愈加全面,更多自然界奥秘将被发现。翻开诺贝尔奖获得者的名单,就可看出许多的重大科学发现,还有待于人们根据这些发现做出发明。

10.1.2 从发现产生发明的方法

发现是发明的基础,但发现不是发明。从发现产生发明,可以从以下几个方面入手:

1. 从验证发现的设备做发明

人类第二次技术革命的兴起是由英国科学家法拉第发明电动机而引起的。1831年在整理电磁学文献时,法拉第做了许多实验。有一次在实验中他发现了一种现象:如果在载流导线附近有磁铁的一个极,磁铁就会围绕导线旋转;反之,载流导线也会围绕单独的某一磁极旋转。这个著名的电磁旋转实验,证实了电与磁的相互转化,并且法拉第还发明了圆盘发电机(见图10-2)。在此基础上,人类创新设计出各种电器设备,从此社会生产生活进入电气化时代。

图10-2 电磁感应实验与圆盘发电机

2. 根据发现的现象做发明

人们发现把加热的空气装入纸袋或布袋内,袋子可以向上升起,由此,人们用不透气的材料制作成一个个很大的袋子,在其下给空气不断加热,发明了热气球。

人们发现磨制的凸透镜、凹透镜可以调节视力,于是加上金属圈和镜架,发明了眼镜。望远镜和显微镜也是用这种方法发明的。只要将发现现象的材料、装置等稍作改进,就可做出发明,关键是要认真观察自然界的现象,要有新的发现才可做出发明。

3. 根据发现的特点做发明

秦汉以后,炼丹家用硫磺、硝石、木炭等混在一起炼丹,从偶然发生爆炸的现象中得到启发,找到火药的配方,这种现象的特点是破坏力大,于是将其与不同材料、不同形状的装置组合,发明了火箭、火雷、火铳、火炮等各种武器。

1935年,卡罗瑟斯(Carothers Wallace Hume)博士用己二酸与己二胺为原料制成聚合物,并将其熔融后经注射针压出,在张力下拉伸为纤维,这种纤维的柔韧性、回弹性、耐磨性、抗酸耐碱性等表现都极佳,1938年实现工业化后定名为耐纶(俗称"尼龙"),是最早实现工业化的合成纤维品种。它作为重要的工程塑料,其应用覆盖了大部分工程领域,甚至"以塑代钢",用于机械产品零部件的生产。

4. 分析发现的物质成分做发明

1928年匈牙利生理学家圣捷尔吉·阿尔伯特发现了维生素C，1933年英国化学家沃尔特·霍沃思分析了维生素C的成分，确定了维生素C的分子结构，之后，瑞士化学家雷池斯坦发明了维生素C的人工合成方法。维生素K的发明也是这种情况，丹麦生物化学家达姆发现了使血液凝固速度快、防止皮肉出血的维生素K，1939年美国生物化学家多伊西分析了维生素K的成分，确定了维生素K的分子结构，后来又发明了维生素K的人工合成方法，成功地制造出维生素K。这种发明适用于新的物质的发现，尤其是有机化合物的发现，只有先分析它的成分，确定它的分子结构以后，才可能做出物质合成方法的发明。

5. 利用发现失败的现象做发明

失败的现象分为以下三种情况：

(1) 人们有目的地进行生产和实验，在无意中发生的失败现象中产生了发明，例如，"碰翻羊油"发明了肥皂。

(2) 有目的地进行生产和实验，但是由于不慎出现操作失误，出现了失败的现象，根据失败的现象做出了发明。例如，耐磨橡胶的发明，就是将配方3%的炭黑加成了30%，强度大、耐磨的轮胎也随之被发明。

(3) 有目的地进行生产和实验，但是出现了意料之外的情况，人们根据这种失败的现象做出了发明。例如，人工合成染料、青霉素的发明。

10.1.3 发明的构成

发明的实现需要6个基本要素，具体如下：

1. 发明的标的

发明的标的也就是发明的对象，要进行发明，首先要明确创新设计的对象，在发明对象明确后才能做到有的放矢。

2. 发明的主体

发明的主体是人，可以是个人独立完成发明，也可以是组建创新发明的团队，利用集体的智慧与力量进行发明。对于新颖性等级较低的发明，单人独立可以完成，但是对于重大发明一般都是集体智慧的结晶。

3. 发明的思想

发明的思想是从事创新活动、解决实际问题、实现发明的指导思想。例如，汽车的创新设计从绿色环保理念出发，发明了太阳能汽车；从更好适应环境的角度出发，发明了水陆两用汽车；从智能控制层面出发，发明了无人驾驶汽车。

4. 发明的方法

发明的方法是从事创新活动，解决实际问题，实现发明的一般性规律的应用。方法不同，结果的差异很大。

例如，点火器的发明是用物理的方法，主要是摩擦生热的原理；用化学的方法可以产生白磷自燃的现象；还可以用电气方式，如电子点火器。

5. 发明的技法

发明的技法主要是从发明活动的一些经验、程序等方面总结出具体的规则、做法和技巧等。如联想创新法、类比创新法、列举创新法等。

6. 发明的环境

进行发明离不开相应的环境，一般创新发明都需要合适的环境作为支撑。其中，既需要发明用的仪器设备等硬环境，也需要管理措施、规章制度等软环境。

10.2 发明的评价与保护

发明人完成发明以后，要对发明进行评价，还要根据不同发明的具体情况，采取不同的方法对发明进行保护。这样做的目的，一方面是使发明人对自己发明的价值能够做到心中有数，并采取积极有效的方法保护发明人的合法权益；另一方面可促进发明的推广应用，推动科学技术的持续发展。

10.2.1 发明的评价

发明的评价标准有两个依据：一是看发明对未来的影响，包括对人类社会未来发展的影响，对未来科技发展的影响等；二是发明的应用价值，依据应用价值的大小作为发明的评价标准。

评价发明价值的大小一般按 4 条标准进行：①开拓性发明；②应用广泛，对人类有重大影响的发明；③解决人类长期渴望解决的技术难题的发明；④复杂技术简单化的发明。

10.2.2 发明的价值

不同的发明，其价值大小也不尽相同。可以利用价值评判标准对发明进行评价。例如，计算机、激光器的发明是开拓性发明；青霉素、维生素的发明是人类应用广泛的发明；电子显微镜的发明解决了人们长期渴望实现的观察物质微观世界的难题，扫描隧道显微镜的发明还带来了纳米科学和纳米技术的发展，使人们能够直接操纵原子，对科学的发展具有长期巨大的影响；集成电路的发明是电子计算机生产这一复杂技术简单化的发明，这些都是具有重大价值的发明。

发明的评价标准和发明的价值是从事发明创造的依据，选择有较大应用范围、应用价值的发明课题，发明才更有意义。

10.2.3 专利的保护与适宜范围

发明的保护方法主要有两种：发明的专利保护和发明的技术秘密保护。还可以采用"专利保护＋技术秘密保护"。先看看专利保护的特点：

1. 保护有力

专利保护即法律保护，是发明最有力的保护手段，也是使用最广泛的保护方法。发明申请专利以后，大多数人都不愿冒触犯法律的风险去侵犯别人的专利权。发明人的权利一旦被侵害，就可通过法律手段保护自身的合法权益。

2. 保护范围广泛

专利保护的技术领域几乎不受任何限制，它既保护产品本身，也保护技术方法。无论产品发明还是方法发明，只要符合专利法规定的条件，均可申请专利，依法取得保护。

3. 促进发明实施

发明在取得专利权前或取得专利权的同时，必须公开其发明内容，这就有力保证了该发明成果的推广与实施。

4. 有利于促进社会科技发展

专利公开以后，有利于打破技术封锁。在发明保护期满后，该发明成果属于国家，有利于促进科技发展。

5. 有利于申请国际专利

中国专利法第二十条规定，我国的单位或者个人将其在国内完成的发明向外国申请专利的，应当先向国务院专利行政部门申请专利，委托其指定的专利代理机构办理。

适合申请专利，或者必须申请专利加以保护的发明，具体如下：

1. 应用广泛的发明

发明日常生活用品，如带橡皮头的铅笔，由于应用广泛，如不申请专利保护，则侵权仿造严重，给发明人带来巨大损失。

2. 能够对其进行仿造的发明

例如，改变已有产品结构的发明，或者两种公知产品组合在一起的发明。这些发明易被仿造侵权，所以要申请专利保护。

3. 技术方法易学会的发明

例如，某化工产品的发明，别人看到其生产工艺和原料配比，即可大批量生产，这样的发明也需要申请专利保护。

4. 无法保密的发明

属于上述4种类型的发明，因为极易侵权，所以必须申请专利保护。

例如，2016年12月，诺基亚发起多项诉讼，指控苹果公司侵犯其32项专利。经过长达近半年的纠纷，2017年5月，两公司就专利纠纷达成和解，并签署业务合作协议。诺基亚在新闻公报中称，将获得苹果公司预付的一笔费用，未来还将从苹果公司获得更多营收。

10.2.4 发明的技术秘密保护

发明的技术秘密保护的目的是通过保护发明的技术秘密来保护发明人的权利。这种方法不需申请、审批，也不用缴费，无时间地域限制。可以通过技术秘密来保护的发明如下：

（1）应用针对性强的发明。有些发明的市场需求量小，例如，仅为少数特定用户使用的设备，这样的发明不会引起他人重视和仿制。

（2）别人看到产品也无法仿制的发明，或者别人看到产品的生产过程也无法学会技术方法的发明。例如，一位中医世家的外伤药膏，其效果神奇，各种烧伤、跌伤、冻伤等涂擦就好，该产品的技术秘密保护了几百年，世代相传，治愈了无数病人，但是无人能仿制出同样效果的药膏，甚至采购原料，熬制药膏的药师也无法生产出同样效果的药膏。

通过技术秘密保护的方法来保护发明也有缺陷：①一旦泄密，别人仿制，发明人无法用法律保护自己的权益。更有甚者，有人窃取发明，抢先申请专利，反过来限制发明人使用，给发明人带来巨大的损失。②该发明只能为少数人掌握，不利于推广，不能发挥其社会效益和经济效益，导致一些优秀的人类发明成果将随着年代的久远而失传，无法成为人类的共同财富。

技术秘密通常不能对抗第三方独立研发或反向工程获得技术方案。如果第三方可以自己独立研发技术秘密中的技术方案,技术秘密持有人不能以技术秘密为由对抗或阻止其实施或公开该技术。原技术秘密持有人,仅能根据先用权而在原始的规模进行生产,而无法扩大再生产,从而陷入被动局面。如果扩大生产规模,则会侵犯第三方的专利权。

总之,采用技术秘密的方法保护发明须慎之又慎,只有那些极少数确实真正能保住秘密的发明才能够使用此方法保护,所以不建议轻易采用。

10.3 发明的实施与转让

发明实施是整个发明过程的最后一个阶段,也是最重要的一个阶段。发明的价值、社会贡献、历史作用都和发明实施密切相关,紧紧相连。历史上有记载对人类社会进步产生重大作用的发明无一不是实施成功的发明。例如,中国古代的四大发明(造纸术、印刷术、指南针、火药)、蒸汽机、电动机、飞机、电子计算机,等等,通过发明的成功实施,极大地推动了社会发展和科技进步。

10.3.1 发明实施

1. 发明人实施发明的特点

发明人自己实施自己的发明具有以下优点:

1) 经济效益高

发明人可以自己决定发明产品的价格,掌握销售环节,引导和控制市场,往往能获得较大的经济利益。大发明家爱迪生一生有2000多项发明、1000多项专利,他的经济收入主要是通过实施自己的发明而获得的。靠生产销售自己的发明产品才使他有足够的经济能力去完成2000多件发明。吉列(Gillette)发明了剃须刀之后成立了吉列公司,至今吉列剃须刀已在世界畅销100多年。德国发明家维尔纳·玛·西门子(Emst Wemer Von Siemens)成立的西门子公司至今也已有100多年,而且已发展成为跨国大公司。

2) 易于成功与实现价值

因为发明人对发明产品的生产技术和社会价值情况的熟悉,所以发明产品容易成功,并能较快地在社会生产生活中得到应用。

2. 发明人实施发明的条件

(1) 发明人需要拥有足够的实施资金,并能够完成各环节的实施过程。

(2) 被实施的发明涉及新的发明,别人实施容易失密,这种情况最好是发明人自己实施发明。

(3) 经济利益巨大的发明,市场需求迫切、产品利润高的发明可自己实施。

(4) 别人无法模仿的发明,自己实施更安全,而且可以长时间地开发,甚至世代相传,这将会给发明人带来长期稳定的经济效益。

在上述诸多因素中,最重要的是发明人需要有企业家的素质和足够的资金,才可以自己实施发明,如果发明人不具备企业家的素质,不能筹集到足够的实施资金,则无法自己实施发明,需采用转让、许可他人实施或共同开发的办法来实施发明。

3. 发明人实施发明的注意事项

发明人在实施自己的发明时要注意以下事项,才能保证实施成功。

(1) 依靠法律和制度来管理企业,不能单纯依靠发明人的威望来管理企业。
(2) 发明人应制订企业近期、中期、远期的生产管理规划。
(3) 发明家、发明企业要吸纳优秀人才,特别是管理人才。

10.3.2 发明的转让与实施许可

1. 转让与实施许可的界定

发明转让就是将发明成果卖掉。转让专利权或专利申请权就是卖掉专利权或专利申请权。卖掉后,其知识产权归属买主,此后与发明人不再有关。专利权或专利申请权的转让费应该比实施许可费更高。实施许可就是出租,在出租期内承租者可以使用专利的技术,但知识产权仍属于专利权人。

1) 实施许可的分类

实施许可分为独占实施许可、排他实施许可、普通实施许可三种。

独占实施许可是指许可方(发明人、专利权人或专利申请人)授予被许可方在合同规定的期限、地区或领域内,对所许可的发明(专利)技术具有独占性实施权。许可方不得再将该发明(专利)许可给第三方,许可方本人也不能在同一期限、地区或领域内实施其发明(专利)。独占实施许可的许可费在所有许可中是最高的。

排他实施许可是指授予被许可方在一定的条件下实施其发明(专利)的权利,同时保证不再向第三方授予被许可方在同一范围内实施其发明(专利)。但许可方仍保留自己实施该发明(专利)的权利。

普通实施许可是指许可方授予被许可方在合同规定的期限地区或领域内,对所许可的发明(专利)技术具有制造、使用或销售已许可的发明(专利)产品或技术,许可方还保留着在上述同一范围内自己实施该项发明(专利)的权利,以及再授予第三方实施许可的权利。

正在申请专利的发明,具有与已获得专利权的发明同等的实施许可权利。已获得专利权并已公告,但因某种原因尚未拿到专利证书的专利,可同样实施转让或许可。一项发明即使由于各种原因最终未获得专利权,也不影响其实施许可。这里涉及一个"专有技术"的概念。专有技术既可申请专利权,也可不要专利权;不管要与不要,都可转让许可。比如祖传秘方即使没有专利权,也可有偿许可转让。

在上述的几种方法中,较常见的是独占许可和排他许可。已申请专利的,要按照专利局的规定向专利局办理专利实施许可合同备案。发明的实施许可要严格按照国家的规定执行,最好有法律顾问或专利顾问帮助办理,这样才能有效地保护发明人的权益。

2) 进行发明转让和实施许可的情况
(1) 发明人没有经济能力实施发明。
(2) 发明人没有能力管理发明实施企业。
(3) 发明人没有过多时间和精力进行发明实施。
(4) 发明人另有新的发明项目,迫切需要资金进行支持。
(5) 发明人有经济困难,迫切需要资金改善工作和生活条件。

在上述 5 种情况中,符合其中一种,即可考虑进行发明转让、实施许可、出售或出租。

2. 转让和实施许可前的准备工作

发明人在发明转让和实施许可前,要做好必要准备,以便于转让或许可的顺利进行。

(1) 申请专利，让受让方放心。大多数人愿意出钱购买有法律保护的产品和技术，不愿意出钱购买没有法律保护的产品和技术。

(2) 科技成果鉴定。科技成果鉴定可以对发明的技术水平给予评定，如国际领先水平、国内领先水平等，明确发明的价值。同时鉴定也可以进一步对发明的知识产权给予界定，保护发明人的权益。

(3) 无形资产评估。无形资产评估是对该发明的价值评估，便于确定实施许可价值。资产评估要选择有权威的单位来做，以免评估后受让方不信任，而给实施许可带来麻烦。

(4) 应用证明。发明的应用证明可以进一步证明发明的实用性。

(5) 各种发明奖、科技奖。说明发明确已发挥作用，产生了社会价值，具有一定的社会意义。

发明人在完成发明之后，要逐步做好上述工作，这些工作与发明本身同样重要，是发明转让或实施许可成功的保证条件。

3. 转让和实施许可的费用及付费

确定转让费和实施许可费的具体数额时，应统筹考虑以下几项内容：

(1) 研究开发发明(专利)所花的费用。

(2) 受让方或被许可方使用这项发明(专利)所能得到的经济效益。

(3) 许可使用权利的方式、范围和年限。

(4) 发明人的"心理价位"(期望值)。

转让费定得太高，必然会增加转让的难度；定得太低，又体现不出知识产权应有的价值。如暂时难以确定具体数额，可根据洽谈时的情况再定。但总体上应遵守"成交第一，能高则高"的"八字原则"。一项发明(专利)的专利权或专利申请权的转让价，大体应(特殊情况除外)定在受让方(接产企业)正常生产经营状态下一年的利润所得为宜(前4～5年的平均利润)。受让方(接产企业)投资规模(资金实力)、管理水平、营销能力等不同，所产生的利润就会不同，甚至会有天壤之别。因此，要在多家购买者或投资者中比较挑选。投资人数越多，实力越强，发明(专利)转让和实施许可成功率也就越高。

一般而言，影响转让费和实施许可费的具体价格因素有以下6种：

(1) 发明的应用广泛性。应用广泛的发明价格更高。

(2) 发明的技术水平。技术水平先进的价格更高。

(3) 不同的实施许可方式。独占许可价格更高，排他许可次之，普通许可又次之。

(4) 发明的包装与宣传。发明实施许可前的工作越充分，资料越全，受让人越了解，实施许可价格越高。

(5) 受让方的资本情况。受让方资本实力越强，则许可价格才可能越高。

(6) 发明(专利)转让及实施许可的时机。统计资料分析显示，专利公告后运作时间越早的，转让成功率越高，转让价也相对高一些。

在上述6种影响发明转让和实施许可价值因素中，发明的应用广泛性，即发明的社会需求是最根本、最重要的因素。

在确定好转让费和实施许可费之后，要进行付费，一般的付费及分配方式如下：

(1) 一次性结算。签订合同后，按合同所定价格，由受让方或被许可方一次性付清费用。

(2) 固定提成。固定提成就是把合同产品的生产数量或者净销售额人为地固定在某一个数值上(不管实际的生产数量或者净销售额是多少),每年按这个数值提成。

(3) 滑动提成。按照每年实际生产的数量或者销售额提成。提成部分要在项目投产后在合同约定的年限内支付。

4. 发明的合作实施

合作实施是发明人以技术入股,他人以资金入股,共同实施发明的一种方法,又称合作开发。一般采用共同实施的情况如下:

(1) 发明项目实施需巨额资金,发明人无法筹集。

(2) 发明项目转让不掉,也无法许可他人实施。

合作方需具备的条件如下:

(1) 有足够的经济实力实施发明。

(2) 有开创事业的品质和意志。

(3) 遵守法律,讲道德。

值得注意的是,发明人要清楚地认识到合作实施的风险,以免给发明人带来损失。

共同实施要注意如下几个问题:

(1) 发明人最好委托法律顾问保护自己的合法权益。

(2) 合作协议条款符合法律规定。

(3) 发明人要有审计、监督财务的权力。

(4) 合作公司应聘请职业经理,管理公司事务。

10.4 创新发明案例

创新应用:硬币计数卷包机的发明

1. 发明背景

近年来我国经济高速增长,国民收入不断提高,物价水平也不断提高,10元以下的货币在流通中主要行使的是找零功能,人民币小面额货币硬币化已是货币发行的重点工作之一。我国累计发行硬币已超过1500亿枚。但一些银行兑换硬币较为麻烦,因此不少商家都对硬币敬而远之。调查发现,部分银行在高峰期存在不愿意清点大量硬币的情况。目前硬币分类、清点、整理的工作主要依赖于人工,但人力成本高且效率较低,同时硬币上存在大量的污渍和细菌,若长期从事硬币清分工作,易对工作人员的身体造成严重伤害。

2. 发明标的

硬币计数卷包机:主要功能是对硬币进行计数和包卷(或装袋)操作,还可以对硬币进行分类,对硬币中的残币进行鉴别和剔除。

3. 标的要求

硬币计数卷包机采用"黑箱"设计,如图10-3所示,其输入物料包括待处理的硬币和包装硬币的纸张,输入信息包括计数的数量要求和操作指令。输出物料是包装好的币卷或币袋,输出的信息包括正常操作的结果,当机器发生故障时,系统应显示故障的类型。在处理的硬币中包含有残币或其他种类的散币时,设备应能将其挑出,并从专门的出口输出。

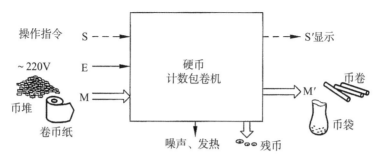

图 10-3　硬币计数卷包机输入与输出的"黑箱"设计

硬币计数包卷机在运转过程中会产生发热、噪声和灰尘，由于在室内操作，装置设计应设法减少热量、噪声和灰尘的产生。

4. 功能实现

设计的硬币计数包卷机外形如图 10-4 所示，其主要功能如下：

1) 计数、分选功能

硬币计数卷包机的计数、分选过程，如图 10-5 所示。通过旋钮选择需要计数的币种，将待处理的硬币倒入堆币斗中，启动机器后，堆币斗下面的输送带将硬币输送到旋转的币盘中。币盘旋转产生的离心力使硬币从币盘进入币道，输币带通过摩擦力驱动硬币通过币道，在出口处有光电传感器记录通过币道的硬币数量。当硬币数量达到设定的要求时停止输币。

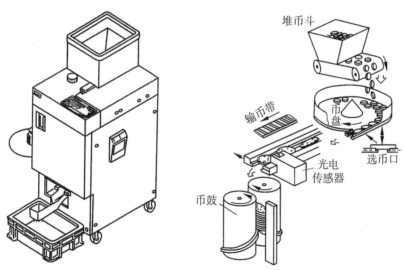

图 10-4　硬币计数卷包机外形　　图 10-5　硬币计数卷包机的计数、分选过程

2) 堆币、整理功能

经过光电传感器的硬币落入两个堆币鼓之间，其旋向相反的螺旋线托住下落的硬币，堆币鼓的旋转使硬币缓慢顺序下降，整齐堆放。

3) 送纸功能

包卷纸放在托盘上，送纸滚子夹紧包卷纸，依靠摩擦力向前输送，导纸板引导包卷纸进入包卷滚子,光电传感器记录并控制送纸长度,包卷纸输送到指定长度后,送纸滚子停止转动,进入包卷滚子的包卷纸在包卷滚子的驱动下绷紧在切纸刀刃上,包卷纸被切断。

4) 包卷功能

完成计数的硬币被接币杆输送到3个包卷滚子之间,3个包卷滚子相互压紧,高速旋转,使包卷纸包紧硬币,如图10-6所示。

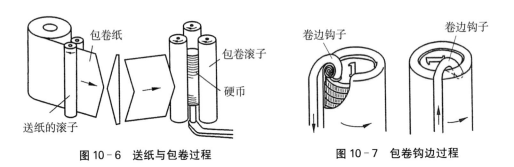

图10-6 送纸与包卷过程　　　　图10-7 包卷钩边过程

5) 卷边功能

为保证包紧的币卷不散卷,需要将纸卷端部卷起。卷边钩子通过自身的形状和动作完成卷边功能。在卷边过程中,上、下卷边钩子向中间压紧,钩子的形状约束纸边向内卷曲。卷边完成后,卷边钩子在松开过程中,绕自身轴线旋转,"让开"卷好的纸边,如图10-7所示。完成包卷功能后,包卷滚子松开,包好的币卷落入接卷盒内。

5. 辅助功能

1) 分选、挑残功能

硬币计数包卷机在计数的同时完成分选和挑残功能。币盘进入输币带的缝隙宽度和高度限制直径过大和厚度过大的硬币进入币道,将直径较大的硬币和变形的残币截流在币盘中,直径小的硬币进入币道后落入币道中间的空隙,进入机箱侧面的落币斗内。

2) 装袋功能

在币道端部通过转换开关将硬币引导落入装袋轨道端部安装的塑料袋内。

3) 计数币种调整功能

不同种类硬币的直径、厚度、材质不同,需要根据所处理的硬币种类对机器的相关参数进行调整。通过转动机器面板上的币种旋钮,可以改变输币带的宽度、币盘进入币道的缝隙高度、币道中心位置以及堆币鼓之间的距离。应根据所包装的硬币种类更换相应的包卷纸。计算机根据所调整的硬币种类自动控制送纸长度。

思考与练习

1. 简答题

(1) 何谓发现?请列举三个以上世界级的重大发现。

(2) 何谓发明?请简述发明与发现的区别与联系。

(3) 发明的实现需要哪些基本要素?

(4) 从发现产生发明,有哪些途径,请用案例加以说明?

(5) 请简述评价发明价值的两依据和四标准。

(6) 对于发明而言,专利保护的特点是什么?哪些专利需要加以保护?

(7) 哪些发明适用于技术秘密保护,技术秘密保护有何优缺点?

(8) 发明人自己实施发明有何特点,需要什么条件?

(9) 发明的转让与实施许可有何不同?

(10) 发明哪些情形适合采用合作实施,合作实施需要注意哪些问题?

2. 分析题

(1) 从 X 射线的发现到 CT 机的发明,给你带来什么启示?

(2) 请就萤火虫发光、蜜蜂采蜜、蚂蚁筑穴等自然现象出发,进行发现与发明的探索。

(3) 请就青蒿素的发现和杂交水稻的发明,分析实现重大发现与发明需具备哪些条件?

本章小测验

第 11 章

专利与专利申请

[内容要点]

本章内容主要涉及：专利与专利权的概念及区别；专利的分类；利用专利信息进行创新发明的途径；专利说明书的撰写要求，撰写的内容及要点；专利申请的流程及注意事项；专利申请号的含义及专利申请日的界定等。

[学习目标]

本章以"华为三星专利诉讼案"为引，要求学生在了解专利与专利申请基础上，结合创新发明及专利申请的实例，掌握专利申请要领和专利说明书撰写规范，学会把发明转化为专利。

创新范例：华为三星专利诉讼案

华为技术有限公司(以下简称"华为")与三星集团(SAMSUNG，以下简称"三星"，旗下三星电子是世界百强企业)同为通信技术领域的世界顶尖企业，自 2011 年开始，华为、三星就专利交叉许可问题多次进行谈判，但一直没有实质性进展。

2016 年 5 月 25 日，华为率先以专利侵权状告三星，对外宣布正式在美国加州北区法院和中国深圳中级人民法院对韩国三星公司提起知识产权诉讼。起诉书中称：2010 年年初，华为就"一种可应用于终端组件显示的处理方法和用户设备"的技术方案向国家知识产权局提出发明专利申请；经实质审查，该申请于 2011 年 6 月 5 日被授予发明专利权，专利号为 ZL201010104157.0，该专利目前合法有效，受法律保护。华为公司表示，该发明专利共有 16 项权利要求，经调查取证，被告共有 20 多款产品(手机和平板电脑)涉嫌其中 8 项权利要求的侵权。此案被称为中国企业向国际巨头通过法律手段专利维权第一案。对此，三星向北京知识产权法院提出专利无效请求，经审议，专利无效的诉讼请求被驳回。三星不服，上诉至北京市高级人民法院，裁定维持原判。最后，三星向北京最高人民法院提起了上诉。经判决，专利无效的请求缺乏事实的真实性以及相关法律依据，不予支持。

作为对华为的回击，2016 年 7 月，三星分别在深圳和北京两地起诉华为专利侵权的案件共 16 件，涉及从智能手机操控技术到基础通信技术等领域。至 2017 年 9 月，国家知识产权局专利复审委员会公布其中 15 项专利的复审决定，维持有效的 3 件，被判部分无效的 2 件，被判全部无效的 10 件。

除此之外，三星在美国以华为违反合理、无歧视专利许可规则(Fair、Reasonable and

Nondiscriminatory，FRAND)，向美国加州法院提起诉讼。最终，双方于2019年1月提交了一份暂停审理申请，随后双方达成初步和解协议。

2019年3月7日，华为与三星就全球范围内的标准必要专利交叉许可问题，达成框架性的《专利许可协议》，历时三年之久的专利纠纷正式和解。

值得指出的是，截至2016年底，据华为终端微博显示，华为近十年投入的研发费用超过3130亿，2016年研发费用达764亿，占销售收入的14.6%。华为已经累计获得62 519件专利授权，其中，国内专利57 632件，国外专利39 613件，而且90%以上是发明专利。

（资料来源：深度盘点华为三星专利诉讼案始末 https://www.sohu.com/a/300156073_636906）

11.1 专利概述

《中华人民共和国专利法》自1985年实施以来，专利申请数量与授权数量不断增加，发明专利申请在全部专利申请的比例中不断提高。以2015年为例，中国国家知识产权局共受理发明专利申请首超100万件，同比增长18.7%，连续5年位居世界首位。2015年，我国共授权发明专利35.9万件，其中，国内发明专利授权26.3万件，比2014年增长了10万件，同比增长61.9%。这表明我国自主创新能力不断增强。

11.1.1 专利的类型

专利是专利法中最基本的概念。对它的认识一般有三种：一是专利权；二是指受到专利权保护的发明创造；三是指专利文献。专利权是由国家知识产权主管机关依据专利法授予申请人的一种实施其发明创造的专有权。专利权并不是伴随发明创造的完成而自动产生的，需要申请人按照专利法规定的程序和手续向国家知识产权局专利局提出申请，经国家知识产权局专利局审查，认定符合专利法规定的申请才能授予专利权。因此，专利权是一种知识产权，它与有形财产不同，具有时间性和地域性限制。

从发明创造角度而言，专利分为发明、实用新型和外观设计三种。发明专利是指对产品、方法或者其改进所提出的新的技术方案，如产品的制造方法或工艺、材料的配方、药品的配方等。实用新型专利是指对产品的形状、构造或者其结合所提出的适于实用的新的技术方案。发明和实用新型专利中都提到"新的技术方案"，就是要有创造性，要比现有技术先进。申请发明、实用新型专利，要具备新颖性、创造性和实用性三个条件，缺一不可。外观设计是指对产品的形状、图案及其结合或者色彩与形状、图案的结合所做出的富有美感并适于工业应用的新设计。这里强调的外观，即外表。如工艺品、包装箱、包装袋、包装盒等都属于外观设计。

发明专利授权时间较长，因为其需要经过实质审查程序。但是，专利授权后的专利权稳定性很高；实用新型专利和外观设计专利无须经过实质审查程序，授权较快，实用新型专利一般自申请日起6～12个月可获得授权，外观设计一般在申请日起6个月左右即可授权。

11.1.2 专利的属性

专利权具有独占性、时间性、地域性；专利权人对其发明创造享有独占性的使用、销售和出口的权利。专利权人对由法律赋予其发明创造的专利权只在法律规定的时间内有效，期限届满后，专利权人对其不再享有专有权，即任何单位或个人都可以无偿使用，我国专利法规定的期限自申请日起,发明专利为20年,实用新型专利及外观设计为10年。

一个国家依照其本国专利法授予的专利权,仅在该国法律管辖的范围内有效,对其他国家没有任何约束力,外国对其专利权不承担保护的义务,如某人的发明创造在我国已取得专利权,若他人在我国制造使用或销售该发明创造,则为侵权;若他人在别国制造使用或销售该发明创造,则不属于侵权行为。

11.1.3 专利信息资源检索

牛顿曾说,如果我比别人望得略微远些,那是因为我站在巨人的肩膀上。专利具有技术先进、内容丰富的特点,如果我们能利用专利进行创新,那就能站在巨人的肩膀上走出一条快速创新之路。

例如,毕业的切斯特·卡尔森(chester carlson)因公司复印文件时间占用过多、劳动强度很大,便想改进一下复印方法。他做了很多的实验,但却没有成功。后来,他暂停实验,用大部分的业余时间钻进图书馆,专门查阅有关复印方面的发明专利文献资料。经过研究,他意外地发现,以往进行的复印都是利用化学效应来完成的,还没有人涉足光电领域。从理论上讲,利用光电效应比利用化学效应效率要高得多。1949年,卡尔森将光的导电性和静电原理相结合,研制出静电复印机。卡尔森在事后谈起这些发现时说:"创意并不会像魔术一样从天而降,你必须从其他地方获得灵感,而通常阅读其他领域的相关书籍会帮助你获得这种灵感。"

2006年,上海一家保温瓶厂,花了很多年的时间,耗费大量人力、财力,解决了以镁代银的镀膜工艺,但该企业在进行产品技术鉴定的时候,却发现早在1929年就由英国一家公司开发了这一技术并获得了专利。如果该企业进行了专利检索,也不会对几十年前就已解决的问题进行技术攻关。

在国家知识产权局网站可查到1985年9月10日以来我国公布的全部中国专利信息,包括发明、实用新型和外观设计三种专利的著录项目及摘要,并可浏览到各种说明书全文及外观设计图形。我们应该充分利用现有的专利进行创新,对自己感兴趣领域的专利进行研究,在此基础上,通过选择、转用等方法来进行新专利的构思。

1. 挖掘开拓性发明专利

开拓性发明,是一种全新的技术方案,在技术史上未曾有过先例,它为人类科学技术在某个时期的发展开创了新纪元。开拓性发明同现有技术相比,具有突出的实质性特点和显著的进步,具备创造性。例如:内燃机是在蒸汽机的基础上进行的开拓性发明(见图11-1),其采用的是可燃气体在气缸内燃烧,气体膨胀推动活塞运动从而实现机械运转。

内燃机是相对于蒸汽机来说的。因为蒸汽机是煤在气缸外面燃烧,所以可以说蒸汽机是一种"外燃机"。如果用某种适当的燃料,让它在气缸内燃烧,以推动活塞,使曲轴旋转,就可以称为"内燃机"了。但是,要在气缸内燃,需要满足三个条件:一是燃料易于进入气缸;二是燃料在气缸内易燃;三是燃料燃烧后不留残渣。

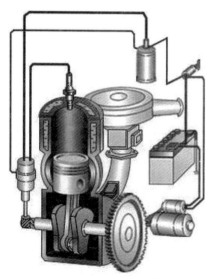

图11-1 内燃机结构示意

1866年,德国人尼古拉斯·奥托(Nikolaus Otto)研制出第一台能够实际使用的煤气内燃机,这台内燃机除了有气缸、活塞、连杆、曲轴、飞轮外,与蒸汽机不同的是气缸上有两个蘑菇形的气门,一个为进气门,另一个为排气门。由于要配一个大的煤气发生炉,加上经常出故障,人们对内燃机渐渐失去了兴趣。

1883年,德国人戴姆勒(Daimler)研制出汽油内燃机。为了将汽油与空气均匀而迅速地混合起来,形成很好的可燃混合气,供给内燃机工作,他专门设计了一个化油器,原理就是利用内燃机在进气过程中,气流通过化油器中的一个"喉管"将汽油吸出并吹散,而形成混合气。汽油机转动起来,每分钟可达1000多转。

1893年,柴油内燃机发明。1897压燃式柴油机及其喷油装置研制出来。到1904年,已有近千台50~100马力(1马力=735.49875 W)的柴油机在使用。经过一个多世纪,内燃机已经在各个领域得到广泛应用,并推动着世界经济不断向前发展。

2. 选择发明

选择发明是从现有技术中公开的"宽范围"中,有目的地选出现有技术中未提到的"窄范围"或个体的发明。在进行选择发明创造性的判断时,选择所带来的预料不到的技术效果是考虑的主要因素。

3. 转用发明

转用发明是指将某一技术领域中的已知技术手段移植到另一技术领域,从而产生新的技术效果的发明。在进行转用发明的创造性判断时,通常需要考虑转用技术领域的远近、是否存在相应的技术启示、转用的难易程度;是否需要克服技术上的困难、转用所带来的技术效果等。如果这种转用能够产生预料不到的技术效果,或者克服了原技术领域中未曾遇到的困难,则这种转用发明就具有突出的实质性特点和显著的进步,具备创造性。

例如,一项潜艇副翼的发明。现有技术中潜艇在潜入水中时是靠自重和水对它产生的浮力相平衡停留在任意水层面,上升时靠水平舱的操纵来产生浮力,而飞机在航行中完全是靠机翼产生的空气动力浮在空中,发明借鉴了飞机中的技术手段,将飞机的机翼用于潜艇,使潜艇在起机翼作用的可动板作用下产生升浮力或沉降力,从而极大地改善了潜艇的升降性能。由于将空中技术运用到水中需克服许多技术上的困难,且该发明取得了极好的效果,所以该发明具备创造性特点。

4. 已知产品的新用途发明

已知产品的新用途发明是指将已知产品用于新的目的的发明。在进行创造性判断时,通常需要考虑新用途与现有用途技术领域的远近、新用途所带来的技术效果等。如果新的用途仅仅是使用了已知材料的已知性质,则该用途发明不具备创造性。例如,将作为润滑油的已知组合物用作同一技术领域的切削剂,这种用途发明不具备创造性。

如果新的用途是利用了已知产品新发现的性质,并且产生了预料不到的技术效果,则这种用途发明具有突出的实质性特点和显著的进步,具备创造性。例如,将作为木材杀菌剂的五氯酚制剂用作除草剂,取得了预料不到的技术效果,该用途发明具备创造性。

11.2 专利说明书的撰写

专利说明书是专利申请文件中很重要的一种文件,它包含技术领域、背景技术、发明内容、附图说明、具体实施方法等项目。主要作用如下：①充分公开申请的发明使所属领域的技术人员能够实施；②公开足够的技术情报支持权利要求书要求保护的范围；③作为审查程序中修改的依据和侵权诉讼时解释权利要求的辅助手段；④作为可检索的信息源，提供技术信息。

11.2.1 技术领域

专利说明书应当写明要求保护的技术方案所属的技术领域。技术领域是指发明或实用新型直接所属或直接应用的具体技术领域，既不是所属或应用的广义技术领域，也不是其相邻技术领域，更不是发明或实用新型本身。写明技术领域便于分类和检索。

技术领域部分的常用格式为"本发明涉及一种……，尤其是一种具有……。"技术领域特别需要注意的问题如下：

（1）技术领域存在的常见问题在于领域过大。例如，"一种磁共振断层成像方法属于物理领域"。一般可按国际分类表确定其直接所属技术领域，尽可能确定在其最低的分类位置上。例如，图像显示装置把技术领域写成"本发明涉及广播电视领域"，其领域范围过大，应写成"本发明涉及一应用于广播电视的图像显示装置"。

（2）应体现发明或实用新型的主题名称和类型。专利说明书的内容应与专利名称相吻合，尤其是与专利权限、专利类型特点等方面的内容要一致。例如，主题只要求保护一种柱挂式广告板产品，这里不应当出现"固定到……支撑物上的方法"之类的描述。

（3）不应包括发明或实用新型的区别技术特征。例如，发明名称为"一种校正近视和老花眼的眼镜"，如果写成"本发明涉及一种非球面的同心环复曲面透镜"，在技术领域中包含了区别技术特征，应写成"本发明涉及一种多焦点透镜，特别是校正近视和老花眼的多焦点透镜"。

11.2.2 背景技术

背景技术的描述既可以直接记载技术内容，也可以引用其他文件的方式，将其中的技术内容记载在说明书中。发明或者实用新型说明书的背景技术部分应当写明对发明或者实用新型的理解，并检索、审查有用的背景技术。通常对背景技术的描述应包括三方面内容。

1）尽可能引证反映背景技术的文件

背景技术部分应尽可能引证反映背景技术的文件，尤其要引证与发明或者实用新型专利申请最接近的现有技术文件。除开拓性发明外，至少要引证一份与本申请最接近的现有技术，必要时可再引用几份较接近的对比文件，不必详细说明形成现有技术的整个发展过程。

在说明书中引证的文件可以是专利文件，也可以是非专利文件。非专利文件可以是期刊、杂志、手册和书籍等。引证专利文件的，至少要写明专利文件的国别、公开号，最好包括公开日期；引证非专利文件的，要写明这些文件的标题和详细出处。

引证文件还应当满足以下要求：

（1）引证文件应当是公开出版物，除纸质形式外，还包括电子出版物等形式。

（2）所引证的非专利文件和外国专利文件的公开日应当在本申请的申请日之前；所引证的中国专利文件的公开日不能晚于本申请的公开日。

（3）引证外国专利或非专利文件的，应当以所引证文件公布或发表时的原文所使用的文字写明引证文件的出处以及相关信息，必要时给出中文译文，并将译文放置在括号内。

2）简要说明现有技术的主要结构和原理

要准确扼要地对现有技术的主要结构和原理进行说明,特别是对最接近的现有技术,详细分析它的技术特征。

3) 客观地指出背景技术中存在的问题和缺点

这仅限于该发明的技术方案所解决的问题和克服的缺点。在可能的情况下,说明存在这种问题和缺点的原因以及解决这些问题时曾经遇到的困难。

本部分常用语句:"……(文献名称及出处等)公开了一种……装置(或方法),其构成(方法)是……;不足之处(缺点)是……。"

中国专利公开号CN……,公开日:××年××月××日,发明创造的名称为……,该申请公开了……其不足之处是……"

背景技术不能写得太笼统,要有最接近的技术方案,并给出已知技术的主要技术特征。如申请一种改进的"叶轮式增氧机",在背景技术中写"在现有增氧机中有叶轮式、水车式、喷水式、涌水式、鼓风式、射流式,各有优点",背景技术不合理。

11.2.3 发明或实用新型内容

发明的内容部分应清楚、客观地写明所要解决的技术问题、技术方案、相应的有益效果这三部分内容。

1. 需要解决的技术问题

发明要解决的现有技术问题(即发明的目的)是专利申请的基础,涉及的必要技术特征以及说明书是否支持权项与技术问题密切相关。

采用的格式语句是:"本发明要解决的技术问题是提供一种……";"本实用新型要解决的任务是……"。所要解决的技术问题有几个时,一般一个问题写一段。

通常在撰写说明书时,应当针对最接近的现有技术中存在的问题,结合本发明所取得的效果,提出本发明所要解决的技术问题。撰写时,应满足以下要求:

(1) 体现发明或实用新型的所有主题名称以及发明的类型。例如,有一件发明申请中包含三个主题:即一种陶瓷材料E、一种陶瓷材料的制备方法和一种陶瓷材料的人造骨骼的用途。将本发明要解决的技术问题写成"提供一种陶瓷材料E"是不完整的,还应写明"提供陶瓷材料E的制备方法和人造骨骼的用途"。

(2) 发明所要解决的技术问题应当针对现有技术中存在的缺陷或不足,用正面的、尽可能用简洁的语言客观而有根据地反映发明要解决的技术问题,也可以进一步说明其技术效果。例如,"本发明所要解决的技术问题是提供一种克服了现有诸多问题的电梯轿厢",这种表述方式没有正面表述克服哪个或哪些缺陷,是不符合要求的。

(3) 应具体体现出要解决的技术问题,但又不得包含技术方案的具体内容。例如"本发明所要解决的技术问题是降低发动机的能耗"。这种表述过于笼统,单纯用节能、环保等表述是不可以的,还要指出具体的技术问题。

(4) 所要解决的技术问题应与专利的类型一致。描述所要解决的技术问题要采用准确的书面用语,不得采用广告式宣传语等。

2. 技术方案

技术方案是对要解决的技术问题所采取的技术措施,表现为技术特征的集合。其描述应使所属技术领域的技术人员能够理解,并能解决所要解决的技术问题,是发明或者实用新型专利申请的核心。技术方案应当能够解决在"解决的技术问题"中描述的技术问题,所以至少应写明独立权利要求的技术方案,还可以写明进一步改进的技术方案,也就是从属权利要求中的技术方案。

本部分常用语句:"为了解决上述技术问题,本发明是通过以下技术方案实现的。"在该部分可以写入独立权利要求的内容以及从属权利要求的内容。如果一件申请中有几项发明或者几项实用新型,应当分段说明其技术方案。

撰写技术方案的具体要求如下:

(1) 清楚完整地写明技术方案,应包括解决技术问题的全部必要技术特征。

(2) 用语应与独立权利要求的用语相应或相同,以发明或实用新型必要技术特征总和的形式阐明其实质。

(3) 必要时可描述附加技术特征所对应的技术方案,最好另起段描述。

(4) 若有几项独立权利要求,这一部分的描述应体现出它们之间属于一个总的发明构思。

3. 有益效果

该部分应清楚、客观地写明发明与现有技术相比所具有的有益效果。有益效果是指由构成发明的技术特征直接带来的或者是由这些技术特征必然产生的技术效果。有益效果可以结合发明结构特点的分析和理论说明,或者通过列出实验数据的方式给予说明。有益效果对总体方案具有创造性起支撑作用,是具有实用性的依据之一,也是确定发明是否具有"显著的进步"的重要依据。

有益效果与解决技术问题之间既有联系,又有区别。有益效果是通过分析或者实验结果具体说明该发明技术方案带来的客观有益的效果,与发明要解决的技术问题有关,有益效果一定是体现所要解决的技术问题,要解决的技术问题是指发明要解决现有技术中所存在的问题。有益效果还指出本发明与现有技术相比的优点,也就是构成本发明技术方案的技术特征所带来的有益效果,所以两者的区别是有益效果比要解决的技术问题更具体。

例如,水杯加盖,技术问题是解决防尘问题,但其效果可以拓展为保温。可以采用统计方法表示的实验结果来说明有益效果,在引用实验数据说明有益效果时,应当给出必要的实验条件和方法。

11.2.4 具体实施方式

实现发明优选的具体实施方式是说明书的重要组成部分,它对于充分公开、理解和实现发明或者实用新型,支持和解释权利要求都是极为重要的。因此,说明书应当详细描述申请人认为实现发明优选的具体实施方式,在适当情况下,应当举例说明;有附图的,应当对照附图进行说明。在题写发明具体实施方式部分时,应当注意下述几个方面:

(1) 通常这一部分至少具体描述一个优选的具体实施方式,这种优选的具体实施方式应当体现在申请中解决技术问题所采用的技术方案,并应当对权利要求的技术特征给予详细说明,以支持权利要求。

(2) 对优选的具体实施方式的描述应当详细,使所属技术领域的技术人员能够实现该发明或者实用新型,而不必再付出创造性劳动。实施例是对发明或者实用新型的优选的具体实施方式的举例说明。实施列举的数量应当根据发明或者实用新型的性质、所属技术领域、现有技术状况以及要求保护的范围来确定。

(3) 在权利要求,尤其是独立权利要求中,出现概括性技术特征(包括功能性技术特征),为使其覆盖较宽的保护范围,应当给出多个具体实施方式;当权利要求相对于背景技术的改进涉及数值范围时,应给出两端值的实施例;当数值范围较宽时,还应当给出至少一个中间值的实施例。

(4) 对最接近的现有技术共有的技术特征可以不作详细展开说明,但对区别于最接近的现有技术的技术特征,以及从属权利要求中出现的且不是现有技术或公知常识的技术特征,应当足够详细地作出说明;尤其对那些充分公开发明来说必不可少的内容,不能采用引证其他文件的方式撰写,而应当将其具体内容写入说明书。

(5) 实施方式或者实施例应当描述产品的机械构成、电路构成或者化学成分等,说明组成产品各部分之间的相互关系;不同的实施方式是指几种具有同一构思的具体结构,而不是不同结构参数的选择,除非这些参数的选择对技术方案有重要意义;对于可实现动作的产品,必要时还应当说明其动作的过程来帮助对技术方案的理解。

(6) 对于方法发明,应当写明其步骤,包括可以用不同的参数或者参数范围表示的工艺条件。方法发明可用工艺条件的不同参数或参数范围来表示不同的实施方式。

例如,蛋糕的制作工艺,除了配料的配置次序之外,还应说明温度变化梯度、环境气压条件、持续时间长短等因素及其相互关系。因为这些因素可能对工艺成败产生直接影响。

(7) 对照附图描述发明或者实用新型的优选的具体实施方式时,使用的附图标记或者符号应当与附图中所示的一致,并放在相应的技术名称的后面,不加括号。

(8) 在发明和实用新型的内容比较简单的情况下,在说明书的内容部分已经对专利申请所要求保护的主题作出清楚、完整的描述时,这一部分可以不必作重复描述。

11.2.5 说明书附图与附图说明

说明书附图是说明书的一个组成部分,其作用在于用图形补充说明书文字部分的描述,使人能够直观地、形象化地理解发明的每个技术特征和整体技术方案,对于机械领域中的专利申请,附图的作用尤其重要。对于说明书附图的具体要求如下:

(1) 实用新型的说明书中必须有附图,机械、物理等领域中涉及产品结构的发明说明书也必须有附图。

(2) 有几幅附图时,用阿拉伯数字顺序编图号,几幅附图可绘在一张图纸上,按顺序排列,彼此应明显地分开,并非将各个附图加上框线。

(3) 图通常应竖直绘制,当零件横向尺寸明显大于竖向尺寸必须水平布置时,应当将图的顶部置于图纸左边。同一页上各幅图的布置应采用同一方式。

(4) 同一部件的附图标记在同一实施例,针对的前后几幅图中应一致,即使用相同的附图标记,同一附图标记不得表示不同的部件。

(5) 说明书中未提及的附图标记不得在附图中出现,说明书中出现的附图标记至少应在一幅附图中加以标记。

(6) 附图大小及清晰度应保证在该图缩小到 2/3 时仍能清楚地分辨出图中各细节。

(7) 附图中除必需词语外,不应包含有其他注释。允许用列表的方式对附图中具体零部件名称加以说明,附图不止一幅的,应当对所有附图作出图面说明。

通常的格式起始句:"下面结合附图对本发明(实用新型)的具体实施方式作进一步详细的

描述"。在这之后再给出各幅图的图名并加以说明。

11.2.6 案例说明

案例:一种自动糊药盒装置

1. 技术领域

本发明涉及一种自动糊药盒装置,由电机、滚轮、喷胶头及同步带等组成,用来实现涂胶、折叠药盒的功能,属于轻工业技术。

2. 背景技术

目前市场上药盒的糊制加工工序基本上都由人工操作完成,劳动强度大、效率低,因此,需要一种自动糊药盒装置来满足糊药盒工作的要求,而这种自动糊药盒装置目前在市场上还没有。

3. 发明内容

针对上述的不足,本发明提供了一种自动糊药盒装置,通过电机、滚轮、喷胶头及同步带等能够解决糊制药盒不便的问题。

本发明是通过以下技术方案实现的:一种自动糊药盒装置,它是由盛纸盒、取纸轴、取纸轮、压纸板、载纸台、支架、喷胶头、电机架、电机、带轮、同步带、轴承架、折纸杆组成的,其特征是:取纸轮安装在取纸轴上,取纸轴安装在盛纸盒上,压纸板固定在盛纸盒上,载纸台与盛纸盒连接,喷胶头通过支架固定在载纸台上,电机通过电机架固定在载纸台上,带轮安装在电机和轴承架上,同步带安装在带轮上,折纸杆固定在同步带上。

本发明的有益之处在于它能够轻松地实现药盒的涂胶、折叠功能。

4. 附图说明

自动糊药盒装置的外形附图如图 11-2 所示。

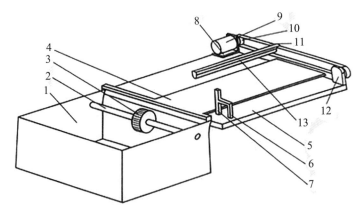

1—盛纸盒;2—取纸轴;3—取纸轮;4—压纸板;5—载纸台;6—支架;7—喷胶头;
8—电机架;9—电机;10—带轮;11—同步带;12—轴承架;13—折纸杆。

图 11-2 一种自动糊药盒装置

5. 具体实施方式

一种自动糊药盒装置,它是由盛纸盒 1、取纸轴 2、取纸轮 3、压纸板 4、载纸台 5、支架 6、喷胶头 7、电机架 8、电机 9、带轮 10、同步带 11、轴承架 12、折纸杆 13 组成的。

其特征在于:取纸轮 3 安装在取纸轴 2 上,取纸轴安装在盛纸盒 1 上,压纸板 4 固定在盛纸盒 1 上，载纸台 5 与盛纸盒 1 连接，喷胶头 7 通过支架 6 固定在载纸台 5 上，电机 9 通过电机架 8 固定在载纸台 5 上，带轮 10 安装在电机 9 和轴承架 12 上，同步带 11 安装在带轮上，折纸杆 13 固定在同步带 11 上。

印刷好的药盒纸放在盛纸盒 1 中，取纸轮 3 转动，将单张药盒纸从盛纸盒 1 中取出，放置在压纸板 4 与载纸台 5 之间，药盒纸通过喷胶头 7 下方，喷胶头 7 会在药盒纸上喷上胶水，电机 9 通过同步带 11 带动折纸杆 13 将喷涂完胶水的药盒纸对折并粘合，取纸轮 3 继续转动将下一张药盒纸送入压纸板 4 与载纸台 5 之间，同时糊制完的药盒会被推出，从而完成药盒的糊制。

11.3 权利要求书的撰写

一项专利一经授权，其专利权保护范围即已确定，保护范围依专利申请文件内容确定。依我国《专利法》第五十九条第一款规定，一项发明或者实用新型的专利保护范围以《权利要求书》内容为准。《说明书》及《附图》仅可以用于解释权利要求的内容。

《权利要求书》是发明或者实用新型专利权的核心，也是专利申请文件中核心的组成部分，其限定了专利申请文件所要求的保护范围。因而，撰写的结果应该实现专利申请的目的：一是得到确定且稳定的保护，二是尽可能得到最大范围的保护。既获得专利授权，又得到最大范围的权益保护，才是专利申请的根本目的，也是权利要求撰写的宗旨。

11.3.1 权利要求的划分

按照权利要求所保护技术方案的性质划分，有两种基本类型：产品权利要求和方法权利要求。产品权利要求，其给予保护的客体不仅包括常规概念之下的产品，还包括材料、机器、系统等人类技术生产的任何具体的实体。如设备、仪器、药物制剂等。

《中华人民共和国专利法》第十一条规定，发明和实用新型专利权被授予后，除本法另有规定的以外，任何单位或者个人未经专利权人许可，都不得实施其专利，即不得为生产经营目的制造、使用、销售、进口其专利产品，或者使用其专利方法、销售、进口依照该专利方法直接获得的产品。

按照权利要求的保护范围和撰写形式划分，分独立权利要求和从属权利要求两种。

1. 独立权利要求

独立权利要求：从整体上反映发明或者实用新型的技术方案，记载解决技术问题的"必要技术特征"。"必要技术特征"是指为解决技术问题所不可缺少的技术特征，其总和足以构成发明或者实用新型的技术方案，使之区别于本领域已知的所有现有技术方案。

独立权利要求应当包括前序部分和特征部分，按照下列规定撰写：

前序部分：写明要求保护的发明或者实用新型技术方案的主题名称和发明，或者实用新型主题与最接近的现有技术共有的必要技术特征。

特征部分：使用"其特征是……"或者类似的用语，写明发明或者实用新型区别于最接近的现有技术的技术特征。这些特征和前序部分写明的特征合在一起，限定发明或者实用新型要求保护的范围。需要说明的是，发明或者实用新型的性质不适于用前款方式表达的，独立权利要求可以用其他方式撰写。

总体而言,设置独立权利要求的目的是构建保护范围最宽、整体反映发明创造构思的技术方案。

2. 从属权利要求

从属权利要求:如果一项权利要求包含了另一项权利要求中的所有技术特征,且对另一项权利要求的技术方案做进一步限定,则该权利要求为另一项权利要求的从属权利要求。权利要求用附加技术特征对被引用的权利要求做进一步限定。

设置从属权利要求的目的是为专利权构建一个多层次的保护体系。从属权利要求书的重要性主要体现在以下几个方面:

(1) 在审查中,从属权利要求可以作为修改的基础,当独立权利要求缺乏新颖性、创造性时,可以将从属权利要求的技术特征加入到独立权利要求中,或直接将从属权利要求进行修改,成为独立权利要求,缩小保护范围,获得授权的可能。

(2) 独立权利要求为了获得较大的保护范围,往往写得比较概括,从属权利要求常常界定了某些具体的实施方式。比如,直接将侵权产品和某些从属权利要求对比,将使侵权行为变得更为清楚。

(3) 在无效宣告程序中,通过合并从属权利要求,缩小保护范围,是避免被宣告无效所常采用的手段。

11.3.2 权利要求书撰写步骤

在初步撰写产品权利要求过程中,建议将技术特征罗列出来,再指出这些技术特征之间的位置关系或连接关系。采取"点名"+"关系"的模式。所谓"点名",就是将零部件罗列出来;所谓"关系",就是指出零部件之间的位置或连接关系,这种"点名"+"关系"模式,可以解决基本的权利要求撰写。其好处是撰写的思路清晰,便于识别。

案例:茶叶保鲜方法

为了能够较长时间保存茶叶,一般将茶叶放在通风处,虽然保存时间能稍长一点,但茶叶颜色会变黄、变黑,茶味变淡。本专利申请针对现有的状况将茶叶烘干,干度控制在93%~97%,有效降低了茶叶霉变的可能性。在新茶外套两层以上的薄膜,使茶叶的色、香、味能在薄膜内保持。而后将茶叶置于温度控制在(0 ± 5)℃的冷库中保存,有效地控制茶叶的化学成分、色素、茶多酚的变化。

权利要求:一种茶叶保鲜方法,其特征在于将干度控制在93%~97%的新茶,外套两层以上的薄膜,而后置于温度控制在(0 ± 5)℃的冷库中保存。

案例分析:在方法权利要求的撰写中,除了写清楚工艺步骤外,往往还需要写明各工艺步骤的工艺条件,例如,时间、温度、压力等。

权利要求书是由权利要求构成的,但是权利要求书并不是权利要求的简单堆砌。对于规模较大、内容复杂的专利申请,要统筹兼顾,权衡利弊,灵活运用,才能做出较好的安排。

权利要求书的撰写可按下述步骤进行:

(1) 正确理解发明创造。在理解发明或实用新型技术内容的基础上,找出其有关的技术特征,弄清各技术特征之间的关系。

(2) 确定最接近的对比文件。根据检索和调研得到的现有技术,确定与本发明或实用新型最接近的对比文件。

(3) 确定所要解决的技术问题。根据最接近的现有技术,确定发明或实用新型所要解决的技术问题。根据发明或实用新型所要解决的技术问题列出解决该技术问题的技术方案所必须包括的全部必要技术特征。

(4) 确定保护客体。根据上述分析,确定发明或实用新型所要求保护的技术主题和类型。

(5) 撰写权利要求书。将发明或实用新型所有的必要技术特征与最接近对比文件的特征进行比较,将它们共有的特征写入独立权利要求的前序部分,将区别特征用"其特征在于"的用语引出,写入独立权利要求的特征部分。

对其他的附加技术特征进行分析,将附加技术特征写入从属权利要求。

11.3.3 权利要求书撰写的内容要求

1. 独立权利要求内容

结合《中华人民共和国专利法》《中华人民共和国专利法实施细则》及《专利审查指南》(2010 版)中关于独立权利要求的相关规定,独立权利要求应至少满足下列要求:

(1) 清楚、简要地限定独立权利要求书的保护范围。

(2) 整体反映发明或实用新型技术方案,记载解决技术问题的全部必要技术特征。

(3) 具有新颖性和创造性。

在撰写独立权利要求时,必须将解决技术问题通过检索结果和发明人沟通确认后的技术问题的核心区别技术特征放入独立权利要求内。这些区别技术特征是独立权利要求具备新创性的关键。

在撰写保护范围合理且具备一定新颖性和创造性的独立权利要求后,还需要对独立权利要求进行反复斟酌,删掉与解决技术问题没有直接关系的技术特征,去除不必要的限定或者限制,使得独立权利要求简洁、严谨、完整。

因此,独立权利要求撰写时候需要注意以下问题:

(1) 是否具有新创性。

(2) 是否能够解决所要解决的技术问题。

(3) 是否存在非必要技术特征。

(4) 是否进行了合理的上位。

(5) 技术方案是否清楚,是否存在歧义。

(6) 语句是否简洁精炼。

2. 从属权利要求内容

从属权利要求是独立权利要求的下位权利要求,是对独立权利要求改进,通过增加新的技术特征进一步优化和限定独立权利要求。因此,从属权利要求在审批程序中的作用在于为针对新颖性、创造性的审查意见提供答复的回旋余地,在无效程序中形成专利权人的多道防线;限定一些比较有商业应用价值的具体技术方案,从而在侵权诉讼和许可证贸易中使专利权人处于有利态势。

从属权利要求撰写时需要注意以下问题:

(1) 每个从属权利要求所记载的技术特征是否构成一个完整的技术方案,该技术方案是否合理有效。

(2) 每个从属权利要求是否进行了合理的上位。

(3) 相对于其引用的权利要求是否重复限定。
(4) 每个从属权利要求是否对应有一定的效果。
(5) 从属权利的布局、梯度是否合理。

11.3.4 权利要求书撰写的文本要求

1. 权利要求书的用语要求

权利要求书是技术性和法律性相结合的法律文件,其用词不但要准确、严谨、符合逻辑,不得使用含义不确定的词语,如"厚""薄""很宽范围"等,而且需要高度的概括性语言表达方式。可以说,权利要求书的语言表达方式在一定程度上直接影响着"清楚、简要"的撰写权利要求。起草专利权利要求时,措辞必须准确、清楚地确定请求保护的范围。

例如,权利要求中出现"两个放射器和接收器"这种语言表达,在不考虑其他因素的情况下,对此表达可能有三种理解:一个理解就是"一个放射器和一个接收器",数量合计是两个;另外一个理解就是"两个放射器和两个接收器";再一个理解就是"两个放射和一个接收器"。

1) 技术特征的语言

假设申请把某个部件称为"……板""板"字就限定了形状和结构,如果"又宽又平"不是必要技术特征,就不应该采用"……板"的名称,可以改成"……件"。

2) 权利要求的语言

在权利要求中不应写入原因、理由等语句。例如,"为了便于拆卸,零件 A 与 B 用螺纹连接",在"零件 A 与 B 用螺纹连接"之前不必要加上"为了便于拆卸",这可能导致权利要求的不简要。如果要体现可拆卸的技术特征,上述技术特征可以改写为"零件 A 与 B 采用可拆卸的螺纹连接"。

2. 权利要求书的格式要求

(1) 权利要求中包括几项权利要求的,应当用阿拉伯数字顺序编号。
(2) 每一项权利要求只允许在其结尾使用句号,以强调其含义是不可分割的整体。
(3) 权利要求中使用的科技术语应当与说明书中使用的一致。
(4) 权利要求中可以有化学式、化学反应式或者数学式,但不得有插图。
(5) 除非绝对必要时,权利要求中不得使用"如说明书……部分所述"或者"如图…所示"等类似用语。
(6) 权利要求中通常不允许使用表格,除非使用表格能够更清楚地说明发明或实用新型要求保护的客体。
(7) 权利要求中的技术特征可以引用说明书附图中相应的附图标记,但必须带括号,且附图标记不得解释为对权利要求保护范围的限制。
(8) 权利要求不得依靠附图标记对技术特征进一步限定。
(9) 权利要求中不应出现易造成权利要求保护范围不确定的括号,除附图标记或者其他必要情形必须使用括号外。

11.4 专利申请流程

当我们有了自己的发明,并对该方向的专利进行查询之后,确认自己可以申请专利了,那么下一步就是申请专利。

11.4.1 申请文件准备

申请发明专利的申请文件应当包括发明专利请求书、说明书（说明书有附图的，应当提交说明书附图）、权利要求书、摘要（必要时应当有摘要附图），各一式两份。申请实用新型专利的申请文件应当包括实用新型专利请求书、说明书、说明书附图、权利要求书、摘要及其摘要附图，各一式两份。申请外观设计专利的申请文件应当包括外观设计专利请求书、图片或者照片，各一式两份。要求保护色彩的还应当提交彩色图片或者照片一式两份。如对图片或照片需要说明的，应当提交外观设计简要说明一式两份。

请求书应当写明发明或者实用新型的名称、发明人的姓名、申请人姓名或者名称、地址以及其他事项。说明书应当做出清楚、完整的说明，以所属技术领域的技术人员能够实现为准；必要的时候，应当有附图。摘要应当简要说明发明或者实用新型的技术要点。权利要求书应当以说明书为依据，清楚、简要地限定要求专利保护的范围。这些文件可以在国家知识产权局的网站上免费下载。在这些申请文件中，说明书和权利要求书非常重要，它们所包含的技术内容以及撰写方式都将直接影响该专利申请最终能否被授予专利权。内容以及撰写方式都将直接影响该专利申请最终能否被授予专利权。

申请人经济条件很差的，可以请求减缓的费用有申请费（印刷费、附加费减缓）、发明专利申请审查费、发明专利申请维持费、复审费、自授予专利权当年起（含当年）三年内的年费。费用减缓请求是在提出专利申请的同时提出的，可以一并请求减缓上述5种费用，并提交一式一份费用减缓请求书。

申请文件的纸张应当纵向使用，只使用一面。文字应当自左向右排列，纸张左边和上边应各留25 mm空白，右边和下边应当各留15 mm空白，以便于出版和审查时使用。申请文件各部分的第一页必须使用国家知识产权局统一制定的表格。这些表格可以在专利局受理大厅的咨询处索要，也可以向各地的专利局代办处索取或直接从国家知识产权局网站下载。申请文件的填写和撰写有特定的要求，申请人可以自行填写或撰写，也可以委托专利代理机构代为办理。尽管委托专利代理是非强制性的，但是考虑到精心撰写申请文件的重要性，以及审批程序的法律严谨性，对经验不足的申请人来说，委托专利代理是值得提倡的。

11.4.2 申请文件的提交

国家知识产权局设立专利受理处和专利申请受理窗口，并在沈阳、济南、成都、南京、上海、广州等地设立国家知识产权局专利代办处，受理专利申请和其他文件。申请人申请专利时，应当将申请文件直接提交或寄交国家知识产权局专利局受理处（以下简称专利局受理处），也可以提交或寄交到设在地方的国家知识产权局专利局代办处。国防专利分局专门受理国防专利申请。在提交文件时应注意下列事项：

（1）向国家知识产权局提交申请文件或办理各种手续的文件，应当使用国家知识产权局统一制定的表格，申请文件均应一式两份，手续性文件可以一式一份。

（2）一张表格只能用于一件专利申请。

（3）向国家知识产权局提交的各种文件，申请人都应当留存底稿，以保证在申请审批过程中文件填写一致性，并以此作为答复审查意见的参照。

(4) 申请文件是邮寄的,应当用挂号信函。无法用挂号信邮寄的,可以用特快专递邮寄,不要用包裹邮寄申请文件。挂号信函上除写明国家知识产权局或者专利代办处的详细地址(包括邮政编码)外,还应当标有"申请文件"及"国家知识产权局受理处收"或"国家知识产权局××专利代办处收"的字样。

邮寄时,申请人应当请邮局工作人员盖清邮戳日,并应妥善保管好挂号收据存根,申请日以邮戳日为准。如寄出邮件的邮戳不清楚的,以国家知识产权局收到日为申请日。使用快递公司递交申请文件的,以国家知识产权局受理处或各专利代办处实际收到日确定申请日。

(5) 国家知识产权局在受理专利申请时不接收样品、样本或模型。

(6) 在我国境内没有长期居所、营业所的外国人或外国单位,以及在国外长期居住或工作的中国人申请专利时,应当委托国务院授权国家知识产权局指定的涉外专利代理机构办理。

港、澳、台地区的单位或个人申请专利的,也应按规定分别委托涉外专利代理机构或国内专利代理机构办理,不得直接向国家知识产权局邮寄或递交申请文件。

11.4.3 专利申请的受理

专利申请提交到国家知识产权局受理处或各专利代办处,首先应进行是否符合受理条件的审查。对符合受理条件的申请,国家知识产权局将确定申请日,给予申请号,并在核实文件清单后,发出受理通知书,通知申请人确认收到申请文件。

有下列情况之一的,国家知识产权局不予受理,并通知申请人,同时退还申请文件:

(1) 专利申请未以书面形式提出,或者未用中文书写的不能受理。例如:用模型、样品或者通过电话提出专利申请是不能受理的,未经翻译的外文申请文件也不能受理。

(2) 申请文件(包括请求书)未打字、印刷,或者字迹不清、有涂改的,附图或外观设计图片未用绘图工具和黑色墨水绘制,或者模糊不清(包括外观设计照片)、有涂改的不能受理。例如:用铅笔绘制的附图和图片、模糊不清的照片不能受理。

(3) 必要申请文件不齐备,如发明专利申请缺请求书、说明书,或者权利要求书中任何一种的不能受理;外观设计专利申请缺请求书、图片或者照片中任何一种的不能受理。

(4) 请求书中缺申请人姓名或名称以及地址不详的不能受理。例如,请求书是非标准格式的,上面只打上了发明名称、发明人姓名,没有申请人姓名或名称以及地址,由于专利申请没有申请主体,所以不能受理。

(5) 专利申请类别(发明、实用新型或外观设计)不明确或者无法确定的不能受理。

(6) 与我国既无协议或条约关系、又无专利互惠的国家所属的国民或单位向我国提出的申请不予受理;港、澳、台地区的单位和个人未按规定办理申请手续的不能受理。

办理手续要附具证明文件或者附件的,证明文件与附件应当使用原件或者副本,不得使用复印件。如原件只有一份的,可以使用复印件,但同时需要附有公证机关出具的复印件与原件一致的证明。发明或者实用新型专利申请文件应按请求书、说明书摘要、摘要附图、权利要求书、说明书、说明书附图和其他文件的顺序排列。外观设计专利申请文件应按照请求书、图片或照片、简要说明的顺序排列。

受理只检查专利申请文件几个部分载体是否齐全,对每个部分的文件是否完整不作审查。例如,说明书应当有1～5页,申请人只提交了1～3页及第5页,受理时仍然可以通过,受理处只在文件清单上注明缺说明书第4页。尽管该问题可以在审查阶段补正,但是申请人应尽量避免出现这些缺陷,因为补正往往会使审查程序拖延几个月的时间。

向国家知识产权局寄交申请文件的,在 1 个月内应当收到国家知识产权局的受理通知书或者不受理通知书以及退还的申请文件。超过 1 个月尚未收到国家知识产权局的通知的,申请人应当及时向国家知识产权局受理处查询,以免申请文件或通知书在邮寄中丢失。

受理程序中最重要的法律手续有两项:一是决定申请能否受理;二是确定被受理申请的申请日并给予申请号。

申请日有十分重要的法律意义:①它确定了提交申请时间的先后,按照先申请原则,在有相同内容的申请时,申请的先后决定了专利权授予谁;②它确定了对现有技术的检索时间起点,这在审查中对决定申请是否具有专利性关系重大;③申请日是在审查程序中一系列法定期限的起点。

申请日确定后不能随便更改。只有在以下两种情况允许更改申请日:

(1) 由于邮戳不清,国家知识产权局以收到日为申请日。申请人认为国家知识产权局确定的申请日有误时,申请人可以提交意见陈述书并提供寄出申请文件的挂号收据或邮局证明,要求国家知识产权局予以改正。国家知识产权局经查证核实后,可以更改申请日。

(2) 对于已经提交的专利申请,申请人自己或经国家知识产权局初步审查发现,说明书中写有附图的说明,但实际未交或少交、漏交附图的,在指定期限内补交附图。按规定补交附图的,以附图的最后提交日确定为该申请的申请日。

申请号是国家知识产权局给予每一件被受理的专利申请的代码,它与专利申请一一对应,是申请人申请之后向国家知识产权局办理各种手续时,指明该申请的最有效手段。

从 2003 年 10 月 1 日起,国家知识产权局 92 号公告规定,开始使用 13 位(包含校验位)的申请号,前 4 位阿拉伯数字表示年代,第 5 位阿拉伯数字表示专利申请种类,第 6~12 位阿拉伯数字表示流水号,第 13 位阿拉伯数字表示校验位,在第 12 位和第 13 位阿拉伯数字之间有实心圆点作为分隔符。

11.4.4　受理通知书的下达

对符合受理条件的申请,国家知识产权局发出受理通知书。受理通知书的主要内容和作用如下:

(1) 正式确认申请人提交的专利申请符合受理条件,作出予以受理的决定,所以受理通知书可以作为曾向国家知识产权局提出某项专利申请的一种证明。

(2) 将国家知识产权局确定的申请日和给予的申请号通知该项专利申请的申请人。这对申请人办理以后的各种手续是十分重要的两项数据,将会多次用到,申请人应当认真核对。

(3) 我国在发出受理通知书时,附经国家知识产权局核实的申请文件提交的清单内容。这是申请人向国家知识产权局提交了哪些文件的证明。

受理是一项重要的法律程序。专利申请被受理以后,从受理之日起就成为在国家知识产权局正式立案的一件正规国家申请,并且至少将产生以下的法律效应:

(1) 在该申请存在(即未被撤回、视为撤回或者驳回)或被公开后,将阻止任何在其申请日以后就同样内容申请专利的申请人获得专利权。

(2) 除法律另有规定的以外,发明和实用新型在 12 个月内,该被受理的首次申请可以作为该申请人文件后期提出的申请要求外国或者本国优先权的基础。外观设计 6 个月内就相同主题向外国申请的,首次被受理的申请可以作为申请要求外国优先权的基础。

（3）该申请的申请文件从被受理之日起,可以作为申请人要求申请文件副本的依据。申请人可以按规定的手续,要求国家知识产权局出具申请文件副本。

（4）该申请文件是申请人在后续的审查程序中进行修改的基础。即申请人今后对专利申请的修改不得超出受理时说明书和权利要求书记载的范围,或者不得超出受理时外观设计图片或照片的范围。

11.4.5 申请费的缴纳与减缓

专利法规定:向国家知识产权局申请专利和办理其他手续,应当按照规定缴纳费用。实施细则对此作了规定,具体如下:

1. 缴纳申请费的方式

申请费以及其他费用都可以直接向国家知识产权局或专利代办处面交。通过邮寄方式申请专利的申请人在收到国家知识产权局寄出的受理通知书及缴费通知书(或费减审批通知书)后,按要求可通过银行或者邮局汇付申请费。

目前,银行采用电子划拨,邮局采用电子汇兑方式,这就要求缴费人通过银行或邮局汇付专利费用时,在汇单上写明正确的申请号或者专利号。缴纳的费用名称可以使用简称,如申请费可写为"申",实质审查费可写为"实审"。汇款人必须向银行或邮局工作人员提出在汇款附言栏中将上述缴费信息予以录入,通过邮局汇款的,还必须要求邮局工作人员录入完整通信地址,包括邮政编码。

申请人无论使用何种方式缴费,缴费时未写明申请号及费用名称的,或者写错的,均视为未办理缴费手续。

2. 缴纳申请费的时间

向国家知识产权局或者专利代办处面交申请文件的,可以在取得受理通知书以后,当时缴纳申请费。

向国家知识产权局邮寄申请文件的,应当在收到国家知识产权局的受理通知书以后再缴纳申请费。但是缴纳申请费的日期最迟不得超过自申请日起两个月。逾期未缴纳申请费的,申请将被视为撤回。国家知识产权局的受理通知书一般在申请人寄出申请文件后1个月左右可以寄达申请人,所以一般情况下申请人有足够的时间缴纳申请费。

3. 缴费日期的确定

向国家知识产权局面交申请费或其他费用的,面交日即为缴费日。

向国家知识产权局汇付费用的,若汇付方式符合上述缴纳申请费方式中之规定的,以银行或邮局的实际汇出日为缴费日。但是,自汇出日至国家知识产权局收到日超过15天,除邮局、银行出具证明,提供证据的以外,以国家知识产权局收到日为缴费日。

4. 申请费的数额

发明专利申请费除基本申请费以外,还包括文件公布印刷费50元。实用新型和外观设计专利申请不需缴纳公布印刷费。

专利申请说明书包括附图在内超过30页的,从第31页起应当按照每页50元缴纳申请费附加费;超过300页的,从第301页起每页缴纳附加费100元。专利申请中权利要求书的要求超过10项的,从第11项起每项应当缴纳申请附加费150元。

说明书附加费和权利要求附加费也是申请费的一部分,所以缴纳说明书附加费和权利要求附加费的期限和要求以及逾期处理与申请费相同。不同的是申请费可以请求减缓,而附加费是不能给予减缓的。

申请人要求优先权的,还应当在提出专利申请后两个月内,按照要求的优先权项数缴纳优先权要求费,优先权要求费每项80元,逾期未缴纳优先权要求费的视为未要求优先权。

5. 缴费差错的改正

通过邮局或者银行汇付各种专利费用的,在收到国家知识产权局开出的收费收据后,应当及时核对收据上开列的专利申请号、费用名称、金额和汇出日期。发现有差错的,应当在7日内向国家知识产权局陈述意见,说明出错原因和正确的数据。陈述意见时应当使用国家知识产权局制定的统一表格(意见陈述书)。若差错责任在申请人的,以提出意见陈述书的日期为缴费日,责任在国家知识产权局的(申请人应提供证据并经国家知识产权局核实)以费用实际汇出日为缴费日。

向国家知识产权局面交费用的,应当在国家知识产权局开出收据后马上核对收据上开列的全部项目,若发现有误的,应要求国家知识产权局立即更正。

6. 未缴纳或未缴足申请费的后果

申请人从申请日起两个月之内未缴纳或未缴足申请费(包括文件印刷费、说明书及权利要求附加费)的,其专利申请被视为撤回。

申请人虽然缴纳了申请费,但手续不当,如缴费单上所列项目不全或有差错,被挂账或者退款的,均视为未缴费,国家知识产权局将以未办理缴费手续处理。

7. 申请费及其他费用的减缓

申请专利缴费确有困难的,可以请求国家知识产权局减缓申请费、审查费、维查费、复审费以及授予专利权当年起3年的年费。其他各种费用不能减缓。

在提出申请的同时请求减缓的,请求被批准后可以一并减缓。在申请之后请求减缓的,只能请求减缓申请费用以外的、尚未开始交纳的其他4种费用。减缓其他费用应当在该费用应当缴纳的期限届满前两个月以前提出。

请求减缓的,应当提交国家知识产权局统制定的费用减缓请求书。应填明个人年收入,多个申请人时填明每个人的年收入,必要时国家知识产权局可以要求提供证明。

单位请求减缓的,应当写明理由(企业还应写明盈亏情况)并附具上级行政主管部门的证明。申请费、发明审查费和授权当年起3年的年费的减缓比例是:职务发明为70%,非职务发明为85%;发明维持费和复审费的减缓比例是:职务发明为60%,非职务发明为80%。

申请人或者专利权人发明创造取得经济效益或者有其他收入后,应当补缴减缓的费用。

8. 退款

申请人多缴、错缴或者重缴专利费用的,在缴费之日起1年内向国家知识产权局提出的,经国家知识产权局核实后应当退款。超过1年以后提出的,一般不再予以退款。

申请人申请的同时还缴纳了某种程序的费用,但事实上该程序未启动的,可请求退款。例如,申请人缴纳实质审查请求费以后,在实质审查程序启动之前已经撤回申请或申请被视为撤回的,可以请求退回实审费。

11.5 专利申请案例

专利撰写案例1：一种齿轮减速器

一种齿轮减速器：专利号为 ZL201620097865.9
一、说明书摘要
本实用新型公开了一种齿轮减速器，包括箱体、设置在箱体内的输入轴、传动轴和输出轴，所述输入轴、传动轴、输出轴贯穿所述箱体且两端均通过轴承、轴承端盖与所述箱体连接，所述输入轴通过联轴器与电机相连且在输入轴上远离电机的一端设有主动齿轮，所述输出轴通过联轴器与工作机轴相连且在输出轴上远离工作机轴的一端设有从动齿轮，所述电机和工作机轴分布在箱体两侧，所述传动轴上设有与所述主动齿轮啮合的第一传动齿轮以及与从动齿轮啮合的第二传动齿轮。本实用新型通过改进传动布局，使得输入轴两端轴承上的载荷接近，结构合理，工作机轴与主动齿轮距离远，对齿轮传动影响小，从动齿轮的承载能力充分利用，传动准确可靠。

二、权利要求书

（1）一种齿轮减速器，其特征在于：包括箱体以及设置在箱体内的输入轴、传动轴和输出轴，所述输入轴、传动轴、输出轴贯穿所述箱体设置且两端均通过轴承、轴承端盖与所述箱体连接，所述输入轴通过联轴器与电机相连且在输入轴上远离电机的一端设有主动齿轮，所述输出轴通过联轴器与工作机轴相连且在输出轴上远离工作机轴的一端设有从动齿轮，所述电机和工作机轴分布在箱体两侧，所述传动轴上设有与所述主动齿轮啮合的第一传动齿轮以及与从动齿轮啮合的第二传动齿轮。

（2）根据权利要求1所述的齿轮减速器，其特征在于：所述输入轴的电机连接端与所述轴承端盖之间设有密封圈，所述输出轴的工作机轴连接端与所述轴承端盖之间设有密封圈。

（3）根据权利要求1所述的齿轮减速器，其特征在于：所述轴承端盖与所述箱体连接处设有调节垫片。

（4）根据权利要求3所述的齿轮减速器，其特征在于：所述调节垫片采用OF8的材质。

（5）根据权利要求1所述的齿轮减速器，其特征在于：所述传动轴上的第一传动齿轮、第二传动齿轮两端分别通过套筒固定。

（6）根据权利要求1所述的齿轮减速器，其特征在于：所述输入轴、输出轴、传动轴两端与所述轴承连接处均设有挡油环进行密封。

（7）根据权利要求1所述的齿轮减速器，其特征在于：所述输入轴、传动轴、输出轴、主动齿轮、从动齿轮、第一传动齿轮、第二传动齿轮均采用45钢材质。

三、说明书

1. 技术领域

本实用新型涉及减速器，具体涉及一种齿轮减速器。

2. 背景技术

齿轮减速器由齿轮、轴、轴承及箱体组成，主要用于原动机和工作机或执行机构之间，起调节转速和传递转矩的作用，在现代机械中应用极为广泛。现有市场上提供的减速器多以齿轮传动、蜗杆传动为主,但普遍存在着功率与重量比小,载荷分布不合理,或者传动比大而机械效率低的问题。另外,材料品质和工艺水平上还有许多弱点,特别是大型减速器问题更突出,使用寿命不长,载荷合理分布等问题也未很好解决。

3. 发明内容

发明目的:针对现有技术的不足,本实用新型提供一种齿轮减速器,结构紧凑,载荷分布合理,机械效率高。

技术方案:本实用新型所述的齿轮减速器,包括箱体、设置在箱体内的输入轴、传动轴和输出轴,所述输入轴、传动轴、输出轴贯穿所述箱体且两端均通过轴承、轴承端盖与所述箱体连接,所述输入轴通过联轴器与电机相连且在输入轴上远离电机的一端设有主动齿轮,所述输出轴通过联轴器与工作机轴相连且在输出轴上远离工作机轴的一端设有从动齿轮,所述电机和工作机轴分布在箱体两侧,所述传动轴上设有与所述主动齿轮啮合的第一传动齿轮以及与从动齿轮啮合的第二传动齿轮。

进一步完善上述技术方案,所述输入轴的电机连接端与所述轴承端盖之间设有密封圈,所述输出轴的工作机轴连接端与所述轴承端盖之间设有密封圈。

进一步地,所述轴承端盖与所述箱体连接处设有调节垫片。

进一步地,所述调节垫片采用OF8材质。

进一步地,所述传动轴上第一传动齿轮、第二传动齿轮两端分别用套筒固定。

进一步地,所述输入轴、输出轴、传动轴两端与所述轴承连接处均设有挡油环进行密封。

进一步地,所述输入轴、传动轴、输出轴、主动齿轮、从动齿轮、第一传动齿轮、第二传动齿轮均采用45钢材质。

与现有技术相比,本实用新型的有益效果在于:通过改进传动布局,使得输入轴两端轴承上的载荷接近,结构合理,工作机轴与主动齿轮距离远,对齿轮传动影响小,从动齿轮的承载能力充分利用,满足工作机轴的性能要求,传动准确可靠,工作平稳;密封性良好,保证传动轴承的润滑;强度高,使用寿命时间长;结构紧凑,重量轻,节约材料,传动效率高。

4. 附图说明

图11-3为本实用新型的结构示意图。

5. 具体实施方式

下面通过图11-3对本实用新型技术方案进行详细说明。

实施例:如图11-3所示的齿轮减速器,包括箱体1、设置在箱体1内的输入轴2、传动轴3和输出轴4,输入轴2、传动轴3、输出轴4贯穿箱体1且两端均通过轴承6、轴承端盖5与箱体1连接,轴承端盖5与箱体1连接处设有调节垫片7,调节垫片7采用OF8材质,输入轴2、输出轴4、传动轴3两端与轴承6连接处均设有挡油环8进行密封;输入轴2通过联轴器与电机相连且在输入轴2上远离电机的一端设有主动齿轮21,输出轴4通过联轴器与工作机轴相连且在输出轴4上远离工作机轴的一端设有从动齿轮41,电机和工作机轴分布在箱体1两侧,传动轴3上设有与主动齿轮21啮合的第一传动齿轮31以及与从动齿轮41啮合的第二传动齿轮32,传动轴3上第一传动齿轮31、第二传动齿轮32两端分别通过套筒9固定,输入轴2的电机连接端与轴承端盖5之间设有密封圈10,输出轴4的工作机轴连接端与轴承端盖5之间设有密封圈10。

输入轴2、传动轴3、输出轴4、主动齿轮21、从动齿轮41、第一传动齿轮31、第二传动齿轮

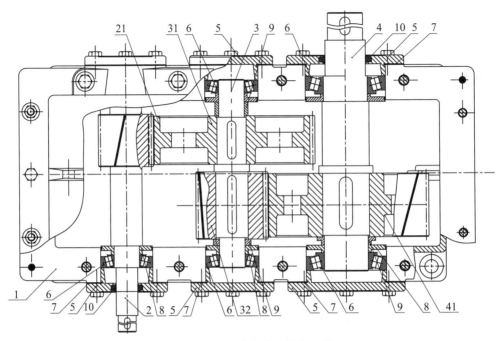

图 11-3 一种齿轮减速器专利附图

32 均采用 45 钢材质。

如上所述,尽管参照特定的优选实施例已经表示和表述了本实用新型,但其不得解释为对本实用新型自身的限制。在不脱离所附权利要求定义的本实用新型的精神和范围前提下,可对其在形式上和细节上做出各种变化。

专利撰写案例 2:一种快进弓形夹

一种快进弓形夹:专利号为 ZL202021458864.5

一、说明书摘要

本实用新型公开了一种快进弓形夹,它包括夹体、夹紧螺杆,所述夹体呈 C 形状,上端端部呈 L 状平面;所述 L 状平面的水平面垂直设有可穿过夹紧螺杆的圆透孔;所述 L 状平面的水平面设有可滑移的对开螺母,所述对开螺母的夹紧螺纹孔与所述圆透孔同轴;所述对开螺母夹紧螺纹孔与夹紧螺杆螺纹配合,所述夹紧螺杆的下端设有夹头,所述夹紧螺杆的上端横向放置可滑动的手杆。在夹体上增设对开螺母,可实现夹头的快速下移,从而提高工作效率。这种结构工作可靠,易于制造,操作简便。作为一种新型夹持工具,可制成不同尺寸的系列产品,满足用户需要。

二、权利要求书

(1) 一种快进弓形夹,包括夹体、夹紧螺杆、对开螺母,其特征在于:所述夹体呈 C 形状;所述夹体上端端部呈 L 状平面;所述 L 状平面的水平面垂直设有可穿过夹紧螺杆的圆透孔,所述夹体下端部设有与圆透孔同轴的圆柱状垫块;所述 L 状平面的水平面安装可滑移的对开螺母,所述对开螺母的夹紧螺纹孔与所述圆透孔同轴;所述对开螺母包括两个对半剖分的螺纹块 I 和螺纹块 II,所述对开螺母侧面水平设有相互平行的调节螺纹孔和圆透孔,所述调节螺纹孔和调节螺杆螺纹配合,且螺纹块Ⅰ上的调节螺纹孔与调节螺杆的螺纹方向一致,螺纹块Ⅱ上的调节螺纹孔与调节螺杆的螺纹方向与之相反;所述圆透孔与圆柱销间隙配合,所述圆柱销一端固定于夹体的一侧;所述对开螺母夹紧螺纹孔与夹紧螺杆螺纹配合,所述夹紧螺杆的下端设有夹头,所述夹紧螺杆的上端横向放置可滑动的手杆。

(2) 根据权利要求1所述的一种快进弓形夹,其特征在于:所述对开螺母的调节螺纹孔直径在8~10 mm之间。

(3) 根据权利要求1所述的一种快进弓形夹,其特征在于:所述对开螺母的圆透孔直径在8~10 mm之间。

(4) 根据权利要求1所述的一种快进弓形夹,其特征在于:所述夹紧螺杆的直径在12~20 mm之间。

三、说明书

1. 技术领域

本实用新型涉及一种快进弓形夹,属于夹持工具技术领域。

2. 背景技术

目前市场上销售的弓形夹,是一种用于夹紧工件的定型产品,有不同大小的规格,这种弓形夹靠螺杆转动实现上下位移,当夹持较薄物体时,手杆要转动多圈才能接触到物体,费时费力。为了解决这一问题,公开的"一种快进弓形夹"专利,它包括夹体、螺杆、夹头、手杆,所述夹体的上端设有燕尾槽,所述燕尾槽与滑块的燕尾柱体滑动配合,所述螺杆与滑块上的螺纹孔配合。通过增设燕尾槽与滑块组合成的移动副,实现滑块的快速位移,夹头接近物体后,再转动手杆夹紧物体,从而达到快速夹紧物体的目的。但是这个方案存在一定的设计缺陷,燕尾槽与滑块制造难度较大,成本较高,难以在实际中推广应用。另外滑块夹头下移接近物体后,由于在燕尾槽侧面没有紧定螺钉的锁紧,当转动手杆夹紧物体时,夹紧反作用力会使滑块上移,不能有效夹紧物体。

3. 实用新型内容

为了解决上述问题,本实用新型提供一种快进弓形夹,它可实现快速夹紧工件的目的。

本实用新型解决其技术问题所采用的技术方案:一种快进弓形夹,包括夹体、夹紧螺杆、对开螺母,所述夹体呈C形状,所述夹体上端端部呈L状平面,所述L状平面的水平面垂直设有可穿过夹紧螺杆的圆透孔,所述夹体下端部设有与圆透孔同轴的圆柱状垫块;所述L状平面的水平面安装可滑移的对开螺母,所述对开螺母的夹紧螺纹孔与所述圆透孔同轴;所述对开螺母包括两个对半剖分的螺纹块Ⅰ和螺纹块Ⅱ,所述对开螺母侧面水平设有相互平行的调节螺纹孔和圆透孔,所述调节螺纹孔和调节螺杆螺纹配合,且螺纹块Ⅰ上的调节螺纹孔与调节螺杆的螺纹方向一致,螺纹块Ⅱ上的调节螺纹孔与调节螺杆的螺纹方向与之相反;所述圆透孔与圆柱销间隙配合,所述圆柱销一端固定于夹体的一侧;所述对开螺母夹紧螺纹孔与夹紧螺杆螺纹配合,所述夹紧螺杆的下端设有夹头,所述夹紧螺杆的上端横向放置可滑动的手杆。

进一步地,所述对开螺母的调节螺纹孔直径在8~10 mm之间。

进一步地,所述对开螺母的圆透孔直径在8~10 mm之间。

进一步地,所述夹紧螺杆的直径在12~20 mm之间。

本实用新型的有益效果是通过在夹体上增设对开螺母,实现夹头对工件的快速夹紧,从而提高了工作效率。这种结构工作可靠,易于制造,操作简便。作为一种新型夹持工具,可制成不同尺寸的系列产品,满足用户需要。

4. 附图说明

下面结合一种快进弓形夹的专利附图(见图11-4)中的图1、图2、图3和具体实施例对本实用新型作进一步说明。

图1是本实用新型一种快进弓形夹的主视图。

图2是图1在A-A方向上的剖视图。

图3是本实用新型一种快进弓形夹立体图。

图中:1.垫块,2.夹头,3.夹紧螺杆,4.夹体,5.对开螺母,6.手杆,51.螺纹块I,52.调节螺杆,53.螺纹块II,54.圆柱销。

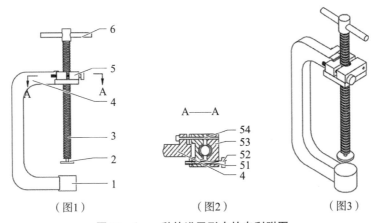

图11-4 一种快进弓形夹的专利附图

4. 具体实施方式

如图1至图3所示,一种快进弓形夹,包括夹体4、夹紧螺杆3、对开螺母,所述夹体4呈C形状,所述夹体4上端端部呈L状平面,所述L状平面的水平面设有可穿过夹紧螺杆3的圆透孔,所述夹体4下端部设有与圆透孔同轴的圆柱状垫块1,圆柱状垫块1可以与夹体4铸造成一体;所述L状平面的水平面安装可滑移的对开螺母5,所述对开螺母5的夹紧螺纹孔与所述圆透孔同轴;所述对开螺母5包括两个对半剖分的螺纹块I51和螺纹块II53,所述对开螺母5侧面水平设有相互平行的调节螺纹孔和圆透孔,所述调节螺纹孔和调节螺杆52螺纹配合,且螺纹块I51上的调节螺纹孔与调节螺杆52的螺纹方向一致,螺纹块II53上的调节螺纹孔与调节螺杆52的螺纹方向与之相反;所述圆透孔与圆柱销54间隙配合,所述圆柱销54一端固定于夹体4的一侧;由于圆柱销54与对开螺母5圆透孔是间隙配合,起到导向的作用。所述对开螺母5夹紧螺纹孔与夹紧螺杆3螺纹配合,所述夹紧螺杆3的下端设有夹头2,所述夹紧螺杆3的上端横向放置可滑动的手杆6。

所述对开螺母5的调节螺纹孔直径在8~10mm之间。所述对开螺母3的圆透孔直径在8~10mm之间。所述夹紧螺杆3直径在12~20mm之间。

对开螺母的工作原理和结构组成:这里所述对开螺母利用复式螺旋机构原理,对开螺母的两半相当于旋向相反的两螺旋副,螺杆转动,两螺旋副可实现快速反向移动,即相互靠近或反向离开。在方形柱体的轴线上加工出夹紧螺纹孔,然后在其侧面沿水平方向加工出相互平行的圆透孔和调节螺纹孔,调节螺纹孔的一段是左旋螺纹,另一段是右旋螺纹。然后沿着夹紧螺纹孔的中心线将其剖分为螺纹块Ⅰ和螺纹块Ⅱ。可以采用线切割的剖分方法,切缝间隙小于0.2mm。在圆透孔安装起导向作用的圆柱销。在调节螺纹孔里安装调节螺杆。由于调节螺纹孔是旋向不同的两段螺纹,当调节螺杆转动方向不同时,螺纹块Ⅰ和螺纹块Ⅱ或者相互靠近,或者相互离开。对开螺母作为一种通用部件,已有专业厂家生产,根据所需规格直接购买安装即可,降低了制造成本。

将待加工的工件放入夹体4和夹紧螺杆3之间,转动调节螺杆52,使对开螺母5张开,则夹紧螺杆3端部夹头2在重力作用下快速下移至工件的上表面,再反向转动调节螺杆52,使对开螺母5闭合,然后转动上部的手杆6,驱使夹紧螺杆3端部的夹头2缓慢夹紧工件。通过增设对开螺母5,实现夹头2的快速下移,夹头2接近工件后,再转动夹紧螺杆3夹紧工件,从而提高了工作效率。这种结构工作可靠,便于制造,操作简便。作为一种新型夹持工具,可做成不同尺寸的系列产品,满足用户需要。

思考与练习

1. 简答题
(1) 何谓专利和专利权,专利权有何作用?
(2) 专利分哪些类型?各类型的专利之间有何区别与联系?
(3) 请简述专利信息的应用途径。
(4) 什么是专利说明书,专利说明书有何作用?
(5) 专利说明书有关技术领域的说明,应注意哪些问题?
(6) 发明专利的专利说明书的技术问题部分应陈述哪些内容?
(7) 专利说明书在提写发明具体实施方式部分时,应当注意哪几个方面?
(8) 专利说明书的说明书附图和附图的说明有哪些具体要求?
(9) 什么是权利要求书,权利要求书有何作用?
(10) 请简述有关权利要求书的独立权利要求的内容及撰写要求。
(11) 请简述有关权利要求书的从属权利要求的内容及撰写要求。
(12) 请简述实用新型专利的专利申请流程。
(13) 何谓专利申请日和专利申请号,两者有何联系,又是如何确定的?

2. 分析题
(1) 请根据景泰蓝、宣纸的现状,分析中国民族传统工艺的创新方法。
(2) 请结合以下材料,进行有关专利保护的讨论。

2018年7月,上海市知识产权局接到某省知识产权维权援助中心移送的举报投诉材料,反映上海市某轴承制造有限公司(以下简称"被投诉人")涉嫌网络销售假冒专利产品。执法人员经检索调查发现,被投诉人网络宣传展示的专利已因未缴年费而专利权终止。现场勘验发现,被投诉人轴承产品的三种型号(大号、中号、小号)包装箱上均标注有6个专利号,其中5件专利(专利权人为被投诉人)因未缴年费权利终止,1件为尚未授权的专利申请(专利申请人为被投诉人)。

上海市知识产权局认为,根据已经查明的违法事实,被投诉人在专利权终止后继续在产品包装上标注专利标识、在产品包装上将尚未授权的专利申请标注为专利的行为,构成假冒专利。综合考虑该案违法行为的情节后果、违法行为人主观过错和悔错整改的情况,上海市知识产权局处罚决定如下：①责令被投诉人立即将涉及失效专利的网络宣传全部删除撤下；②立即停止无效专利号的标注行为,消除尚未售出的产品包装箱上的专利标识,产品包装箱上的专利标识难以消除的,销毁该产品包装箱；③没收违法所得并处罚款184 460元。被投诉人对处罚决定无异议,已如期履行。

本章小测验

第 12 章

机械创新设计比赛作品

【内容要点】

本章详细介绍了机械创新设计大赛的创新作品。作为在创新理念下专业知识应用的典范,从创新设计的初衷、理念到依托专业知识解决关键环节问题、创新产品的特点和应用价值等,分别一一作了介绍。

【学习目标】

本章以"全国大学生机械创新设计大赛"为引,通过对机械创新设计大赛创新作品的认知,让学生在对机械创新设计的国家级赛事有大概了解的基础上,树立参与机械创新设计类大赛的信心,敢于进行专业创新,能够依循创新典范的路径开展创新。

创新范例:全国大学生机械创新设计大赛

21 世纪是一个充满机遇与挑战的时代,也是一个"大众创业、万众创新"的时代,因此,世界各国都非常重视创新教育,中国亦是如此。为了更好地倡导创新、践行创新,培育更多敢创新、能创新的种子,国家各部委、各省厅等政府机构以及各学会协会等组织了许多创新大赛。其中,教育部面向全国大学生组织的创新设计比赛就有多项,如全国大学生机械创新设计大赛、"挑战杯"全国大学生系列科技学术竞赛、全国大学生机械产品数字化设计大赛、全国大学生工程训练综合能力竞赛等,这些创新创业竞赛活动使学生的创新精神、创新意识得到了良好的发展。

全国大学生机械创新设计大赛是经教育部高等教育司批准,由教育部高等学校机械学科教学指导委员会主办,面向大学生的群众性科技活动。目的在于培养大学生的创新设计能力、工程实践能力、团队协作精神和综合创新素养,积极推动机械产品研究设计与生产生活需求相结合的创新。自 2004 年首次举办以来,已成功举办 9 届,第 10 届全国大学生机械创新设计大赛的主题是"自然·和谐",如图 12-1 所示。全国大学生机械创新设计大赛的历届赛事概况如表 12-1 所示。

图 12-1 第 10 届全国大学生机械创新设计大赛海报

表 12-1 全国大学生机械创新设计大赛的历届赛事概况

时间	承办高校名称	主题	内容
2004 年	南昌大学	无固定主题	无确定内容
2006 年	湖南大学	健康与爱心	助残机械、康复机械、健身机械、运动训练机械设计与制作
2008 年	武汉海军工程大学	绿色与环境	环保机械、环卫机械、厨卫机械的创新设计与制作
2010 年	东南大学	珍爱生命,奉献社会	用于救援、破障、逃生、避难的机械产品的设计与制作
2012 年	解放军第二炮兵工程学院	幸福生活——今天和明天	休闲娱乐机械和家庭用机械的设计和制作
2014 年	北京理工大学	幻·梦课堂	教室用设备和教具的设计与制作
2016 年	山东交通学院	服务社会 高效、便利、个性化	钱币分类、清点、整理机械装置;不同材质、形状和尺寸商品的包装机械装置;商品载运及助力机械装置
2018 年	浙江工业大学	关注民生、美好家园	解决城市小区停车难的小型停车机械装置、辅助人工采摘10种水果的小型机械装置或工具
2020 年	西南交通大学	智慧家居、幸福家庭	帮助老年人独自活动起居的机械装置、现代智能家居的机械装置
2021 年	深圳技术大学	自然·和谐	模仿自然界动物的运动形态、功能特点的机械产品;用于修复自然生态的机械装置

(资料来源:360 百科-全国大学生机械创新设计大赛 https://baike.so.com/doc/6966376-7189031.html)

12.1 家用电动锤的创新设计

传统锤子作为击打工具,主要由锤头和锤柄组成。锤子按照功能分为除锈锤、机械锤和起钉锤等。不论是现场施工还是居家生活,锤子都是工具箱中必备的工具。但传统的锤子在使用中仍存在缺点。如长时间击打物体容易造成操作者疲劳,导致效率过低;在仰头、侧身等非常规状态下使用不便等。

12.1.1 创新构思及设计过程

一般家庭对电动锤子有安全实用、轻便、击打效率高、质量好、调节方便、价格合理等要求,电动锤子只有实现这些功能才能满足大多数家庭需求。

突破传统锤子的约束,根据家用电动锤的总体构思,提出以下创新点:采用移植创造原理,把曲柄滑块机构引入家用电动锤的设计中,传统家用锤子由单一锤把、锤头组成,依靠使用者人工击打来做功。本设计在锤身处加入电机,通过外接电源来实现自动捶击。现有电动锤多用于中大型施工工地,用于锤碎大型石板石块,多为推拉式,不便于家庭日常生活使用,所以本创新设计采用手持式的结构。

12.1.2 家用电动锤的机械系统设计

按照上述创新构思,家用电动锤的机械系统设计:总体零部件由外壳、锤头、连杆、滑块、曲柄、齿轮、电机、轴和轴承组成;外壳分为手柄和导轨套两部分,在手柄的内膛装有一个电机,电机通过轴与主动齿轮连接,主动齿轮与从动齿轮啮合;连杆的一端通过轴与手柄内壁连接,另一端通过轴与锤头连接。锤头安装在导轨套内膛;连杆上装有滑块,滑块通过轴与曲柄连接,曲柄通过轴与从动齿轮连接。

家用电动锤在使用时,接通电源,由电机提供动力,在齿轮组、曲柄滑块机构的传动下,带动锤头进行往复直线运动。改变传统操作者人工击打的工作模式。使用锤子自动击打物体,不仅节省了操作者体力,而且提高了工作效率。

12.1.3 具体实施方式

如图12-2所示,在手柄的内膛装有一个电机8,电机8通过轴与主动齿轮9连接。主动齿轮9与从动齿轮7啮合。连杆3的一端通过轴10与手柄4内壁连接,另一端通过轴与锤头2连接。锤头2安装在导轨套1内膛里。连杆3上装有滑块5,滑块5通过轴与曲柄6连接。曲柄6通过轴与从动齿轮7连接。在连接电源的情况下,电机带动齿轮旋转,使曲柄周转。曲柄连接的滑块带动连杆摆动,使锤头在导轨套内实现直线往复运动。设计的家用电动锤的外型如图12-3所示,在其前端增加了一个可旋转的持握杆,可双手持握使用。

12.2 多功能手杖的创新设计

本作品是为了能够更好地方便老年人出行而设计的。该多功能手杖充分考虑到老年人的出行使用需求,增加了折叠椅、物品储存袋、照明警示灯、拉杆车机构等,可保证手杖在不同场合派上用场,更好地方便使用者。

1. 工作原理

该多功能手杖的长度是可调节的,老年人可根据自己的身高情况调节到最合适的高度。折叠椅采用轻便的合金材料制成,老年人在散步途中,可随时拉开折叠椅休息。拉杆车机构采

■ 机械创新设计与应用

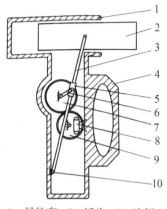

1—导轨套；2—锤头；3—连杆
4—手柄；5—滑块；6—曲柄
7—从动齿轮；8—电机
9—主动齿轮；10—轴。

图 12-2　家用电动锤的机构简图

图 12-3　电动锤的实物外型

用铝合金材料，轮缘采用橡胶材料，在平时不用时处于折叠状态。当在超市购物时，可将购物网兜挂于支撑杆上，并拖动拉杆车行走，这样可减轻老年人的负担，方便购物。安装在手柄上的手电筒，方便夜间出行。多功能手杖结构示意图，如图 12-4 所示。

2. 设计方案

多功能手杖的实物图，如图 12-5 所示。

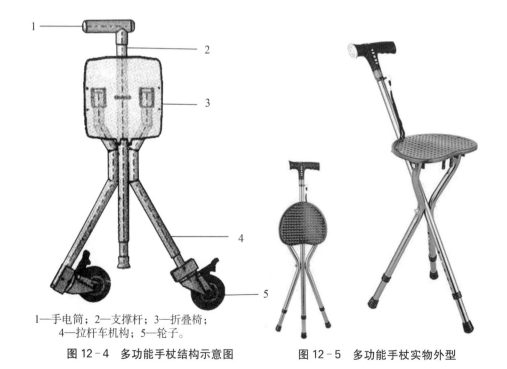

1—手电筒；2—支撑杆；3—折叠椅；
4—拉杆车机构；5—轮子。

图 12-4　多功能手杖结构示意图　　图 12-5　多功能手杖实物外型

1) 手柄

在手柄的设计上,选择握起来舒服、饱满的材质,让手杖能更好地服务于老年人。另外,安装在手柄上的手电筒使拐杖具备了照明和警示的功能,且尾部可控制手电筒的亮灭,不需要再额外配照明设备,让使用者在夜间出行或急用时使用更方便。

2) 座板

用铝合金等材料制造的老年人手杖椅座板,坚固耐用,强度高,承重能力强;分量轻,便于老年人平时携带,不会造成额外的负担。另外,座板采用卡扣和螺丝螺母进行连接,可实现拆卸、拉伸的功能,老年人行走途中可随时拉开折叠椅休息。

3) 购物兜

为了方便日常购物生活,配备购物网兜,可在其中放置物品或者携带必备的药物。

4) 橡胶套

拐杖底部设计安装有缓冲功能的设施,比如橡胶防滑皮套装置。橡胶和地面的摩擦力很大,可以保持拐杖着地时又轻又稳,不易打滑。

3. 主要创新点

(1) 装置结构可折叠,减小了装置存放时的空间占用。

(2) 增加了折叠椅、物品储存袋、照明设备。

(3) 该产品设计合理,重量适中,原材料价格低廉,使用轻巧方便,适用范围广,提高了老年人参与社会活动的主动性。

12.3 踏步滑板车的创新设计

目前,随着人们生活水平的不断提高,健身、休闲已是人们追求的时尚,各种健身休闲器械也不断涌现出来。近几年来,滑板车作为时尚运动器械的代表受到广大青少年的喜爱,而健身器械-踏步机以其独特的使用方式及适中的运动量,同样受到了健身群体广泛的欢迎。

那么,能否将二者的性能结合起来,发明出一种新型的健身运动器械为大众服务呢?常见的踏板自行车采用皮带轮传动,容易滑动和变形,使用寿命短,车体平衡性差,要解决这些问题,必须在结构上彻底改革。

1. 工作原理

1) 传动装置工作原理

踏步滑板车的传动机构简图,如图 12-6 所示。使用时,踏动踏板,通过链条、齿轮、转轴带动车轮转动。

2) 离合装置工作原理

扳动离合开关,通过钢丝牵引带动拨叉运动,实现离合器与主轴分离,实现自由倒车。松开离合开关,拨叉复位,离合器与主轴啮合。

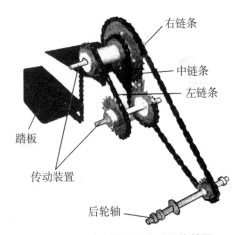

图 12-6 踏步滑板车传动机构简图

2. 设计计算

参考滑板车结构设计出车体主体形状。结合踏步机踏板原理,在车体两侧安装踏板,便于使用者利用自重进行踩踏。在传动装置方面,如果采用皮带轮传动,不利于平稳传动,且其强度差;如果采用钢丝绳代替皮带,只能在一定程度上解决问题。最终,采用了链传动来优化结构,达到了满意效果。为解决倒车问题,在传动机构上加装离合装置。

1) 总体结构

总体而言,踏步滑板车主要包括:车把、前轮、车体、左右踏板、传动装置、后轮。

2) 动力机构

动力来源于人体自身重力,通过重心的交替偏移踩踏左右踏板,以产生持续的驱动力。

3) 传动装置

传动装置主要由主轴系和联动轴系组成:

(1) 主轴系主要由左链轮、右链轮、大链轮,离合器组成,如图 12-7 所示。

(2) 联动轴系主要由左右链轮组成。

传动装置与踏板、后轮轴通过左中右 3 根链条连接。

图 12-7 主轴系构件组成

4) 离合装置

如图 12-7 所示,离合装置主要解决因传动装置结构而造成的倒车不畅的问题。离合装置主要由离合器、拨叉、复位弹簧、离合开关、钢丝绳等组成。

5) 传动比 i 的计算

该车的主动轮为 32 个齿,从动轮为 14 个齿,传动比为 $i=32/14=2.28$。

3. 功能特点

本设计集健身、休闲于一体,克服了传统滑板车和踏步机的缺点,既保留了滑板车的轻便灵活的特点,又拥有踏步机健身的功能。

在传动机构上采用双链结构,结构简单合理,传动平稳可靠,使用方便,寿命长。使用者双脚交替踩踏两踏板,利用人体自身重力作为车体连续稳定的动力来源。

该车结构紧凑小巧,外观新颖。其主要零件为标准件和常用件,既降低了成本,又便于维护和更换。

4. 主要创新点

(1) 本车主要创新点在于利用人体重力作为动力来源,采用踩踏式的运动方式,通过链传动带动车轮转动,既保证了一定的工作行程和速度,又有足够的强度和稳定性。

(2) 本车加装了离合装置,使得主轴的运动较为灵活,避免倒车不畅问题。

(3) 从外观上看,该车造型简洁,如图 12-8 所示;从使用方式看,该车操作简单,运动幅度适中,集健身、休闲、代步功能于一身,适用人群十分广泛。

图 12-8 踏步滑板车实物外型

12.4 多功能平口钳的创新设计

在生产生活常用的小五金工具中,钳子一般利用杠杆原理实现手工操作,具有省力、方便的特点,是应用较为广泛的工具。在平时使用中,钳子一般有夹持和切断两个功能。

12.4.1 钳子的力学分析

在夹持物体时,钳口张开呈 V 字形,产生向外的滑脱分力。如图 12-9 所示,滑脱分力 F_1 经常使被夹物滑脱,在同样力的作用下,钳口张的越大,其滑脱力 F_1 越大。

为此,许多钳子在钳口形状上进行了改进,如图 12-10 所示,将其工作面设计为月牙形缺口状,虽可通过几何形面约束实现更好夹持,但仍有滑脱分力存在,且在钳口 V 字形夹角变化下,其夹持力和夹持效果也在变化中。

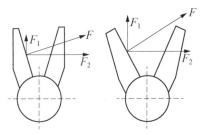

图 12-9 普通钳子在钳口变化下的受力情形对比

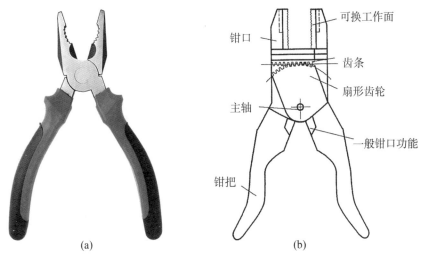

图 12-10 普通钳子实物与创新设计的平口钳的结构图
(a) 普通钳子实物图;(b)平口钳的结构图

12.4.2 钳子的创新设计

钳子在使用时之所以产生滑脱分力,是因为普通钳子是通过将旋转运动转化为旋转来夹持物体,若将旋转运动转换为移动,就可以改变 V 形钳口的结构,彻底消除滑脱分力的存在。目前转动转化为移动的常用机构有:曲柄滑块机构、齿轮齿条机构、移动推杆凸轮机构等。综合考虑,最终确定采用齿轮齿条机构。

如图 12-10(b)所示,用手握紧钳把,扇形齿轮绕主轴转动,通过配合齿条使钳口移动,实现物体的夹持。把普通钳子切断物体的一般钳口功能设置在了平口钳钳把的根部,靠近主轴转动处。

12.4.3 钳子的创新拓展

在结构上为了实现钳子更大张口,可采用双齿轮齿条机构,如图 12-11 所示,两个扇形齿轮分别固接在两手柄上,绕铰链 A、B 转动,实现双钳口的平动,达到夹紧物体目的。其钳子开口可达 100 mm。

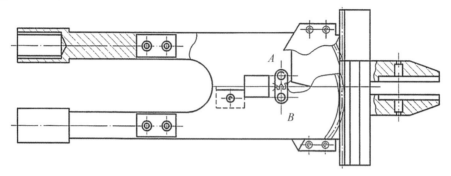

图 12-11 双齿轮齿条机构的平口钳

为实现钳子的多种功能,可采用模块设计法,进行结构的创新,即将钳口制作成燕尾槽,可插接各种工作模块,以实现多种功能。

如图 12-12 所示,依次分别为剪切活动钳口、剥线活动钳口、丝锥柄活动钳口。

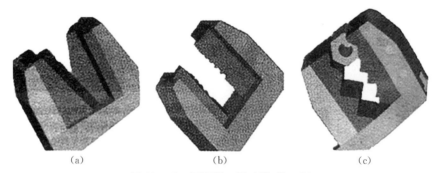

图 12-12 可用钳口活动块-第一组

如图 12-13 所示,依次分别为压线活动钳口、订书器活动钳口、弧形活动钳口。通过多种工作钳口的替换使用,极大地提高了钳子的利用率和使用范围。

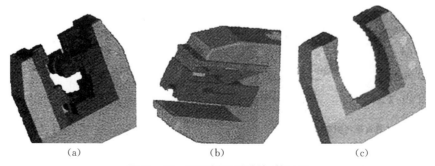

图 12-13 可用钳口活动块-第二组

12.5 牛头刨床的创新设计

传统的牛头刨床如图 12-14 所示,大多是单方向刨削工作,也就是滑枕在一个往复运动中,只有一个方向是有用的(即刨削)行程,而回程是空行程,不做功。虽然靠传动机构的急回特性设计可以缩短空行程的时间,但是只是一定程度的改善,没有从根本上解决加工效率低下的问题。这导致牛头刨床在工作生产中的应用受到极大的限制。

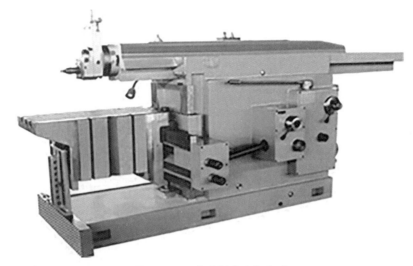

图 12-14 牛头刨床实物外型

12.5.1 关键问题和创新点

有市场竞争力的产品应该在产品的主要功能实现上进行创新。牛头刨床若能消除空行程,变单向刨削为双向刨削,就能有效降低能耗,提高生产效率,从而带来较大的经济效益。因此,研制双向牛头刨床是现实社会生产的需要。

根据传统牛头刨床的工作特性,实现双向刨削的技术难点有两个:一是要对滑枕的往复运动提供一个始终相同的作用力和等速运动;二是要提供能适应双向刨削的刨刀。

对于第一个技术难点,传统牛头刨床主传动机构的曲柄摇杆机构无法实现滑枕的往复等速运动,因为滑枕在刨削行程中速度的不均匀性,无法提供滑枕恒定推力。能解决这一技术难题的最简便方法之一是采用齿轮齿条传动,即在滑枕上安装齿条,在机架上安装与之啮合的大齿轮,由该大齿轮提供动力和运动。

对于第二个技术难点,能解决的方法有两种:一种是采用电动转位刨刀,每当刨刀刨完一个行程后,控制电动机使刨刀实现 180°转位,待回程时,便可以进行反向刨削。另一种是采用机械传动双刀的工作形式,即在刀架上背靠背装上两把刀,两刀位于滑枕运动方向的同一直线、同一高度上,在一套连杆机构的作用下,当一个方向刨削时,一把刀工作,另一把刀抬起,反之亦然。连杆机构的动力源来自主传动机构的大齿轮。两种方法都是可行的,但后一种方法更简单可靠,优于前一种。

12.5.2 设计方案的确定以及描述

采用上述解决办法,确定出一套结构简单、功能完善的双向工作牛头刨的机械设计方案,其创新设计的机构如图 12-15 所示。

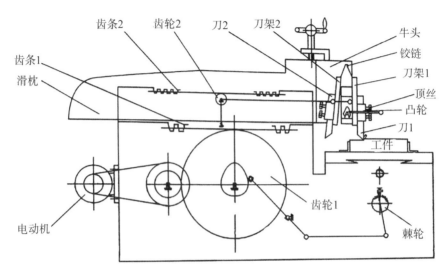

图 12-15 牛头刨床创新设计的机构简图

从设计方案的整体来看,主要由一套主传动机构和两套随动机构(刨刀起落机构和工作台平移机构)所组成。

1. 主传动机构

由电动机、带传动、齿轮传动、齿轮齿条传动及滑枕组成,承担主刨削运动以及动力传递的任务,采用传统牛头刨床的电动机正反转控制和行程开关控制的办法来实现滑枕的往复运动。

2. 刨刀起落机构

由摆臂、滑块、弹性连杆和刀架等组成。它的动力来自安装在主传动机构大齿轮上的滑块,滑块带动摆臂摆动,通过一套连杆机构以及弹簧张紧装置,使两个刀架交替投入工作位置,使刨刀提前就位,做好刨前准备。

3. 工作台平移机构

由一套凸轮机构、连杆机构、间歇机构以及螺旋传动机构组成。它的动力源也来自安装在主传动机构大齿轮同轴上的凸轮。它的工作原理是滑枕每当运动到切削极限位置之后,在凸轮的带动下,整套机构就会动作一次,使工作台沿垂直于刨削方向水平移动若干距离,为回程刨削做好准备。

12.5.3 关于两把刨刀的对定问题

通过在主刀架上设置一个凸轮机构装置来协助解决刨刀对定问题。首先,逆时针转动手把,凸轮机构转动将左侧刨刀绕转轴顶起一个小角度,同时拉动右侧刨刀靠向刀架体并垂直于工件,调整刀架高度的调整手轮使该刨刀抵到工件表面后固定;然后,再顺时针转动手把,使凸轮机构转动顶起右侧刀架,让右刨刀抬起,左刨刀靠向刀架体并垂直于工件表面,将左刨刀抵到工件表面后再固定它;最后,顺利完成刨刀的对定任务。

综上所述:

(1) 设计出一套结构简单的弹性连杆机构和可变位式双刨刀刀架,实现了牛头刨床的双向刨削,工效增倍,无空行程。

(2) 滑枕采用齿轮齿条传动,实现了切削过程所需的恒定力驱动和平稳高速运动的目标,既简单又实用,消除了传统牛头刨床急回机构的传力不均、运动不稳定的弊端。

思考与练习

1. 简答题

(1) 从普通拐杖到多功能手杖应用了哪些创新技法,采用了哪些技术?

(2) 从普通滑板到踏步滑板车应用了哪些创新技法,采用了哪些技术?

(3) 从普通锤子到手持式电动锤应用了哪些创新技法,采用了哪些技术?

(4) 从普通钳子到多功能平口钳应用了哪些创新技法,采用了哪些技术?

(5) 从普通牛头刨床到双向刨削牛头刨床应用了哪些创新技法,采用了哪些技术?

(6) 请简述机械创新设计大赛对机械产品创新的促进作用。

(7) 在创新创业方面,国家都出台了哪些政策?

2. 分析题

(1) 请结合个人兴趣爱好,谈一谈有关产品创新的认识和打算。

(2) 请参考从普通钳子到多功能平口钳的创新设计,进行普通扳手的创新设计。

(3) 请参考从普通锤子到手持式电动锤的创新设计,进行普通螺丝刀的创新设计。

(4) 请参考表 12-1,从全国机械创新设计大赛的历届比赛赛题中,选择一项你感兴趣的赛题进行产品创新设计。

本章小测验

附录

专利申请流程示意图

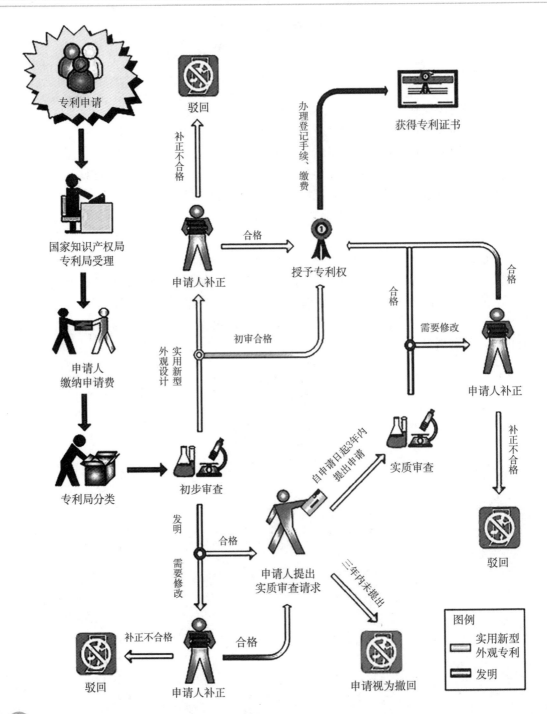

TRIZ 理论矛盾矩阵表

TRIZ理论矛盾矩阵		改善参数																		
		1 运动物体的重量	2 静止物体的重量	3 运动物体的长度	4 静止物体的长度	5 运动物体的面积	6 静止物体的面积	7 运动物体的体积	8 静止物体的体积	9 速度	10 力	11 应力、压强	12 形状	13 稳定性	14 强度	15 运动物体的作用时间	16 静止物体的作用时间	17 温度	18 照度	19 运动物体的能量消耗	20 静止物体的能量消耗
恶化参数	1 运动物体的重量		—	15,8,29,34	—	29,17,38,34	—	29,2,40,28	—	2,8,15,38	8,10,18,37	10,36,37,40	10,14,35,40	1,35,19,39	28,27,18,40	5,34,31,35	—	6,9,4,38	19,1,32	35,12,34,31
	2 静止物体的重量	—		—	10,1,29,35	—	35,30,13,2	—	5,35,14,2	—	8,10,19,35	13,29,10,18	13,10,29,14	26,39,1,40	28,2,10,27	—	2,27,19,6	28,19,32,22	19,32,35	—	18,19,28,1
	3 运动物体的长度	8,15,29,34	—		—	15,17,4	—	7,17,4,35	—	13,4,8	17,10,4	1,8,35	1,8,10,29	1,8,15,34	8,35,29,34	19	—	10,15,19	32	8,35,24	—
	4 静止物体的长度	—	35,28,40,29	—		—	17,7,10,40	—	35,8,2,14	—	28,10	1,14,35	13,14,15,7	39,37,35	15,14,28,26	—	1,40,35	3,35,38,18	3,25	—	—
	5 运动物体的面积	2,17,29,4	—	14,15,18,4	—		—	7,14,17,4	—	29,30,4,34	19,30,35,2	10,15,36,28	5,34,29,4	11,2,13,39	3,15,40,14	6,3	—	2,15,16	15,32,19,13	19,32	—
	6 静止物体的面积	—	30,2,14,18	—	26,7,9,39	—		—	—	—	1,18,35,36	10,15,36,37	—	2,38	40	—	2,10,19,30	35,39,38	—	—	—
	7 运动物体的体积	2,26,29,40	—	1,7,4,35	—	1,7,4,17	—		—	29,4,38,34	15,35,36,37	6,35,36,37	1,15,29,4	28,10,1,39	9,14,15,7	6,35,4	—	34,39,10,18	2,13,10	35	—
	8 静止物体的体积	—	35,10,19,14	19,14	35,8,2,14	—	—	—		2,18,37	24,35	7,2,35	34,28,35,40	9,14,17,15	—	35,34,38	35,6,4	—	—	—	—
	9 速度	2,28,13,38	—	13,14,8	—	29,30,34	—	7,29,34	—		13,28,15,19	6,18,38,40	35,15,18,34	28,33,1,18	8,3,26,14	3,19,35,5	—	28,30,36,2	10,13,19	8,15,35,38	—
	10 力	8,1,37,18	18,13,1,28	17,19,9,36	28,10	19,10,15	1,18,36,37	15,9,12,37	2,36,18,37	13,28,15,12		18,21,11	10,35,40,34	35,10,21	35,10,14,27	19,2	—	35,10,21	—	19,17,10	1,16,36,37
	11 应力、压强	10,36,37,40	13,29,10,18	35,10,36	35,1,14,16	10,15,36,28	10,15,36,37	635,10	35,24	6,35,36	36,35,1		35,4,15,10	35,33,2,40	9,18,3,40	19,3,27	—	35,39,19,2	—	14,24,10,37	—
	12 形状	8,10,29,40	15,10,26,3	29,34,5,4	13,14,10,7	5,34,4,10	—	14,4,15,22	7,2,35	35,15,34,18	35,10,37,40	34,15,10,14		33,1,18,4	30,14,10,40	14,26,9,25	—	22,14,19,32	13,15,32	2,6,34,14	—
	13 稳定性	21,35,2,39	26,39,1,40	13,15,1,28	37	2,11,13	39	28,10,19,39	34,28,35,40	33,15,28,18	10,35,21,16	2,35,40	22,1,18,4		17,9,15	13,27,10,35	39,3,35,23	35,1,32	32,3,27,15	13,19	27,4,29,18
	14 强度	1,8,40,15	40,26,27,1	1,15,8,35	15,14,28,26	3,34,40,29	9,40,28	10,15,14,7	9,14,17,15	8,13,26,14	10,18,3,14	10,3,18,40	10,30,35,40	13,17,35		27,3,26	—	30,10,40	35,19	19,35,10	35
	15 运动物体的作用时间	9,5,34,31	—	2,19,9	—	3,17,19	—	10,2,19,30	—	3,35	19,2,16	19,3,27	14,26,28,25	13,3,35	27,3,10		—	19,35,39	2,19,4,35	28,6,35,18	—
	16 静止物体的作用时间	—	6,27,19,16	—	1,40,35	—	—	—	35,34,38	—	—	—	—	39,3,35,23	—	—		19,18,36,40	—	—	—
	17 温度	36,22,6,38	22,35,32	15,19,9	15,19,9	3,35,39,18	35,38	34,39,40,18	35,6,4	2,28,36,30	35,10,3,21	35,39,19,2	14,22,19,32	1,35,32	10,30,22,40	19,13,39	19,18,36,40		32,30,21,16	19,15,3,17	—
	18 照度	19,1,32	2,35,32	19,32,16	—	19,32,26	—	2,13,10	—	10,13,19	26,19,6	—	32,30	32,3,27	35,19	2,19,6	—	32,35,19		32,1,19	32,35,1,15
	19 运动物体的能量消耗	12,18,28,31	—	12,28	—	15,19,25	—	35,13,18	—	8,35	16,26,21,2	23,14,25	12,2,29	19,13,17,24	5,19,9,35	28,35,6,18	—	19,24,3,14	2,15,19		—
	20 静止物体的能量消耗	—	19,9,6,27	—	—	—	—	—	—	—	36,37	—	—	27,4,29,18	35	—	—	—	19,2,35,32	—	
	21 功率	8,36,38,31	19,26,17,27	1,10,35,37	—	19,38	17,32,13,38	35,6,38	30,6,25	15,35,9	26,2,36,35	22,10,35	29,14,2,40	35,32,15,31	26,10,28	19,35,10,38	16	2,14,17,25	16,6,19	16,6,19,37	—
	22 能量损失	15,6,19,28	19,6,18,9	7,2,6,13	6,38,7	15,26,17,30	17,7,30,18	7,18,23	7	16,35,38	36,38		—	14,2,39,6	26	—	—	19,38,7	1,13,32,15		
	23 物质损失	35,6,23,40	35,6,22,32	14,29,10,39	10,28,24	35,2,10,31	10,18,39,31	1,29,30,36	3,39,18,31	10,13,28,38	14,15,18,40	3,36,37,10	29,35,3,5	2,14,30,40	35,28,31,40	28,27,3,18	27,16,18,38	21,36,39,31	1,6,13	35,18,24,5	28,27,12,31
	24 信息损失	10,24,35	10,35,5	1,26	26	30,26	30,16	—	2,22	26,32	—	—	—	—	—	10	10	—	19	—	—
	25 时间损失	10,20,37,35	10,20,26,5	15,2,29	30,24,14,5	26,4,5,16	10,35,17,4	2,5,34,10	35,16,32,18	—	10,37,36,5	37,36,4	4,10,34,17	35,3,22,5	29,3,28,18	20,10,28,18	28,20,10,16	35,29,21,18	1,19,26,17	35,38,19,18	1
	26 物质或事物的量	35,6,18,31	27,26,18,35	29,14,35,18	—	15,14,29	2,18,40,4	15,20,29	—	35,29,34,28	35,14,3	10,36,14,3	35,14	15,2,17,40	14,35,34,10	3,35,10,40	3,35,31	3,17,39	—	34,29,16,18	3,35,31
	27 可靠性	3,8,10,40	3,10,8,28	15,9,14,4	15,9,28,11	17,10,14,16	32,35,40,4	3,10,14,24	2,35,24	21,35,11,28	8,28,10,3	10,24,35,19	35,1,16,11	—	11,28	2,35,3,25	34,27,6,40	3,35,10	11,32,13	21,11,27,19	36,23
	28 测量精度	32,35,26,28	28,35,25,26	28,26,5,16	32,28,3,16	26,28,32,3	26,28,32,3	32,13,6	—	28,13,32,24	32,2	6,28,32	6,28,32	32,35,13	28,6,32	28,6,32	10,26,24	6,19,28,24	6,1,32	3,6,32	—
	29 制造精度	28,32,13,18	28,35,27,9	10,28,29,37	2,32,10	28,33,29,32	2,29,18,36	32,28,2	25,10,35	10,28,32	28,19,34,36	3,35	32,30,40	30,18	3,27	3,27,40	—	19,26	3,32	32,2	—
	30 作用于物体有害因素	22,21,27,39	2,22,13,24	17,1,39,4	1,18	22,1,33,28	27,2,39,35	22,23,37,35	34,39,19,27	21,22,35,28	13,35,39,18	22,2,37	22,1,3,35	35,24,30,18	18,35,37,1	22,15,33,28	17,1,40,33	22,33,35,2	1,19,32,13	1,24,6,27	10,2,22,37
	31 物体产生的有害因素	19,22,15,39	35,22,1,39	17,15,16,22	—	17,2,18,39	22,1,40	17,2,40	30,18,35,4	35,28,3,23	35,28,1,40	2,33,27,18	35,1	35,40,27,39	15,35,22,2	15,22,33,31	21,39,16,22	22,35,2,24	19,24,39,32	2,35,6	19,22,18
	32 可制造性	28,29,15,16	1,27,36,13	1,29,13,17	15,17,27	13,1,26,12	16,40	13,29,1,40	35	35,13,8,1	35,12	35,19,1,37	1,28,13,27	11,13,1	1,3,10,32	27,1,4	35,16	27,26,18	28,24,27,1	28,26,27,1	1,4
	33 操作流程的方便性	25,2,13,15	6,13,1,25	1,17,13,12	—	1,17,13,16	18,16,15,39	1,16,35,15	4,18,39,31	18,13,34	28,13,35	2,32,12	15,34,29,28	32,35,30	32,40,3,28	29,3,8,25	1,16,25	26,27,13	13,17,1,24	1,13,24	—
	34 可维修性	2,27,35,11	2,27,35,11	1,28,10,25	3,18,31	15,13,32	16,25	25,2,35,11	1	34,9	1,11,10	13	1,13,2,4	2,35	11,1,2,9	11,29,28,27	1	4,10	15,1,13	15,1,28,16	—
	35 适应性、通用性	1,6,15,8	19,15,29,16	35,1,29,2	1,35,16	35,30,29,7	15,16	15,35,29	—	35,10,14	15,17,20	35,16	15,37,1,8	35,30,14	35,2,32,6	13,1,35	2,16	27,2,3,35	6,22,26,1	19,35,29,13	—
	36 系统复杂性	26,30,34,36	2,26,35,39	1,19,26,24	26	14,1,13,16	6,36	34,26,6	1,16	34,10,28	26,16	19,1,35	29,13,28,15	2,22,17,19	2,13,28	10,4,28,15	—	2,17,13	24,17,13	—	—
	37 控制和测量复杂性	27,26,28,13	6,13,28,1	16,17,26,24	26	2,13,18,17	2,39,30,16	29,1,4,16	2,18,26,31	3,4,16,35	36,28,40,19	35,36,37,32	27,13,1,39	11,22,39,30	27,3,15,28	19,29,39,25	25,34,6,35	3,27,35,16	2,24,26	35,38	19,35,16
	38 自动化程度	28,26,18,35	28,26,35,10	14,13,17,28	23	17,14,13	—	35,13,16	—	28,10	2,35	13,35	15,32,1,13	18,1	25,13	6,9	—	26,2,19	8,32,19	2,32,13	
	39 生产率	35,26,24,37	28,27,15,3	18,4,28,38	30,7,14,26	10,26,34,31	10,35,17,7	2,6,34,10	35,37,10,2	—	28,15,10,36	10,37,14	14,10,34,40	35,3,22,39	29,28,10,18	35,10,2,18	20,10,16,38	35,21,28,10	26,17,19,1	35,10,38,19	1

(续表)

TRIZ理论矛盾矩阵		改善参数																		
		21 功率	22 能量损失	23 物质损失	24 信息损失	25 时间损失	26 物质或事物的量	27 可靠性	28 测量精度	29 制造精度	30 作用于物体有害因素	31 物体产生的有害因素	32 可制造性	33 操作流程的方便性	34 可维修性	35 适应性、通用性	36 系统复杂性	37 控制和测量复杂性	38 自动化程度	39 生产率
恶化参数	1 运动物体的重量	12,36,18,31	6,2,34,19	5,35,3,31	10,24,35	10,35,20,28	3,26,18,31	3,11,1,27	28,27,35,26	28,35,26,18	22,21,18,27	22,35,31,39	27,28,1,36	35,3,2,24	2,27,28,11	29,5,15,8	26,3,36,34	28,29,26,32	26,35,18,19	35,3,24,37
	2 静止物体的重量	15,19,18,22	18,19,28,15	5,8,13,30	10,15,35	10,20,35,26	19,6,18,26	10,28,8,3	18,26,28	10,1,35,17	2,19,22,37	35,22,1,39	28,1,9	6,13,1,32	2,27,28,11	19,15,29	1,10,26,39	25,28,17,15	2,26,35	1,28,15,35
	3 运动物体的长度	1,35	7,2,35,39	4,29,23,10	1,24	15,2,29	29,35	10,14,29,40	28,32,4	10,28,29,37	1,15,17,24	17,15	1,29,17	15,29,35,4	1,28,10	14,15,1,16	1,19,26,24	35,1,26,24	17,24,26,16	14,4,28,29
	4 静止物体的长度	12,8	6,28	10,28,24,35	24,26	30,29,14	—	15,29,28	32,28,3	2,32,10	1,18	—	15,17,27	2,25	3	1,35	1,26	26	—	30,14,7,26
	5 运动物体的面积	19,10,32,18	15,17,30,26	10,35,2,39	30,26	26,4	29,30,6,13	29,9	26,28,32,3	2,32	22,33,28,1	17,2,18,39	13,1,26,24	15,17,13,16	15,13,10,1	15,30	14,1,13	2,36,26,18	14,30,28,23	10,26,34,2
	6 静止物体的面积	17,32	17,7,30	10,14,18,39	30,16	10,35,4,18	2,18,40,4	32,35,40,4	26,28,32,3	2,29,18,36	27,2,39,35	22,1,40	40,16	16,4	16	15,16	1,18,36	2,35,30,18	23	10,15,17,7
	7 运动物体的体积	35,6,13,18	7,15,13,16	36,39,34,10	2,22	2,6,34,10	29,30,7	14,1,40,11	26,28	25,28,2,16	22,21,27,35	17,2,40,1	29,1,40	15,13,30,12	10	15,29	26,1	29,26,4	35,34,16,24	10,6,2,34
	8 静止物体的体积	30,6		10,39,35,34		35,16,32,18	35,3	2,35,16	—	35,10,25	34,39,19,27	30,18,35,4	35	—	1		1,31	2,17,26	—	35,37,10,2
	9 速度	19,35,38,2	14,20,19,35	10,13,28,38	13,26	—	10,19,29,38	11,35,27,28	28,32,1,24	10,28,32,25	1,28,35,23	2,24,35,21	35,13,8,1	32,28,13,12	34,2,28,27	15,10,26	10,28,4,34	3,34,27,16	10,18	—
	10 力	19,35,18,37	14,15	8,35,40,5	—	10,37,36	14,29,18,36	3,35,13,21	35,10,23,24	28,29,37,36	1,35,40,18	13,3,36,24	15,37,18,1	1,28,3,25	15,1,11	15,17,18,20	26,35,10,18	36,37,10,19	2,35	3,28,35,37
	11 应力、压强	10,35,14	2,36,25	10,36,3,37	—	37,36,4	10,14,36	10,13,19,35	6,28,25	3,35	22,2,37	2,33,27,18	1,35,16	11	2	35	19,1,35	2,36,37	35,24	10,14,35,37
	12 形状	4,6,2	14	35,29,3,5	—	14,10,34,17	36,22	10,40,16	28,32,1	32,30,40	22,1,2,35	35,1	1,32,17,28	32,15,26	2,13,1	1,15,29	16,29,1,28	15,13,39	15,1,32	17,26,34,10
	13 稳定性	32,35,27,31	14,2,39,6	2,14,30,40		35,27	15,32,35	—	13	18	35,24,30,18	35,40,27,39	35,19	32,35,30	2,35,10,16	35,20,34,2	2,35,22,26	2,35,22,39,23	1,8,35	23,35,40,3
	14 强度	10,26,35,28	35	35,28,31,40		29,3,28,10	29,10,27	11,3	3,27,16	3,27	18,35,37,1	15,35,22,2	11,3,10,32	32,40,28,2	27,11,3	15,3,32	2,13,28	27,3,15,40	15	29,35,10,14
	15 运动物体的作用时间	19,10,35,38		28,27,3,18	10	20,10,28,18	3,35,10,40	11,2,13	3	3,27,16,40	22,15,33,28	21,39,16,22	27,1,4	12,27	29,10,27	1,35,13	10,4,29,15	19,29,39,35	6,10	35,17,14,19
	16 静止物体的作用时间	16		27,16,18,38	10	28,20,10,16	3,35,31	34,27,6,40	10,26,24	—	17,1,40,33	22	35,10	1	1	2	—	25,34,6,35	1	20,10,16,38
	17 温度	2,14,17,25	21,17,35,38	21,36,29,31	—	35,28,21,18	3,17,30,39	19,35,3,10	32,19,24	24	22,33,35,2	22,35,2,24	26,27	26,27	4,10,16	2,18,27	2,17,16	3,27,35,31	26,2,19,16	15,28,35
	18 照度	32	13,16,1,6	13,1	1,6	19,1,26,17	1,19	—	11,15,32	3,32	15,19	35,19,32,39	19,35,28,26	28,26,19	15,7,13,16	15,1,19	6,32,13	32,15	2,26,10	2,25,16
	19 运动物体的能量消耗	6,19,37,18	12,22,15,24	35,24,18,5	—	35,38,19,18	34,23,16,18	19,21,11,27	3,1,32	—	1,35,6,27	2,35,6	28,26,30	19,35	1,15,17,28	15,17,13,16	2,29,27,28	35,98	32,2	12,28,35
	20 静止物体的能量消耗	—	—	28,27,18,31	—	—	3,35,31	10,36,23	—	—	10,2,22,37	19,22,18	1,4	—	—	—	—	19,35,16,25	—	1,6
	21 功率		10,35,38	28,27,18,38	10,19	35,20,10,6	4,34,19	19,24,26,31	32,15,2	32,2	19,22,31,2	2,35,18	26,10,34	26,35,10	35,2,10,34	19,17,34	20,19,30,34	19,35,16	28,2,17	28,35,34
	22 能量损失	3,38		35,27,2,37	19,10	10,18,32,7	7,18,25	11,10,35	32		21,22,35,2	21,35,2,22	—	35,32,1	2,19		7,23	35,3,15,23	2	28,10,29,35
	23 物质损失	28,27,18,38	35,27,2,31			15,18,35,10	6,3,10,24	10,29,39,35	16,34,31,28	35,10,24,31	33,22,30,40	10,1,34,29	15,34,33	32,28,2,24	2,35,34,27	15,10,2	35,10,28,24	35,18,10,13	35,10,18	28,35,10,23
	24 信息损失	10,19	19,10	—		24,26,28,32	24,28,35	10,28,23	—		22,10,1	10,21,22	32	27,22	—	—	—	35,33	35	13,23,15
	25 时间损失	35,20,10,6	10,5,18,32	35,18,10,39	24,26,28,32		35,38,18,16	10,30,4	24,34,28,32	24,26,28,18	35,18,34	35,22,18,39	35,28,34,4	4,28,10,34	32,1,10	35,28	6,29	18,28,32,10	24,28,35,30	—
	26 物质或事物的量	35	7,18,25	6,3,10,24	24,28,35	35,38,18,16		18,3,28,40	3,2,28	33,30	35,33,29,31	3,35,40,39	29,1,35,27	35,29,25,10	2,32,10,25	15,3,29	3,13,27,10	3,27,29,18	8,35	13,29,3,27
	27 可靠性	21,11,26,31	10,11,35	10,35,29,39	10,28	10,30,4	21,28,40,3		32,3,11,23	11,32,1	27,35,2,40	35,2,40,26	—	27,17,40	1,11	13,35,8,24	13,35,1	27,40,28	11,13,27	1,35,29,38
	28 测量精度	3,6,32	26,32,27	10,16,31,28	—	24,34,28,32	2,6,32	5,11,1,23		28,24,22,26	3,33,39,10	6,35,25,18	1,13,17,34	1,32,13,11	13,35	27,35,10,34	26,24,32,28	28,2,10,34	10,34,28,32	
	29 制造精度	32,2	13,32,2	35,31,10,24	—	32,26,28,18	32,30	11,32,1			26,28,10,36	4,17,34,26	—	1,32,35,23	25,10		26,2,18	—	26,28,18,23	10,18,32,9
	30 作用于物体有害因素	19,22,31,2	21,22,35,2	33,22,19,40	22,10,2	—	—	—	28,33,23,26	26,28,10,18		—	24,35,2	2,25,28,39	35,10,9	35,11,22,31	22,19,9,40	22,19,29,40	33,3,34	22,35,13,24
	31 物体产生的有害因素	2,35,18	21,35,2,22	10,1,34	10,21,29	1,22	3,24,39,1	24,2,40,39	3,33,26	4,17,34,26			—	—		19,1,31	2,21,27,1	2	22,35,18,39	
	32 可制造性	27,1,12,24	19,35	15,34,33	32,24,18,16	35,28,34,4	35,23,1,24	—	12,18,1,35	—	24,2	—		2,5,13,16	35,1,11,9	2,13,15	27,26,1	6,28,11,1	8,28,1	35,1,10,28
	33 操作流程的方便性	35,34,2,10	2,19,13	28,32,2,24	4,10,27,22	4,28,10,34	12,35	17,27,8,40	25,13,2,34	1,32,35,23	2,25,28,39	—	2,5,12		12,26,1,32	15,34,1,16	32,26,12,17	—	1,34,12,3	15,1,28
	34 可维修性	15,10,32,2	15,1,32,19	2,35,34,27	—	32,1,10,25	2,28,10,25	11,10,1,16	10,2,13	25,10	35,10,2,16	1,35,11,10	1,12,26,15		7,1,4,16	35,1,13,11	—	34,35,7,13	1,32,10	
	35 适应性、通用性	19,1,29	18,15,1	15,10,2,13	—	35,28	3,35,15	35,13,8,24	35,5,1,10		35,11,32,31		1,13,31	15,34,1,16	1,16,7,4		15,29,7,28	1	27,34,35	35,28,6,37
	36 系统复杂性	20,19,30,34	10,35,13,2	35,10,28,29	—	6,29	13,3,27,10	13,35,1	2,26,10,34	26,24,32	22,19,29,40	19,1	27,26,1,13	27,9,26,24	1,13	29,15,28,37		15,10,37,28	15,1,24	12,17,28
	37 控制和测量复杂性	19,1,16,10	35,3,15,19	1,18,10,24	35,33,27,22	18,28,32,9	3,27,29,18	27,40,28,8	26,24,32,28		22,19,29,28	2,21	5,28,11,29	2,5	12,26	1,15	15,10,37,28		34,21	35,18
	38 自动化程度	28,2,27	23,28	35,10,18,5	35,33	24,28,35,30	35,13	11,27,32	28,26,10,34	28,26,18,23	2,33	2	1,26,13	1,12,34,3	1,35,13	27,4,1,35	15,24,10	34,27,25		5,12,35,26
	39 生产率	35,20,10	28,10,29,35	28,10,35,23	13,15,23	—	35,38	1,35,10,38	1,10,34,28	18,10,32,1	22,35,13,24	35,22,18,39	35,28,2,24	1,28,7,19	1,32,10,25	1,35,28,37	12,17,28,24	35,18,27,2	5,12,35,26	

参考文献

[1] 张士军.创造与发明[M].沈阳:东北大学出版社,2001.
[2] 俞文钊,刘建荣.创新与创造力[M].东北财经大学出版社,2008.
[3] 温兆麟,周艳,刘向阳.创造思维的培养[M].北京:清华大学出版社,2016.
[4] 吕丽,流海平,顾永静.创新思维——原理·技法·实训[M].北京:北京理工大学出版社,2017.
[5] 苏玉堂.创新能力教程[M].北京:中国人事出版社,2006.
[6] 郭建红.世界最具趣味的发明[M].北京:当代世界出版社,2009.
[7] 王振华.影响人类历史进程的100人[M].长春:吉林文史出版社,2004.
[8] 丘磐.产品创新实务[M].广州:广东经济出版社,2002.
[9] 张德琦.创造性思维与创新发明[M].北京:化学工业出版社,2018.
[10] 尹小娟,史祎馨,张煌强.大学生创新思维与创业基础[M].西安:西北工业大学出版社,2017.
[11] 马莹,单学亮,马光波.大学生创新创业基础[M].沈阳:东北大学出版社,2017.
[12] 杨杰民,杨宇.发明学[M].合肥:合肥工业大学出版社,2007.
[13] 博言.发明简史[M].北京:中央编译出版社,2006.
[14] 仇蕾安,许娇.机械专利实务指南[M].北京:北京理工大学出版社,2014.
[15] 黄敏.发明专利申请文件的审查与撰写要点[M].北京:知识产权出版社,2015.
[16] 专利局初审及流程管理部.专利审查流程服务指南[M].北京:知识产权出版社,2015.
[17] 陈继文,杨红娟,陈清朋,等.机械创新设计及专利申请[M].北京:化学工业出版社,2018.
[18] 张春林,李志香,赵志强,等.机械创新设计[M].北京:机械工业出版社,2018.
[19] 张丽杰,冯仁余.机械创新设计及图例[M].北京:化学工业出版社,2014.
[20] 龚镇雄,宋丹.发明启示录[M].上海:上海辞书出版社,2000.
[21] 吕晓滨.科学发明与创造[M].长春:东北师范大学出版社,2012.
[22] 符炜.机械创新设计构思方法[M].长沙:湖南科学技术出版社,2006.
[23] 刘剑.产品设计理论及其创造力研究[M].北京:中国水利水电出版社,2019.
[24] 孙靖民.机械优化设计[M].北京:机械工业出版社,2003.
[25] 王树才,吴晓.机械创新设计[M].武汉:华中科技大学出版社,2014.
[26] 孙亮波,黄美发.机械创新设计与实践[M].西安:西安电子科技大学出版社,2020.
[27] 杨家军.机械创新设计与实践[M].武汉:华中科技大学出版社,2014.

[28] 于惠力,冯新敏. 机械创新设计与案例[M]. 北京:机械工业出版社,2018.

[29] 王红梅,赵静. 机械创新设计[M]. 北京:科学出版社,2011.

[30] 张秀芬. 机电产品绿色设计与工程案例[M]. 北京:化学工业出版社,2015.

[31] 邹慧君,颜鸿森. 机械创新设计理论与方法[M]. 北京:高等教育出版社,2018.

[32] 张有忱,张莉彦. 机械创新设计[M]. 北京:清华大学出版社,2011.

[33] 潘承怡,姜金刚. TRIZ 理论与创新设计方法[M]. 北京:清华大学出版社,2015.

[34] 蒯苏苏,马履中. TRIZ 理论机械创新设计工程训练教程[M]. 北京:北京大学出版社,2011.

[35] 张丽杰,冯仁余. 机械创新设计及图例[M]. 北京:化学工业出版社,2014.

[36] 王凤兰,沙玉章. 双向刨削牛头刨床的机构创新设计[J]. 机械设计,2007,11(11):49.

[37] 李国富. 基于反求工程的倒车灯开关设计[J]. 鄂州大学学报,2008,5(15):26-28.

[38] 聂建武. 应用再生运动链法对夹具进行创新设计研究[J]. 机械制造,2007,7(45):11.

[39] 赵敬泽. 机械类创新设计比赛与创新教育[J]. 教育教学论坛,2016,40:213.

[40] 闻邦椿. 机械设计手册第 6 版[M]. 北京:机械工业出版社,2018.

[41] 李瑞琴. 机构系统创新设计[M]. 北京:国防工业出版社,2008.

[42] 陈国华. 机械机构及应用[M]. 北京:机械工业出版社,2008.

[43] 李助军,阮彩霞. 机械创新设计与知识产权应用[M]. 广州:华南理工大学出版社,2015.